全国高等院校新农科建设新形态规划教材·动物类　总主编　陈焕春

中兽医产科学

刘　娟　毕师诚 ◎ 主编

西南大学出版社
国家一级出版社　全国百佳图书出版单位

图书在版编目(CIP)数据

中兽医产科学 / 刘娟, 毕师诚主编. -- 重庆：西南大学出版社, 2024.6
全国高等院校新农科建设新形态规划教材. 动物类
ISBN 978-7-5697-2365-6

Ⅰ.①中… Ⅱ.①刘… ②毕… Ⅲ.①中兽医—家畜产科—高等学校—教材 Ⅳ.①S853.51

中国国家版本馆CIP数据核字(2024)第092589号

中兽医产科学

刘　娟　毕师诚◎主编

出 版 人	张发钧
总 策 划	杨　毅　周　松

选题策划	杨光明　伯古娟
责任编辑	伯古娟
责任校对	李　勇
装帧设计	闰江文化
排　　版	李　燕
出版发行	西南大学出版社(原西南师范大学出版社)
网上书店	https://xnsfdxcbs.tmall.com
地　　址	重庆市北碚区天生路2号
邮　　编	400715
电　　话	023-68868624
印　　刷	重庆亘鑫印务有限公司
成品尺寸	210 mm × 285 mm
印　　张	13.5
字　　数	345千字
版　　次	2024年6月　第1版
印　　次	2024年6月　第1次印刷
书　　号	ISBN 978-7-5697-2365-6
定　　价	58.00元

全国高等院校新农科建设新形态规划教材·动物类

编委会

总主编

陈焕春

（教育部高等学校动物生产类专业教学指导委员会主任委员、
中国工程院院士、华中农业大学教授）

副总主编

王志坚（西南大学副校长）
滚双宝（甘肃农业大学副校长）
郑晓峰（湖南农业大学副校长）

编委

——（按姓氏笔画为序）——

马　跃（西南大学）	马　曦（中国农业大学）
马友记（甘肃农业大学）	王　亨（扬州大学）
王月影（河南农业大学）	王志祥（河南农业大学）
卞建春（扬州大学）	邓俊良（四川农业大学）
甘　玲（西南大学）	左建军（华南农业大学）
石火英（扬州大学）	石达友（华南农业大学）
龙　淼（沈阳农业大学）	毕师诚（西南大学）
吕世明（贵州大学）	朱　砺（四川农业大学）
刘　娟（西南大学）	刘　斐（南京农业大学）
刘长程（内蒙古农业大学）	刘永红（内蒙古农业大学）

刘安芳(西南大学)	刘国文(吉林大学)
刘国华(湖南农业大学)	齐德生(华中农业大学)
汤德元(贵州大学)	孙桂荣(河南农业大学)
牟春燕(西南大学)	李　华(佛山大学)
李　辉(贵州大学)	李金龙(东北农业大学)
李显耀(山东农业大学)	杨　游(西南大学)
肖定福(湖南农业大学)	吴建云(西南大学)
邹丰才(云南农业大学)	冷　静(云南农业大学)
宋振辉(西南大学)	张妮娅(华中农业大学)
张龚炜(西南大学)	陈树林(西北农林科技大学)
林鹏飞(西北农林科技大学)	罗献梅(西南大学)
周光斌(四川农业大学)	封海波(西南民族大学)
赵小玲(四川农业大学)	赵永聚(西南大学)
赵红琼(新疆农业大学)	赵阿勇(浙江农林大学)
段智变(山西农业大学)	徐义刚(浙江农林大学)
卿素珠(西北农林科技大学)	高　洪(云南农业大学)
郭庆勇(新疆农业大学)	唐　辉(山东农业大学)
唐志如(西南大学)	涂　健(安徽农业大学)
剧世强(南京农业大学)	黄文明(西南大学)
曹立亭(西南大学)	崔　旻(华中农业大学)
商营利(山东农业大学)	董玉兰(中国农业大学)
蒋思文(华中农业大学)	曾长军(四川农业大学)
赖松家(四川农业大学)	魏战勇(河南农业大学)

本书编委会

主　编

刘　娟（西南大学）

毕师诚（西南大学）

副主编

汤德元（贵州大学）

石达友（华南农业大学）

曹立亭（西南大学）

王雪飞（河南牧业经济学院）

编　委（按姓氏笔画为序）

王雪飞（河南牧业经济学院）

石达友（华南农业大学）

毕师诚（西南大学）

朱兆荣（西南大学）

刘　娟（西南大学）

汤德元（贵州大学）

许　琳（云南农业大学）

孙振华（重庆西牧生物科技有限公司）

杜红旭（西南大学）

李珍珍（重庆三峡职业学院）

杨　剑（贵州大学）

赵婵娟（重庆三峡职业学院）

郝永峰（重庆三峡职业学院）

曹立亭（西南大学）

龚志成（内江职业技术学院）

总序

农稳社稷，粮安天下。改革开放40多年来，我国农业科技取得了举世瞩目的成就，但与发达国家相比还存在较大差距，我国农业生产力仍然有限，农业业态水平、农业劳动生产率不高，农产品国际竞争力弱。比如随着经济全球化和远途贸易的发展，动物疫病在全球范围内的暴发和蔓延呈增加趋势，给养殖业带来巨大的经济损失，并严重威胁人类健康，成为制约动物生产现代化发展的瓶颈。解决农业和农村现代化水平过低的问题，出路在科技，关键在人才，基础在教育。科技创新是实现动物疾病有效防控、推进养殖业高质量发展的关键因素。在动物生产专业人才培养方面，既要关注农业科技和农业教育发展前沿，推动高等农业教育改革创新，培养具有国际视野的动物专业科技人才，又要落实立德树人根本任务，结合我国推进乡村振兴战略实际需求，培养具有扎实基本理论、基础知识和基本能力，兼有深厚"三农"情怀、立志投身农业一线工作的新型农业人才，这是教育部高等学校动物生产类专业教学指导委员会一直在积极呼吁并努力推动的事业。

欣喜的是，高等农业教育改革创新已成为当下我国下至广大农业院校、上至党和国家领导人的强烈共识。2019年6月28日，全国涉农高校的百余位书记校长和农林教育专家齐聚浙江安吉余村，共同发布了"安吉共识——中国新农科建设宣言"，提出新时代新使命要求高等农业教育必须创新发展，新农业新乡村新农民新生态建设必须发展新农科。2019年9月5日，习近平总书记给全国涉农高校的书记校长和专家代表回信,对涉农高校办学方向提出要求,对广大师生予以勉励和期望。希望农业院校"继续以立德树人为根本,以强农兴农为己任,拿出更多科技成果,培养更多知农爱农新型人才"。2021年4月19日,习近平总书记考察清华大学时强调指出,高等教育体系是一个有机整体,其内部各部分具有内在的相互依存关系。要用好学科交叉融合的"催化剂",加强基础学科培养能力,打破学科专业壁垒,对现有学科专业体系进行调整升级,瞄准科技前沿和关键领域,推进新工科、新医科、新农科、新文科建设,加快培养紧缺人才。

党和国家高度重视并擘画设计,广大农业院校以高度的文化自觉和使命担当推动着新农科建设从观念转变、理念落地到行动落实,编写一套新农科教材的时机也较为成熟。本套新农科教材以打造培根铸魂、启智增慧的精品教材为目标,拟着力贯彻以下三个核心理念。

一是新农科建设理念。新农科首先体现新时代特征和创新发展理念,农学要与其他学科专业交叉与融合,用生物技术、信息技术、大数据、人工智能改造目前传统农科专业,建设适应性、引领性的新农科专业,打造具有科学性、前沿性和实用性的教材。新农科教材要具有国际学术视野,对接国家重大战略需求,服务农业农村现代化进程中的新产业新业态,融入新技术、新方法,实现农科教融汇、产学研协作;要立足基本国情,以国家粮食安全、农业绿色生产、乡村产业发展、生态环境保护为重要使命,培养适应农业农村现代化建设的农林专业高层次人才,着力提升学生的科学探究和实践创新能力。

二是课程思政理念。课程思政是落实高校立德树人根本任务的本质要求,是培养知农爱农新型人才的根本保证。打造教材的思想性,坚持立德树人,坚持价值引领,将习近平新时代中国特色社会主义思想、中华优秀传统文化、社会主义核心价值观、"三农"情怀等内容融入教材。将课程思政融入教材,既是创新又是难点,应着重挖掘专业课程内容本身蕴含的科技前沿、人文精神、使命担当等思政元素。

三是数字化建设理念。教材的数字化资源建设是为了适应移动互联网数字化、智能化潮流,满足教学数字化的时代要求。本套教材将纸质教材和精品课程建设、数字化资源建设进行一体化融合设计,力争打造更优质的新形态一体化教材。

为更好地落实上述理念要求,打造教材鲜明特色,提升教材编写质量,我们对本套新农科教材进行了前瞻性、整体性、创新性的规划设计。

一是坚持守正创新,整体规划新农科教材建设。在前期开展了大量深入调研工作、摸清了目前高等农业教材面临的机遇和挑战的基础上,我们充分遵循教材建设需要久久为功、守正创新的基本规律,分批次逐步推进新农科教材建设。需要特别说明的是,2022年8月,教育部组织全国新农科建设中心制定了《新农科人才培养引导性专业指南》,面向粮食安全、生态文明、智慧农业、营养与健康、乡村发展等五大领域,设置生物育种科学、智慧农业等12个新农科人才培养引导性专业,由于新的专业教材奇缺,目前很多高校正在积极布局规划编写这些专业的新农科教材,有的教材已陆续出版。但是,当前新农科建设在很多高校管理者和教师中还存在认识的误区,认为新农科就只是12个引导性专业,这从目前扎堆开展这些专业教材建设的高校数量和火热程度可见一斑。我们认为，传统农科和新农科是一脉相承的，在关注和发力新设置农科专业的同时，我们更应思考如何改造提升传统农科专业，赋予所谓的"旧"课程新的内容和活力，使传统农科专业及课程焕发新的生机，这正是我们目前编写本套新农科规划教材的出发点和着力点。因此，本套新农科教材，拟先从动物科学、动物医学、水产三个传统动物类专业的传统课程入手，以现有各高校专业人才培养方案为准，按照先传统农科专业再到新型引导性专业、先理论课程再到实验实践课程、先必修课程再到选修课程的先后逻辑顺序做整体规划，分批逐步推进相关教材建设。

二是以教学方式转变促进新农科教材编排方式创新。教材的编排方式是为教材内容服务的，以体现教材的特色和创新性。2022年11月23日，教育部办公厅、农业农村部办公厅、国家林业和草原局办公室、国家乡村振兴局综合司等四部门发布《关于加快新农科建设推进高等农林教育创新发展的意见》(简称《意见》)指出，"构建数字化农林教育新模式，大力推进农林教育教学与现代信息技术的深度融合，深入开展线上线下混合式教学，实施研讨式、探究式、参与式等多种教学方法，促进学生自主学习，着力提升学生发现问题和解决问题的能力"。这些以学生为中心的多样化、个性化教学需求，推动教育教学模式的创新变革，也必然促进教材的功能创新。现代教材既是教师组织教学的基本素材，也是供学生自主学习的读本，还是师生开展互动教学的基本材料。现代教材功能的多样化发展需要创新设计教材的编排体例。因此，新农科规划教材在优化完善基本理论、基础知识、基本能力的同时，更要注重以栏目体例为主的教材编排方式创新，满足教育教学多样化和灵活性需求。按照统一性与灵活性相结合的原则，本套新农科规划教材精心设计了章前、章(节)中、章后三大类栏目。如章前有"本章导读""教学目标""本章引言"(概述)，以问题和案例开启本章内容的学习，并明确提出知识、技能、情感态度价值观的三维学习目标；章中有拓展教学方式类栏目、拓展教学资源类栏目，编者在写作中根据需求可灵活自由、不拘一格创设栏目版块，具有极大的创作空间；章后有"知识网络图""复习思考题""拓展阅读"等栏目形式，同样为编者提供了广阔的创新空间。不同册次教材的栏目根据实际情况做了调整。尽管教材栏目形式多样，但都是紧紧围绕三维教学目标来设计和规定的，每个栏目都有其明确的目的要义。

三是以有组织的科研方式组建高水平教材编写团队。高水平的编者具有较高的学术水平和丰富的教学经验，能深刻领悟并落实教材理念要求、创新性地开展编写工作，最终确保编写出高质量的精品教材。按照教育部2019年12月16日发布的《普通高等学校教材管理办法》中"发挥高校学科专业教学指导委员会在跨校、跨区域联合编写教材中的作用"以及"支持全国知名专家、学术领军人物、学术水平高且教学经验丰富的学科带头人、教学名师、优秀教师参加教材编写工作"的要求，西南大学出版社作为国家一级出版社和全国百佳图书出版单位，在教育部高等学校动物生产类专业教学指导委员会的指导下，邀请全国主要农业院校相关专家担任本套教材的主编。主编都是具有丰富教学经验、造诣深厚的教学名师、学科专家、青年才俊，其中有相当数量的学校(副)校长、学院(副)院长、职能部门领导。通过召开各层级新农科教学研讨会和教材编写会，各方积极建言献策、充分交流碰撞,对新农科教材建设理念和实施方案达成共识,形成本套新农科教材建设的强大合力。这是近年来全国农业教育领域教材建设的大手笔,为高质量推进教材的编写出版提供了坚实的人才基础。

新农科建设是事关新时代我国农业科技创新发展、高等农业教育改革创新、农林人才培养质量提升的重大基础性工程,高质量新农科规划教材的编写出版作为新农科建设的重要一环,功在当代,利在千秋！当然,当前新农科建设还在不断深化推进中,教材的科学化、规范化、数字化都是有待深入研究才能达成共识的重大理论问题,很多科学性的规律需要不断地总结才能指导新的实践。因此,这些教材也仅是抛砖引玉之作,欢迎农业教育战线的同人们在教学使用过程中提出宝贵的批评意见以便我们不断地修订完善本套教材,我们也希望有更多的优秀农业教材面市,共同推动新农科建设和高等农林教育人才培养工作更上一层楼。

教育部高等学校动物生产类专业教学指导委员会主任委员
中国工程院院士、华中农业大学教授　陈焕春

前言

中兽医产科学是传统兽医学的重要组成部分。随着高等农业教育改革的不断深入,学生对教材适用性的要求也越来越高。为了深入学习贯彻习近平总书记在中央人才工作会议上的重要讲话精神,深入实施新时代人才强国战略,进一步适应新世纪我国高等教育和培养新农科人才的需要,符合动物医学类专业认证要求,同时结合中兽医特色理论和诊疗技术,提高人才培养的质量,我们编写了本教材。本教材融入了包括宠物在内的动物产科病证典型案例,以丰富教学内容,提高学生学习理论知识的效率和应用中兽医产科学知识解决兽医临床实际问题的能力。教材同时设置了思考与练习题、拓展阅读等课后学习环节,将实践与创新能力培养一以贯之。

本教材以中兽医产科学基础理论为核心,结合中兽医独特的诊疗方法,对产科疾病病因病机进行综合分析、辨证,让学生形成整体观念,从而在临床诊治中能全面合理地运用中兽医知识和技能。教材在充分体现基本理论、基本知识、基本技能的基础上,提供科学的、系统的、规范的理论知识,指导医疗实践,从而提高临床诊治动物产科疾病的水平。

本书介绍了中兽医产科学的起源、发展以及相应的基础理论,母畜生理特点、怀孕期和生产母畜的护理、助产以及常见产科病证的防治等。本教材力求做到其理论内容对医疗实践具有确切的指导作用,对病种的设置、具体分型、选方用药,务求在医疗实践中找到根据,并能在医疗实践中取得良好疗效。教材在吸收新知识的同时,保持了基础理论的相对稳定性和传承性,既有利于教师的教学,亦有利于学生的学习,这是本教材实用性的体现。本教材还增加了"本章导读""概念网络图",激发学生学习的兴趣,同时列入大量临证案例,为动物产科疾病防治提供帮助。

本教材适用于全国高等院校中兽医学、动物医学等专业的理论课教学,也可用于实践教学中的辅导,并能作为执业兽医资格考试的复习辅导用书。本教材是在老一辈中兽医专家郑动才教授的关心指导下编写完成的,也是实施国家科技基础专项"传统中兽医药资源抢救和整理"(2013FY110600)时收集整理、归纳总结中兽医产科有关知识技能并传承创新形成的成果。在编写过程中还得到贵州为莱检测技术有限公司、重庆美邦农生物技术有限公司、四川省精华动物药业有限公司等相关单位的支持,在此,一并致谢!

书中不妥之处,恳请广大师生和读者提出宝贵意见,以便将来进一步修改、完善。

编者

目录

第一篇 总论

第一章 绪论 ……003

第一节 中兽医产科学的定义与学习任务 ……004

第二节 中兽医产科学的发展简史 ……006

第二章 母畜生殖器官解剖与生理特点 ……009

第一节 母畜生殖器官解剖 ……010

第二节 母畜的生理基础 ……013

第三节 母畜的生理特点 ……018

第三章 产科疾病的病因病机 ……023

第一节 产科疾病常见病因 ……024

第二节 产科疾病的主要病机 ……028

第四章 产科疾病的诊断与护理 ……035

第一节 产科疾病的诊断 ……036

第二节 怀孕期及产畜的护理与助产 ……044

第二篇 各 论

第一章 不孕 ... 049

第二章 带下病 ... 065

第三章 产前不吃 ... 073

第四章 妊娠期疾病 ... 083
第一节 胎躁 ... 084
第二节 胎气 ... 087
第三节 胎动 ... 092
第四节 难产 ... 100
第五节 流产 ... 108
第六节 胎死不下 ... 117

第五章 产后病 ... 123
第一节 产后风 ... 124
第二节 产后寒 ... 131
第三节 产后发热 ... 137
第四节 产后气血虚 ... 144
第五节 产后腹痛 ... 151
第六节 产后出血 ... 157
第七节 胎衣不下 ... 163
第八节 垂脱症 ... 171
第九节 缺乳 ... 179
第十节 乳痈 ... 188

主要参考文献 ... 201

第一篇 总论

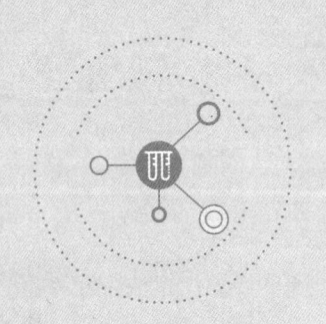

第一章

绪论

本章导读

明确中兽医产科学的定义是认识中兽医产科学的开始,是了解和学习中兽医产科学的基础。那么,其定义是什么?学习中兽医产科学的任务是哪些?中兽医产科学的发展历史怎样?其对现代畜牧业有何指导意义?带着这些问题,让我们通过学习,对《中兽医产科学》有一个初步的认识和了解,为专业实习和毕业论文设计奠定基础。

学习目标

(1)掌握中兽医产科学的定义、学习任务,了解中兽医产科学的发展史。

(2)了解中兽医产科学学习的内容,培养运用中兽医产科学解决生产实践问题的能力。

(3)提高对传统中兽医学和中华文化的认同感,理解中兽医学对保障我国畜禽健康和畜牧业发展作出的贡献,增强学好中兽医产科学知识和技能的信心。

中兽医产科学是运用中兽医学理论研究母畜生理病理特点和防治母畜产科特有疾病的一门临床学科。中兽医产科学的任务是学习和掌握各种动物的生殖生理规律,产科疾病的发病原因、机理、诊断和治疗方法,并对动物常见产科病证进行辨证论治及护理,用中药、针灸及中兽医巧治法防治母畜产前、产中、产后病证,从而减少动物产科疾病发生、提高母畜的繁殖效率及促进幼畜生长发育,提供安全动物产品,减少耐药性产生。从出土的考古资料来看,我国家畜产科方面的知识积累发源于对家畜繁殖的观察和繁殖工作的实践。从历代农书和畜牧兽医著作中可以看到,我国劳动人民在产科学方面积累了丰富的经验。

第一节 中兽医产科学的定义与学习任务

中兽医产科学是运用中兽医学理论研究母畜生理病理特点和防治母畜产科特有疾病的一门临床学科。中兽医理论包括阴阳五行学说、脏腑经络学说、病因病机、气血津液、辨证论治等。中兽医产科学着重于运用这些基本知识,系统地研究母畜生理病理特点和特有疾病的病因、病机、症状、诊断、治疗和预防。

中兽医产科学最早是作为一部分生产知识,附属在内科病证防治中的,随着专业知识和实践的不断积累,它才逐步形成一门系统的、独立的学科。

中兽医产科学的学习任务是掌握各种动物的生殖生理规律,产科疾病的发病原因、机理、诊断和治疗方法,熟悉动物常见产科病证的辨证论治及护理,熟练运用中药、针灸及中兽医巧治法防治母畜不孕、妊娠、产后病证,从而减少动物产科疾病的发生,提高母畜的繁殖效率及促进幼畜生长发育,提供安全动物产品,减少耐药性产生。

中兽医产科学研究的内容包括产科生理、产科病证、不育、新生仔畜病证及乳腺病证等。产科生理包括母畜生殖器官的解剖、生殖激素、发情、性行为及配种、受精、怀孕、分娩,它介绍的是家畜繁殖生理的过程及其规律,同时也是防治产科病证的重要基础知识。近年来,由于实验条件的升级优化,内分泌学以及生理生化学、组织胚胎学、遗传学、营养学和繁殖技术等都取得了飞速的进步,产科生理的内容也得到了充实。为了保证家畜的正常繁殖,兽医工作者必须充分掌握这部分专业基础知识。

本书在总论中系统地阐述了中兽医产科学的基本原理,包括母畜的生殖脏器、生理特点、病理特点、产科病的诊断要点、治疗原则、预防与保健等。根据文献记载与实际工作需要,讲解的疾病有带下病、妊娠病、临产病、产后病等。同时为了扩展学习者的思路、提高临床诊断的准确性和加深对中兽医理论的理解,本书将现代产科学的基础理论、诊断防治知识与新技术附于书中的拓展阅读部分,以作临证治疗的参考。

掌握和灵活运用中兽医产科学的知识和技艺可以有效地防治不育、产科病证、乳腺病证和新生仔畜病证,保证家畜的繁殖效率,解决畜牧业现代化的养殖管理中出现的一些新的繁殖方面的问题,减少这些病证所造成的损失,使动物繁殖工作取得更好的成效。

阅读以下材料,说说如何看待中医药现代化与增强民族自信的关系。

拓展阅读

第二节 中兽医产科学的发展简史

中兽医产科学是中兽医学的重要组成部分之一，它在中兽医学的形成和发展中逐渐建立和充实起来。而中兽医学作为传统的医学技术，在历史长河中，为保障我国畜禽健康和畜牧业的发展作出了伟大的贡献。

从出土的考古资料来看，在三千多年以前，我国的畜牧业已经相对比较发达。家畜产科方面的知识积累发源于对家畜繁殖的观察和繁殖工作的实践。从历代农书和畜牧兽医著作中可以看到，我国劳动人民在产科学方面积累了丰富的经验。

中兽医产科学的发展历史

在公元前11世纪的《周礼》中既有"圈师"负责圈养，更有"牧师"负责放牧的介绍。商周时期，家畜的繁育技术也已出现。《大戴礼记》有家畜妊娠期的记载："马十二月生，狗二月而生，豕四月而生。"这虽不太准确，但说明在两千多年以前，我国人民已经注意到家畜的怀孕期了。

北魏贾思勰《齐民要术》卷六中提到"大率十口二羝，羝少则不孕"，指的就是为了保证母羊的受胎率，十只母羊中要放入两只公羊，公羊少了就不会使母羊受孕。可见古人在当时已经掌握了公母畜的比例以保证母畜的怀孕率。同时，其亦提到"凡以猪槽饲马，以石灰泥马槽，马汗系著门，此三事皆令马落驹"，指出了马流产的病因。

唐朝孙思邈编集的《华佗神方》卷十九中有华佗治马胎动神方和治猫死胎不下神方。明朝《马政纪》中指出，骒马生驹七日后，即着儿马群盖，仍将生驹。现代也仍然沿用给马配热胎的办法。关于怀孕诊断，《马政纪》中亦指出，若果再用儿马群盖，骒马打踢，不受群盖，方是定驹，仍五日一次用儿马照试，如果不受，的系定驹。

《元亨疗马集》记载了马胎气（孕畜浮肿）的症状及处理方法，如"疾势小者，少令用药，候胎月足，产后自然愈矣"。对胎衣不下（胎衣滞留）记有"医时用手涂油入，拨动须臾便见功"，这是说的胎衣剥离术。

清朝赵学敏的《串雅外篇·兽医门》中记载了猪、驹的产科病的治疗。

清末《驹病集》是一本治疗幼畜病证的专著。

总之，数千年来，我国人民认真学习和总结，在家畜繁殖和产科疾病防治方面积累了丰富的经验和知识。

为了继承和发扬中兽医产科学的知识,邹介正先生曾将古籍中有关部分汇总为《中兽医胎产病》,1982年郑动才教授编撰油印本《中兽医产科学》供中兽医本科专业学生教学使用,后多次翻印。

中兽医治疗产科疾病的传统技艺

• **本章小结** •

本章介绍了中兽医产科学的概念、学习任务、主要知识内容,中兽医产科学的起源、积累以及发展,为学生学习中兽医产科疾病的病因病机、辨证论治奠定基础。

本章概念网络图

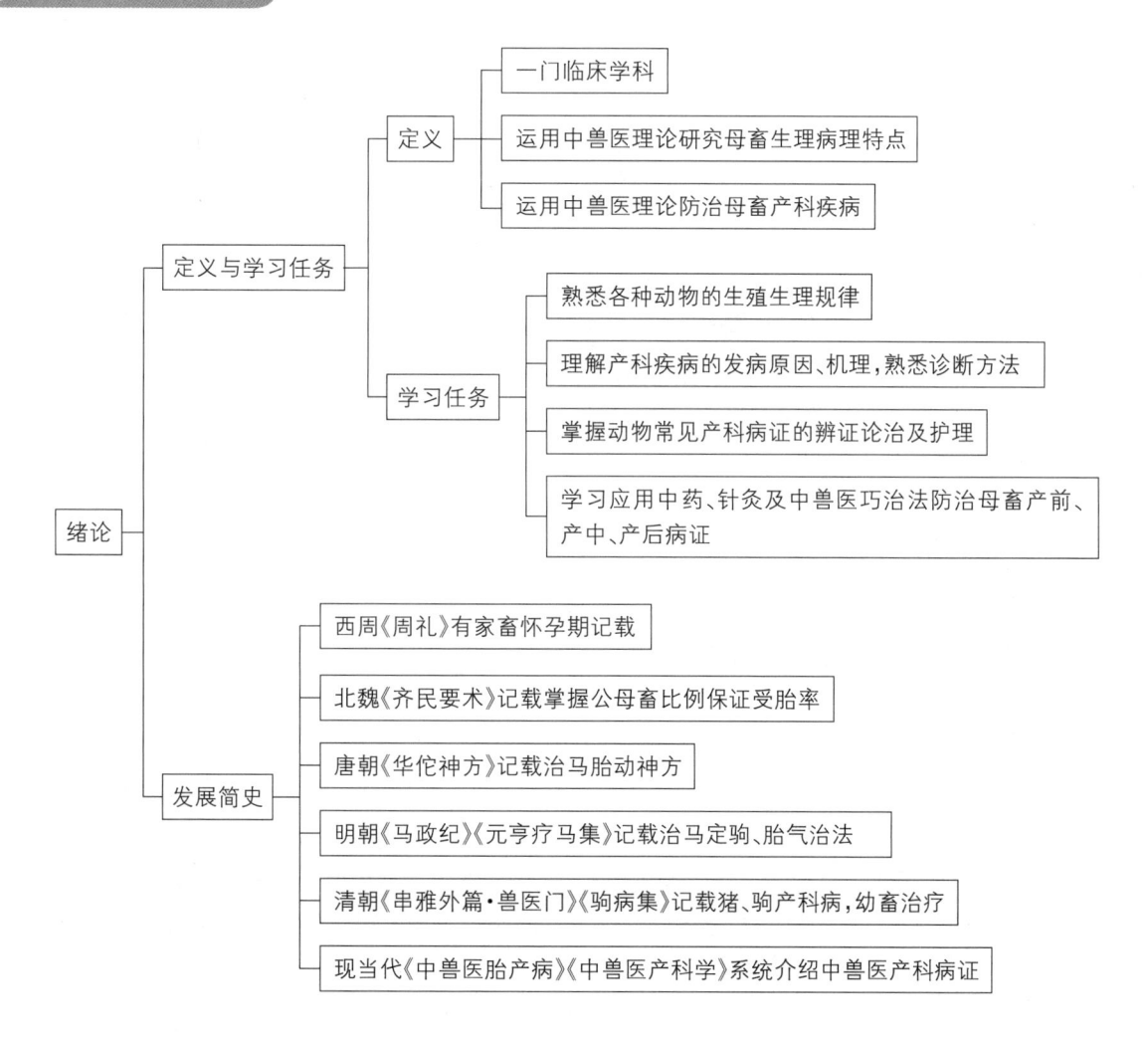

```
                   ┌─ 一门临床学科
           ┌─ 定义 ─┼─ 运用中兽医理论研究母畜生理病理特点
           │       └─ 运用中兽医理论防治母畜产科疾病
定义与学习任务─┤
           │       ┌─ 熟悉各种动物的生殖生理规律
           │       ├─ 理解产科疾病的发病原因、机理,熟悉诊断方法
           └─学习任务┼─ 掌握动物常见产科病证的辨证论治及护理
                   └─ 学习应用中药、针灸及中兽医巧治法防治母畜产前、
                      产中、产后病证

绪论

           ┌─ 西周《周礼》有家畜怀孕期记载
           ├─ 北魏《齐民要术》记载掌握公母畜比例保证受胎率
           ├─ 唐朝《华佗神方》记载治马胎动神方
发展简史 ─┤─ 明朝《马政纪》《元亨疗马集》记载治马定驹、胎气治法
           ├─ 清朝《串雅外篇·兽医门》《驹病集》记载猪、驹产科病,幼畜治疗
           └─ 现当代《中兽医胎产病》《中兽医产科学》系统介绍中兽医产科病证
```

思考与练习题

(1)如何学好中兽医产科学?

(2)为什么在现代医学很发达的今日,我们依然坚持学习和传承中兽医传统技艺?

(3)怎么看待中兽医工作者在服务"三农"和乡村振兴中的作用?

拓展阅读

繁殖技术:是人们在认识生殖规律的基础上,在畜牧业生产中,为了提高家畜的繁殖力所采用的一些手段和技术,包括人工授精、配子冷冻保存技术、胚胎工程技术、人工诱导分娩技术、胚胎分割和融合技术、细胞核移植和克隆技术、性别控制技术、体外胚胎生产技术、人工诱导泌乳技术等。

第二章
母畜生殖器官解剖与生理特点

本章资源

本章导读

掌握母畜生殖器官的解剖与其生理特点对于学习母畜产科疾病的病机和防治、促进繁育十分重要。那么,母畜生殖器官的解剖结构有哪些？对生殖有什么作用？主要有哪些生理特点？本章将一一解答这些问题。

学习目标

(1)了解母畜生殖器官的解剖与主要生理特点,熟悉母畜生理基础,掌握不同母畜的性周期、发情与妊娠特点。

(2)初步具备将畜禽生殖理论与实践结合起来的能力,掌握判断母畜性周期、发情和妊娠的方法。

(3)了解和感受妊娠的过程,体会生命来之不易,懂得珍爱生命。

> 母畜的生殖器官有很多结构与公畜不同,母畜有阴户、玉门、阴道、子门、卵巢和胞宫。冲、任、督、带四脉属"奇经",胞宫为"奇恒之腑",冲、任、督三脉下起胞宫,上与带脉交会,冲、任、督、带又上联十二经脉,因此胞宫的生理功能主要与冲、任、督、带四脉的功能有关。机体的卫、气、营、血、津、液、精、神都是脏腑所化生的,脏腑的功能活动是生命的根本。胞宫的行经、胎孕生理功能是由脏腑的滋养实现的。不同的动物,母畜的发情、性周期以及妊娠的特点各不相同。

第一节 母畜生殖器官解剖

母畜在生理和解剖上有很多地方与公畜不同,就内脏来说,公畜有外肾和阴茎,主交媾和藏精;母畜则有卵巢和胞宫,主发情和怀孕,它是冲脉和任脉的发源地。

一、阴户

阴户是中兽医产科学中母畜外生殖器的解剖术语。其名引于中医学,最早见于《校注妇人良方》,又名"四边"。后世诸家较广泛地使用阴户这一术语。如《妇科玉尺》所云"阴户肿痛不闭,寒热。溺涩体倦。少食"等,说明阴户是中医学固有的解剖术语。

《诸病源候论》云:"胞门、子户,主子精,神气所出入,合于中黄门、玉门、四边。"又云:"玉门、四边皆解散,子户未安。"其说明四边是与玉门并列的固有解剖名词。据其文义四边应指阴道口外前后左右四边,即前至阴蒂,后至大小阴唇系带,左右应是指两侧大小阴唇,似以小阴唇为主的部位。可见四边与阴户的解剖范围一致,因此,四边应是阴户的别名。

二、玉门

玉门是中兽医产科学中母畜外生殖器的解剖术语。其名引于中医学,最早见于《脉经》,又名"龙门""胞门"。《脉经》与《诸病源候论》均云:"已产属胞门,未产属龙门,未嫁女属玉门。"

关于玉门的位置,《孙真人备急千金要方》说:"在玉泉下,……入阴内外之际",即位于尿道口后面,是阴道的入口。

以上说明玉门、龙门、胞门的部位相当于外生殖器的阴道口及处女膜的部位。《妇人大全良方》云："产后阴脱,玉门不闭。"

关于阴户、玉门的功能,《诸病源候论》曰："玉门、四边,主持关元,禁闭子精。"此说明阴户、玉门是生育胎儿,排出带下、恶露等的关口,也是"合阴阳"的出入口。同时,《诸病源候论》云："四边中于湿,风气从下上入阴里。"又云："玉门、四边皆解散,子户未安……若居湿席,令人苦寒,洒洒入腹。"这说明阴户、玉门又是防止外邪入侵的关口。

三、阴道

阴道是母畜内的生殖器之一,其名引于中医学,最早见于《诸病源候论》,又名子肠。据《诸病源候论》所云之"五脏六腑津气流行阴道""产后阴道痛候""产后阴道开候"和《备急千金要方》关于"治产后阴道开不闭方"的记载,可知"阴道"一词早就是医学中的固有解剖名称,且解剖位置与西医学一致,是连接胞宫与阴户的通道。

《诸病源候论》有"阴挺出下脱";《孙真人备急千金要方》有"阴脱";《妇人大全良方》"产难门"有"子肠先出""阴脱","产后门"有"产后阴脱玉门不闭""子肠下出,不能收拾";《胤产全书》有"阴下脱,若脱肛状"的记载,可知以上所说的"阴",也是阴道的意思;"子肠"也主要是就阴道而言,主要是说阴道壁的膨出。

四、子门

子门是母畜内生殖器之一,其名引于中医学,最早见于《内经》,又名子户。《灵枢·经》云："石瘕生于胞中,寒气客于子门,子门闭塞。"由此可知子门是指子宫颈口部位。《诸病源候论》云："子门擗,月水不时。"《备急千金要方》又云："子门闭,血聚腹中生肉癥。"《类经》注释曰："子门,即子宫之门也。"以上记载均进一步明确了这一解剖部位。

《诸病源候论》云："肾为阴,主开闭,左为胞门,右为子户,主定月水,生子之道。"由此可知子户应是子门的别名。

关于阴道、子门的功能,如前所述,阴道是娩出胎儿,排出月经、带下、恶露的通道,是合阴阳、禁闭子精、防御外邪的处所;子门则是"主定月水,生子之道",即排出月经和娩出胎儿的关口,同时也是防御外邪入侵的第二道关口。

五、胞宫

胞宫,又名子宫、子脏、血室、胞室等,是母畜的重要内生殖脏器。源引于中医学,最早见于《内经》。《灵枢·五色》称之为"子处"。《神农本草经》称之为"子宫""子脏",如《神农本草经》记载有槐实主治"子脏急痛"等内容。"子宫"一词在历代著作中多有记载。"血室"一词出自《金匮要略》。血室有指肝脏、冲脉、子宫的不同解释,实际上"热入血室"中的"血室"就是指子宫。胞宫一词,始见于《女科百问》,记载有:

"热入胞宫,寒热如疟。"此后,"胞宫"一词为中医界所熟知,并得到了广泛应用。

《类经》说:"女子之胞,子宫是也,亦以出纳精气而成胎孕者为奇。"可见胞宫有孕育胎儿的功能。同时《内经》称其为"奇恒之腑",说明了它的功能不同于一般的脏腑。脏是藏而不泻,腑是泻而不藏,而胞宫是亦泻亦藏,藏泻有时。它行经、蓄经、育胎、分娩,藏泻分明,各依其时,充分表现了胞宫功能的特殊性。胞宫所表现出来的功能,是机体生命活动的一部分,是脏腑、经络、气血作用的结果。

母畜为了哺育幼畜,乳房特别发达,乳用种牛和种羊,其乳房更为发达。乳房属后肢阳明胃经,胃为水谷之海,水谷的精气即可由此气化而变为乳汁,以养幼畜。

母畜的生殖器官的任务是繁殖后代。这种繁殖的过程需要以下条件来实现:(1)排出卵细胞,接受雄性的生殖细胞;(2)创造受孕及胚胎发育的条件;(3)产出胎儿。

第二节 | 母畜的生理基础

一、冲任督带四脉与胞宫

冲、任、督、带四脉属"奇经",胞宫为"奇恒之腑",冲、任、督三脉下起胞宫,上与带脉交会,冲、任、督、带又上联十二经脉,因此胞宫的生理功能主要与冲、任、督、带四脉的功能有关,从而使冲、任、督、带四脉在雌性生理理论中具有重要地位。"奇经"不同于十二正经,别道奇行,无表里配属,不与五脏六腑直接联通。从中医学经典理论中可以总结出冲、任、督、带四脉有4个共同特点。

第一,从形态上看,冲、任、督、带四脉属经络范畴,而且有经络形象,即经有路径之意,是纵横的干线;络有网络之意,是经的分支,如罗网维络,无处不至。

第二,从功能上看,冲、任、督、带四脉有湖泽、海洋一样的功能。如《难经》说:"其奇经八脉者,比于圣人图设沟渠,沟渠满溢,流于深湖,故圣人不能拘通也。"《奇经八脉考》更明确说:"盖正经犹夫渭渠,奇经犹夫湖泽,正经之脉隆盛,则溢于奇经。"此即十二经脉中气血旺盛流溢于奇经,使奇经蓄存着充盈的气血。

第三,冲、任、督、带四脉是相互联通的。《素问·痿论》记载:"冲脉者,经脉之海也……皆属于带脉,而络于督脉。"此说明冲、带、督三脉相通。《灵枢·五音五味》记载:"冲脉、任脉皆起于胞中……会于咽喉,别而络唇口。"此说明冲、任二脉相通。《素问·骨空论》记载:"督脉者……其少腹直上者,贯脐中央,上贯心入喉,上颐环唇,上系两目之下中央。"此说明督脉、任脉相通。综上所述,冲、任、督、带四脉是相通的,这对调节全身气血、渗灌溪谷、濡润肌肤、协调胞宫生理功能都有重要意义。

第四,流蓄于冲、任、督、带四脉的气血不再逆流于十二正经。《难经》说:"人脉隆盛,入于八脉而不环周,故十二经亦不能拘之。"徐灵胎说:"不环周,言不复归于十二经也。"这些都明确阐述了奇经气血不再逆流于十二正经的理论观点,这犹如湖海之水不能逆流于江河、沟渠一样。假如冲、任、督、带的气血可以逆流于十二正经,那么血海的气血永远不会满盈,则中医学的"血海满而自溢,血溢胞宫"的月经理论将无法阐述。

为了进一步阐述冲、任、督、带四脉在产科学理论中的地位,下面将从胞宫与各脉、脏腑的经络联系及功能联系两个方面具体说明。

(一)冲脉与胞宫

1.冲脉与胞宫的经络联系

《灵枢·五音五味》说"冲脉起于胞中",这就明确了冲脉与胞宫的经络联系。冲脉循行,有上行、下行支,有体内、体表支,其体表循行支出于气街(气冲穴)。

冲脉为奇经,它的功能是以脏腑为基础的。《灵枢·逆顺肥瘦》记载:"夫冲脉者,五脏六腑之海也,五脏六腑皆禀焉。其上者,出于颃颡,渗诸阳,灌诸精;其下者,注少阴之大络,出于气街……其下者,并于少阴之经,渗三阴……其前者,伏行出跗属……渗诸络而温肌肉。"此说明冲脉上行支与诸阳经相通,使冲脉之血得以温化;又一支与足阳明胃经相通,故冲脉得到胃气的濡养;其下行支与肾脉相并而行,使肾中真阴滋于其中;又其"渗三阴",自然与肝、脾经脉相通,故取肝、脾之血以为用。

另外,冲脉与足阳明胃经的关系十分密切。胃为多气多血之腑,《灵枢·经脉》说:"(胃经)从缺盆下乳内廉,下夹脐,入气街中。"《素问·骨空论》说:"冲脉者,起(出)于气街。"还有《难经译释》说:"冲脉者,起(出)于气冲,并足阳明之经,夹脐上行,至胸中而散也。"此均明确指出冲脉与阳明经会于"气街",并且关系密切,故有"冲脉隶于阳明"之说。

2.冲脉与胞宫的功能联系

冲脉"渗诸阳""渗三阴"与十二经相通,为十二经气血汇聚之所,是全身气血运行的要冲,而有"十二经之海""血海"之称。因此,冲脉之精血充盛,才能使胞宫有行经、胎孕的生理功能。

(二)任脉与胞宫

1.任脉与胞宫的经络联系

任脉亦"起于胞中",这确定了任脉与胞宫的经络联系。任脉循行,下出会阴,向前沿腹正中线上行,至咽喉,上行环唇,分行至目眶下。

同样,任脉的功能也是以脏腑为基础的。《灵枢·经脉》说:"胃足阳明之脉,……夹口环唇,下交承浆。"此说明任脉与胃脉交会于"承浆",任脉得胃气濡养。肝足厥阴之脉,"循股阴入毛中,过阴器,抵少腹",与任脉交会于"曲骨";脾足太阴之脉,"上膝股内前廉,入腹",与任脉交会于"中极";肾足少阴之脉,"上膝股内后廉,贯脊属肾络膀胱",与任脉交会于"关元",故任脉与肝、脾、肾三经分别交会于"曲骨""中极""关元",取三经之精血以为养。

2.任脉与胞宫的功能联系

任脉主一身之阴,凡精、血、津、液等都由任脉总司,故称"阴脉之海"。王冰说:"谓之任脉者,……以妊养也。"故任脉又为机体妊养之本而主胞胎。任脉之气通,才能使胞宫有行经、带下、胎孕等生理功能。

(三)督脉与胞宫

1.督脉与胞宫的经络联系

唐代王冰在《内经》注解中说:"督脉,亦奇经也。然任脉、冲脉、督脉者,一源而三歧也……亦犹任脉、冲脉起于胞中也。"此说被后世医家所公认,如李时珍《奇经八脉考》说:"督乃阳脉之海,其脉起于肾下胞中。"因此督脉也起于胞中。督脉循行,下出会阴,沿脊柱上行,至项风府穴处络脑,并由项沿头正中线向上、向前、向下至上唇系带龈交穴处。

督脉的功能也是以脏腑为基础的。《灵枢·经脉》说督脉与肝脉"会于颠",得肝气以为用,肝藏血而寄相火,体阴而用阳;《素问·骨空论》记载督脉"合少阴上股内后廉,贯脊属肾",与肾相通,而得肾中命火温养;又其脉"上贯心入喉",与心相通,而得君火之助。督脉"起于目内眦",与足太阳相通,行身之背而主一身之阳,又得相火、命火、君火之助,故称"阳脉之海"。

2.督脉与胞宫的功能联系

任督二脉互相贯通,即二脉同出于"会阴",任行身前而主阴,督行身后而主阳,二脉于龈交穴交会,循环往复,维持着人体阴阳脉气的平衡,从而使胞宫的功能正常。同时《素问·骨空论》称督脉患病"其……不孕",可见督脉与任脉共同主司孕育功能。

(四)带脉与胞宫

1.带脉与胞宫的经络联系

《难经》说:"带脉者,起于季胁,回身一周。"此说明带脉横行于腰部,总束诸经。《素问·痿论》说:"冲脉者……皆属于带脉,而络于督脉。"王冰说:"任脉自胞上过带脉贯脐而上。"可见横行之带脉与纵行之冲、任、督三脉交会,并通过冲、任、督三脉间接地下系胞宫。

带脉的功能也是以脏腑为基础的。《针灸甲乙经》说:"维道……足少阳、带脉之会。"《素问·痿论》说:"而阳明为之长,皆属于带脉。"前述足太阳与督脉相通、督带相通,则足太阳借督脉通于带脉。《灵枢·经别》说:"足少阴之正……当十四椎(肾俞),出属带脉。"又因带脉与任、督二脉相通,也足以与肝、脾相通。由此带脉与足三阴、足三阳诸经相通已属可知。故带脉取肝、脾、肾等诸经之气血以为用。

2.带脉与胞宫的功能联系

带脉取足三阴、足三阳等诸经之气血以为用,从而约束冲、任、督三脉维持胞宫生理活动。

综上所述,可知冲、任、督三脉下起胞宫,上与带脉交会,冲、任、督、带又上联十二经脉,而与脏腑相通,从而把胞宫与整体经脉联系在一起。正因为冲、任、督、带四脉与十二经相通,并存蓄十二经之气血,所以四脉支配胞宫的功能是以脏腑为基础的。

冲脉为血海,任脉主胞胎,所以它的功能和冲任二脉具有不可分割的关系,而冲任二脉在胁后交系于带脉,因而带脉也可影响发情。

二、脏腑与胞宫

机体的卫、气、营、血、津、液、精、神都是脏腑所化生的,脏腑的功能活动是生命的根本。胞宫的行经、胎孕生理功能是由脏腑的滋养实现的。

(一)肾与胞宫

1.经络上的联系

肾与胞宫有一条直通的经络联系,即《素问·奇病论》说的"胞络者,系于肾",由肾脉与任脉交会于"关元",与冲脉下行支相并而行,与督脉同是"贯脊属肾"。所以肾脉又通过冲、任、督三脉与胞宫相联系。

2.功能上的联系

肾为先天之本、元气之根,主藏精气,是机体生长、发育和生殖的根本;精为化血之源,直接为胞宫的行经、胎孕提供物质基础。肾主生殖,而胞宫的全部功能体现就是生殖功能,由此可见肾与胞宫的功能是一致的。因此,肾与胞宫两者之间由于有密切的经络联系和功能上的一致性,所以关系最为密切。母畜发育到一定时期后,肾气旺盛,肾中真阴——天癸承由先天之微少,而逐渐化生、充实,才促成胞宫有经、孕、产、育的生理功能。

(二)肝与胞宫

1.经络上的联系

肝经与任脉交会于"曲骨",又与督脉交会于"百会",与冲脉交会于"三阴交"。可见肝经通过冲、任、督三脉与胞宫相联系。

2.功能上的联系

肝有藏血和调节血量的功能,主疏泄而司血海,而胞宫行经和胎孕的生理功能,恰是以血为用的。因此,肝对胞宫的生理功能有重要的调节作用。

(三)脾与胞宫

1.经络上的联系

脾经与任脉交会于"中极",又与冲脉交会于"三阴交",可见脾经通过冲、任二脉与胞宫相联系。

2.功能上的联系

脾为气血生化之源,内养五脏,外濡肌肤,是维护机体后天生命的根本。同时脾司中气,其气主升,对血液有收摄、控制的作用,就是后世医家所说的"统血""摄血"。脾司中气的主要功能在于"生血"和"统血",而胞宫的经、孕、产、育都是以血为用的。因此,脾所生所统之血,直接为胞宫的行经、胎孕提供物质基础。

(四)胃与胞宫

1.经络上的联系

胃经与任脉交会于"承浆",与冲脉交会于"气冲",可见胃经通过冲、任二脉与胞宫相联系。

2.功能上的联系

胃主受纳,腐熟水谷,为多气多血之腑,所化生的气血为胞宫之经、孕所必需。因此,胃中的谷气盛,则冲脉、任脉气血充盛,与脾一样为胞宫的功能提供物质基础。

(五)心与胞宫

1.经络上的联系

心与胞宫有一条直通的经络联系,即《素问·评热病论》所说"胞脉者属心而络于胞中",又《素问·骨空论》说督脉"上贯心入喉",可见心又通过督脉与胞宫相联系。

2.功能上的联系

心主神明和血脉,统辖一身上下。因此,胞宫行经、胎孕的功能正常与否,和心的功能有直接关系。

(六)肺与胞宫

1.经络上的联系

《黄帝内经》说:"上额,循颠,下项中,循脊,入骶,是督脉也,络阴器,上过毛中,入脐中,上循腹里,入缺盆,下注肺中。"可见肺与督脉、任脉是相通的,并借督、任二脉与胞宫相联系。

2.功能上的联系

肺主一身之气,有"肺朝百脉"和"通调水道"而输布精微的作用,机体内的精、血、津、液皆赖肺气运行。因此,胞宫所需的一切精微物质,是由肺气转输和调节的。

上述说明了脏腑与胞宫有密切的经络联系和功能联系,胞宫的生理功能是脏腑功能作用的结果。

第三节 母畜的生理特点

母畜在达到一定年龄后,生殖器官经过量变的积累而发生了质的飞跃,卵巢具有成熟的滤泡,同时出现性周期的现象,开始有繁殖的能力。性成熟的时间与家畜的个体、种属、营养及气候环境有关。如气候暖和时,营养良好,管理得当及品种优良的家畜,其性成熟期早。家畜性成熟后即表示其具有繁殖能力,但不宜在这时配种,以免影响生长发育。

一、性周期与发情

由于动物的种类不同,受各种因素的影响,其性周期及发情的持续时间也不同。

性周期:黄牛平均为20天,变动范围在19~22天之间;水牛平均为21天,变动范围在16~30天之间;猪平均为21天,变动范围在19~23天之间;绵羊平均为16~17天,变动范围在14~19天之间;山羊平均为19天,变动范围在12~27天之间;幼羊和幼猪平均为21天,变动范围在19~33天之间;马平均为22天,变动范围在20~37天之间。

发情持续期:成年猪平均为2天,变动范围在2~4天;牛平均为16 h,变动范围在12~18 h之间;水牛平均13 h 10 min,变动范围在12 h至104 h 30 min;马平均为6天,变动范围在2~11天之间。

发情的特征是:举动不安,食欲减退,阴户肿胀肥大,排尿次数增加,阴户有黏液流出,母马可见阴门频频开闭,愿意接近公畜,相互吻嗅,后肢张开,阴门开闭及排尿,若用阴道扩张器(开膣器)插入阴道,则无抵抗;且可看到阴道黏膜充血,呈粉红色,有光泽,子宫颈外口弛缓,呈张开状,若行直肠检查,可发现滤泡,比其平时的卵巢大4~8倍,按压柔软有波动,待排卵后,则卵巢体积缩小。

母畜发情特征

二、妊娠

若配种后至第二个性周期不出现发情,以后一直不发情者,多属怀孕。从怀孕到分娩这个阶段,称为"妊娠",也称为"怀孕"。受孕机制是肾气充盛,天癸成熟,冲任二脉以及胞宫功能正常,两精相合,就可以构成胎孕。

(一)妊娠的生理现象

妊娠后母体的变化,明显表现为脏腑、经络之血下注冲任,以养胎元,因此,妊娠期间整个机体出现"血感不足,气易偏盛"的生理特点。

1.妊娠的临床表现

怀孕后的母畜在生理上会出现一些变化。如由于胎儿在子宫逐渐长大,使脏腑被挤向前方,影响横膈膜前移,故呼吸加快。由于胎儿的长大,压迫骨盆腔内静脉及后腔静脉,使血液循环困难,怀孕末期可见后肢浮肿,同时心脏负担增加,脉象变得滑数。由于胎儿生长,母畜要供给养料,故妊娠前期消化机能增强,怀孕后期,由于胎儿发育长大,压迫肠道,所以母畜易发生便秘。由于矿物质代谢扰乱或矿物质缺乏,骨组织钙盐减少,所以母畜易患肾虚骨痿之证,导致骨折或脱牙。怀孕后,肾的功能加强,故尿中有蛋白质出现。随着胎儿的发育,可见到腹围加大,乳房膨大;同时,生殖器官也发生变化,如卵巢出现妊娠黄体,子宫增生肥大,子宫内分泌物于子宫颈中形成子宫塞,子宫阔韧带肥厚伸长,末期,阴道充血肿胀。

怀孕至分娩前2～3周,可见到:(1)乳房胀大,感觉敏锐,且可从乳房中挤出淡黄色的乳汁;(2)阴唇肿大、变软、张开,阴道黏膜充血,阴户外可流出索状的透明黏液;(3)腰荐韧带松弛,整个腹部下垂;(4)举止异常,近分娩时表现不安,徘徊,起卧不定,常回顾腹部,腰荐韧带松弛,尾根高举,猪常表现出嚼草做窝的现象;(5)分娩前一个月,体温有升高趋势,临产时体温又可降低0.4～1.2 ℃。

2.家畜的怀孕期随动物的种类而异

猪平均怀孕天数为114天,变动范围在110～140天之间;黄牛平均为285天,变动范围在240～311天之间;水牛平均为313天,变动范围在284～365天之间;羊平均为150天,变动范围在146～160天之间;马平均为340天,变动范围在307～412天之间;驴平均为380天,变动范围在300～390天之间。

(二)妊娠的机制

母畜发育成熟后,就有了孕育的功能,受孕的机制在于肾气充盛、天癸成熟、冲任二脉功能正常、雌雄两精相合,就可以构成胎孕。即"两神相搏,合而成形"。

(三)分娩

怀孕末期,胎儿及胎衣自母体阴道娩出的过程,称为"分娩"。

临产时腹痛起卧,产门渐开至产门全开,胎儿、胎衣依次娩出,分娩结束。

分娩时,胎儿的姿势一般多为头位,分娩的动力主要来自子宫收缩,其次为腹压及阴道壁等的收缩力,分娩呈阵缩形式,先从子宫角开始。

娩出期:牛约3 h;猪通常为2～6 h,最长可达18 h;羊约15 min;马为30～60 min。

本章小结

本章介绍了中(兽)医典籍中母畜的器官解剖尤其是胞宫的特点;母畜冲、任、督、带四脉与胞宫的关系;母畜五脏与胞宫的关系;母畜发情、性周期以及妊娠的特点。通过学习,掌握母畜的器官解剖特征、生理基础和生理特点,为理解产科疾病的病因病机奠定理论基础。

本章概念网络图

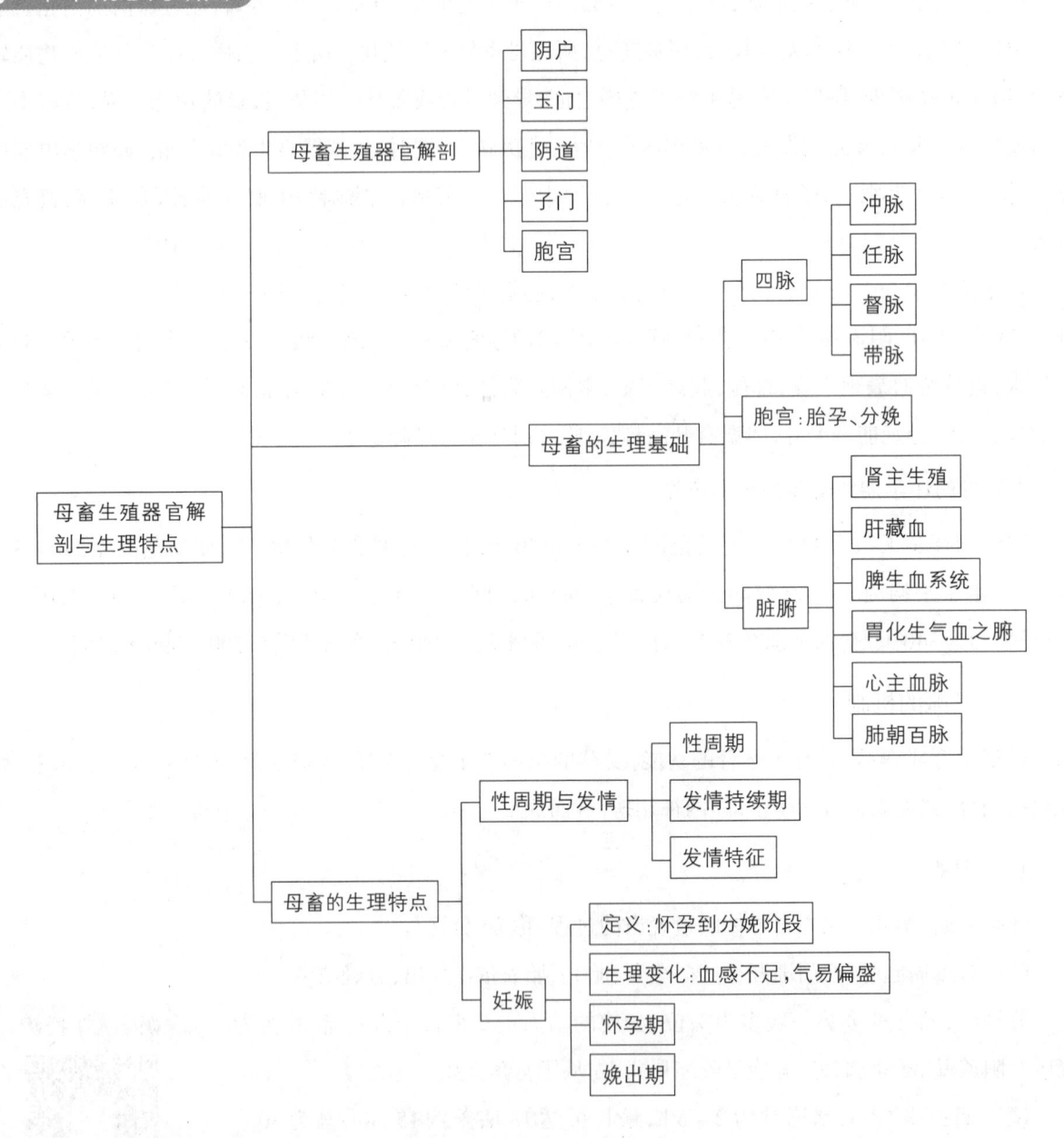

- 母畜生殖器官解剖与生理特点
  - 母畜生殖器官解剖
    - 阴户
    - 玉门
    - 阴道
    - 子门
    - 胞宫
  - 母畜的生理基础
    - 四脉
      - 冲脉
      - 任脉
      - 督脉
      - 带脉
    - 胞宫:胎孕、分娩
    - 脏腑
      - 肾主生殖
      - 肝藏血
      - 脾生血系统
      - 胃化生气血之腑
      - 心主血脉
      - 肺朝百脉
  - 母畜的生理特点
    - 性周期与发情
      - 性周期
      - 发情持续期
      - 发情特征
    - 妊娠
      - 定义:怀孕到分娩阶段
      - 生理变化:血感不足,气易偏盛
      - 怀孕期
      - 娩出期

思考与练习题

(1)《内经》称胞宫为"奇恒之腑"的原因是什么？

(2)为什么说带脉与胞宫相联系？

(3)肾与胞宫在功能上有怎样的联系？

(4)如何认定母畜发情？

(5)试述如何利用所学母畜生理特点提高养殖场的经济效益。

拓展阅读

动物生殖生理基础

第三章

产科疾病的病因病机

本章导读

由于产科疾病关系到母畜繁殖、幼畜健康以及畜牧业发展，了解其病因病机对于防治疾病尤为重要，那么临床上引起动物产科疾病的病因主要有哪些？致病机理是什么？本章将一一解答这些问题。

学习目标

(1) 熟悉常见的引发产科疾病的病因，理解产科疾病的主要机理。

(2) 掌握临床病例的病因机理，具备分析母畜产科疾病的思维能力。

(3) 掌握中兽医整体观与辨证论治在产科病防治中的应用，提高综合分析问题的能力，养成严谨的工作作风。

> 引起产科疾病的病因主要有六淫邪气、情志因素、生活因素和环境因素等，痰饮、瘀血等病理产物亦可影响冲任二脉而导致产科疾病。此外，母畜禀赋不足也是导致某些产科疾病的重要体质因素。病机，即疾病发生、发展与变化的机理。产科疾病的发生，是致病因素在一定的条件下，导致脏腑、气血功能失常以及直接或间接损伤胞宫影响冲任为病的结果。
>
> 产科疾病病理机制与内科、外科等疾病病机的不同点在于产科疾病的病机主要是各种因素损伤冲任（督带）为病，在生理上胞宫是通过冲任（督带）和整体经脉联系在一起的，在病理上脏腑功能失常、气血失调出现损伤冲任（督带）时就会导致带、胎、产等诸病。

第一节 产科疾病常见病因

一、六淫邪气因素

风、寒、暑、湿、燥、火是自然界的气候变化，正常情况下为"六气"。若六气过度（过亢）或者非其时有其气，则成为致病因素，称为"六淫邪气"。因其从外而侵，又称外邪。《三因极一病证方论》认为火邪即热邪，"夫六淫者，寒暑燥湿风热是也。"另一方面，由于体内阴阳之偏盛、偏衰，脏腑、气血调节之失常，亦可产生风、寒、湿、燥、热等内生之邪。

六淫邪气皆可导致产科疾病的发生。但由于母畜的孕、胎、产均以血为用，而寒、热、湿邪尤易与血相搏而致病，故产科疾病中以寒、热、湿邪较为常见。

(一) 寒邪

1. 外寒

多由于外感寒邪，寒邪由外及里，伤于肌表、经络、血脉，或由阴户而入，直中胞宫，影响冲任二脉。寒为阴邪，易伤阳气；其性收引、凝滞，易使气血运行不畅。《素问·举痛论》说："寒气入经而稽迟，泣而不行；客于脉外则血少，客于脉中则气不通，故卒然而痛。"若素体虚弱，腠理疏松，天气寒冷，当风受凉，以致感受寒邪，或适值产后，血室正开，以致寒邪由阴户入内，与血相搏结，使胞脉阻滞，而发生产后发热等。

2.内寒

多因脏腑阳气虚衰,寒从内生,或过服寒凉泻火之品,抑遏阳气,使阴寒内盛,血脉凝涩,冲任虚寒。内寒的产生,与脾肾阳虚相关。由于命门火衰,脾阳失于温煦,运化失职,开合失司,则阳不化阴,水湿、痰饮、瘀血内停,导致带下病、不孕症等。

(二)热邪

1.外热

多为外感火热之邪。热为阳邪,其性炎上,善行数变,易动血、伤阴、生风。热邪为患,易耗气伤津,导致壮热、汗出、口渴;热扰神明则神昏谵语;热极生风,则抽搐昏迷;热迫血行,则血不循经而发生各种出血症。在孕期或产后,正气偏虚,热邪易乘虚而入,直中胞宫,损伤冲任,发生产后发热等;若热邪结聚冲任、胞中,使气血壅滞,热盛则肿、热盛肉腐,则导致阴疮等。

2.内热

多因脏腑阴血津液不足,阴不维阳;或素体阳盛,或过食辛热温之品,致火热炽盛,热伤冲任,迫血妄行,导致产后发热、阴疮等。

从热邪致病的证候而言,还有虚热、实热、热毒之分。临床上阴虚所致的内热称为虚热,症见产后发热等;若饮食不洁及外感之热等称为实热,可见盆腔炎等;热毒乃邪热炽盛,蕴积成毒,如感染邪毒之产后发热、癥瘕(zhēng jiǎ)恶证等。

(三)湿邪

1.外湿

多是感受外在的湿邪,如气候潮湿、淋雨涉水、久居湿地而致。湿属于阴邪,其性重浊黏滞,易困阻气机,损伤阳气,病情缠绵;湿性趋下,易袭阴部。《素问·太阴阳明论》指出:"伤于湿者,下先受之。"湿与寒并,则成寒湿;湿郁日久,转化为热,则为湿热;湿聚成痰,则成痰湿;湿热蕴积日久,或感受湿毒之邪,浸淫机体,以致溃腐成脓,则为湿毒。湿邪易下客阴户,直中胞宫,下注冲任,引起带下病、盆腔炎等。

2.内湿

《素问·至真要大论》指出:"诸湿肿满,皆属于脾。"内湿多归咎于脾,素体脾虚,或饮食不洁,脾阳不足,不能运化水湿,或肾阳虚衰,不能温煦脾土,化气行水,遂致湿从内生,久而酿成痰饮,痰湿停滞,流注冲任,伤及带脉。

湿为有形之邪,湿邪为患,因其留滞的部位、时间不同,可导致带下病、产后腹痛、不孕症等。内湿与外湿又可相互影响,如湿邪外袭,易伤脾;脾阳不足,则湿气不化。而脾虚者,易被湿邪入侵。

二、情志因素

喜、怒、忧、思、悲、恐、惊统称"七情",是对外界刺激的情绪反应,也是脏腑功能活动的表现形式之一,动物亦会受其影响。若受到突然、强烈或持久的精神刺激,可导致七情太过,脏腑功能紊乱、气血失常,影响冲任,则发生产科疾病。《傅青主女科》有"郁结血崩""多怒堕胎""大怒小产""气逆难产""郁结乳汁不通"等记载。

情志致病主要影响脏腑之气机,使气机升降失常,气血紊乱。《灵枢·寿夭刚柔》认为:"忧恐忿怒伤气,气伤藏,乃病藏。"《素问·举痛论》说:"百病生于气也。"情志因素之中,以怒、思、恐对冲任影响较明显。

三、饲养管理不当

饲养管理不当,生活失于常度,或生活环境突然改变,也可使脏腑、气血、冲任的功能失调而导致产科疾病。常见有多产、饥饱不匀、劳逸失常、跌扑损伤等。

(一)多产

即孕产频多。《薛氏医案》指出:"若产育过多,复自乳子,血气愈伤。"生育过多或流产,均可影响脏腑气血,导致气血亏虚不孕等。

(二)饥饱不匀

饮食均衡是生命活动的基本保证。若饮食不足,气血生化之源匮乏,后天不能充养先天,肾精不足,天癸、冲任失养,导致胎萎不长等。若饮食过度,暴饮暴食,膏脂厚味损伤脾胃,脾失运化,中焦积滞乃生。《素问·痹论》说:"饮食自倍,肠胃乃伤。"脾虚痰饮内蕴,引起不孕症等。

(三)劳逸失常

劳逸适度有助于气血的运行,但过劳失常,皆可致病。《素问·举痛论》说:"劳则气耗。"如牛马妊娠期过度使役,劳倦过度或负重劳累,气虚系胞无力,可致胎漏、胎动不安。产后过早过劳,可导致恶露不绝等。《素问·宣明五气》谓:"久卧伤气,久坐伤肉。"《格致余论·难产论》认为,"久坐,胞胎因母气不能自运",可致难产。如母畜过于安逸少运动,也可导致气血运行不畅,过肥不孕、难产等。

(四)跌扑损伤

跌扑损伤可直接损伤冲任,引起产科疾病。若妊娠期起居不慎,跌扑闪挫,或挫伤腰腹,可致流产;若跌扑损伤阴户,可致外阴血肿;手术、金刃所伤,亦可引起产科疾病。

四、环境因素

随着城市化和工业化发展,自然环境中噪声、放射线及辐射等物理因素对生殖的影响亦不容忽视。严重或长期的噪声污染使孕畜焦虑、惊恐,致畜禽不孕不育或影响胎儿发育。环境中的某些化学物质,如农药、染料、洗涤剂、塑料制品、食品添加剂及包装材料等,可以通过食物或生物链进入动物体内,易伤动物脾胃功能,运化失常,气血化生不足,也会影响动物生殖,导致不孕、乳汁分泌不足等。

五、病理产物因素

疾病演变过程中可产生瘀血、痰饮等病理产物，而病理产物稽留体内，又可以直接或间接影响冲任，阻滞胞宫、胞脉、胞络而导致产科疾病。

（一）瘀血

《黄帝内经》有"恶血""血实""留血"等论述，并提出了"疏其血气，令其调达"，"血实宜决之"等治则。《金匮要略·惊悸吐衄下血胸满瘀血病脉证治第十六》首次提出了"瘀血"之词，并详述了瘀血产生的原因、主要症状和治法。瘀血可因外感邪气、内伤七情、跌扑损伤而形成，具有"浓、黏、凝、聚"的特点。邪气与血相搏结，寒凝、热灼、湿阻均可致瘀；七情所伤，气机郁滞，血脉不畅，亦可成瘀；脏腑之气虚弱，血脉滞碍，也可致瘀；跌扑损伤，血溢脉外，遂成瘀血。瘀血阻滞冲任，血不归经，则产后恶露不绝等；若冲任不畅，气血壅滞，则导致癥瘕等；若阻滞胞脉、胞络，冲任不能相资，两精不能相合，或胎无所居，则可致不孕症等。

（二）痰饮

痰饮是由于肺、脾、肾的气化功能失常，津液敷布失常，以致水湿停聚而成。张仲景《伤寒杂病论》首先提出"痰饮"之名。痰饮其性黏腻，可阻遏气机。痰饮又可随脏腑、经络流动，变化多端。若痰饮下注，影响任带二脉，使任脉不固，带脉失约，则发生带下病；痰饮壅阻冲任，使胞宫藏泻失常，则致不孕症等；痰饮积聚日久，或与瘀血互结，则成癥瘕。

六、体质因素

体质，中医称为"禀赋"。清代《通俗伤寒论》始有"体质"之词。体质禀受于父母，并受到后天环境等因素的影响而逐渐形成。在疾病的发生、发展、转归及辨证论治过程中，体质因素均不可忽视。体质的差异，往往影响对某种致病因素的易感性，亦可影响发病后的证候表现及疾病的转变。产科疾病与体质关系密切。如先天禀赋不足，可发生不孕症、胎动不安、流产等。由于阴阳偏盛偏衰而导致的体质偏寒或偏热，亦可影响发病后的寒化或热化，体质因素就会成为发病条件之一而引发疾病。

第二节 产科疾病的主要病机

一、脏腑功能失调

中兽医认为脏腑功能活动是生命的根本，脏腑功能失调可以导致气血失调，影响冲任督带和胞宫的功能，导致产科带、胎、产诸病发生，尤与肾、心、肝、脾、肺的功能失调关系密切。

(一) 肾的病机

肾藏精，主生殖，胞络系于肾，肾在产科疾病病机中占有重要的位置，若先天禀赋不足，或多产，或久病大病，均可致肾虚而影响冲任、胞宫的功能而发生产科疾病。由于机体阴阳盛衰不同，损伤肾气、肾阳、肾阴不同，因此临床上有肾精亏虚、肾气虚、肾阴虚、肾阳虚和肾阴阳俱虚等病机。

1. 肾精亏虚

肾精不足，冲任不盛，血海不充，胞宫失于濡养，可发生不孕症、胎萎不长等。

2. 肾气虚

肾气是肾精所化之气，概指肾的功能活动。肾气虚，则封藏失职，冲任不固，胞宫藏泻失常，可致产后恶露不绝等；冲任不固，胎失所系，可致胎动不安、流产；任脉不固，带脉失约，导致带下过多；冲任不能相资，不能摄精成孕，可致不孕症。

3. 肾阴虚

肾阴是肾所藏之阴精，是肾气功能活动的物质基础，肾精足则肾气盛。肾阴亏损，冲任亏虚，胞宫、胞脉失养，可发生胎萎不长等；若阴虚带脉失约，则可致带下病等；若阴虚生内热，热伏冲任，迫血妄行，则可致胎动不安等。

4. 肾阳虚

肾阳是命门之火，是机体温煦气化的原动力，肾阳虚是肾气虚的进一步发展。肾阳不足，则冲任虚寒，胞宫失于温养，可发生不孕症、胎萎不长等；阳气虚微，封藏失职，以致冲任不固，则发生崩漏、带下病等；肾阳虚气化失司，湿聚成痰，痰浊阻滞冲任、胞宫，可致不孕症；若肾阳不足，不能温煦脾阳，致脾肾阳虚，可发生不孕等；肾阳虚，血脉失于温运，则发生肾虚血瘀，导致更为错综复杂的产科病证。

5. 肾阴阳俱虚

阴损可以及阳，阳损可以及阴，病程日久可导致阴阳两虚。肾气渐衰，阴损及阳，病病及阴，均可出现肾阴阳两虚，导致冲任气血不调，可发生不孕、带下病等。

(二)心的病机

心藏神,主血脉;胞脉者属心而络于胞中,心与产科疾病有着较大的关系。

1.心气虚

心气虚致心气不得下通,导致胞脉不通,冲任失常,可发生不孕症等。

2.心血不足

心火偏亢,移热小肠,传于膀胱,可致妊娠期小便淋漓疼痛。

3.心阴虚

若心阴虚,虚热外迫,津随热泄,可发生产后盗汗等。

(三)肝的病机

肝藏血,主疏泄,司血海。肝体阴而用阳,助脾胃消食运化。母畜以血为本,孕、产、乳均以血为用,肝血不足,肝阳偏亢,可使肝的功能失常,表现易热、易虚、易亢的特点,影响冲任、胞宫,发生产科疾病。肝的病机主要有肝气郁结、肝火上炎、肝血不足、肝阳上亢等。

1.肝气郁结

肝郁气滞,肝气失于疏泄,冲任气机不畅,可发生不孕症、缺乳等。若肝气横逆犯脾,致肝郁脾虚,可发生不食少食等。

2.肝火上炎

肝郁化热,冲任伏热,扰动血海,可出现产后恶露不绝。若肝郁脾虚,湿热内生,肝经湿热下注,使任脉不固,带脉失约,可发生带下病。湿热蕴结胞中,或湿热瘀结,阻滞冲任,冲任不畅,可发生不孕症、癥瘕等。

3.肝血不足

肝血耗损,久则肝阴不足,冲任失养,可致不孕症等。肝血不足,不能下注冲任血海,以致产后血虚腹痛。

4.肝阳上亢

肝阴不足,阴不维阳,则肝阳上亢,或肝风内动,均可影响母畜生殖。

(四)脾的病机

脾主运化,为气血生化之源,后天之本。脾主升,有统摄之功。若素体虚弱,或饮食不节,或劳倦逸伤,可导致脾虚而产生产科疾病。

1.脾气虚弱

脾虚化源不足,冲任失养,血海不能按时满盈,可出现缺乳等。脾虚血少,胎失所养,则胎萎不长。脾虚统摄无权,冲任不固,可出现产后恶露不绝等。脾虚中气下陷,则可见带下病等。

2.脾阳不振

脾阳虚,不能升清降浊和运化水湿,导致水湿下注冲任,可致带下病等。若湿聚成痰,痰饮壅滞冲任,可导致不孕症、癥瘕等。若脾阳不足,损及肾阳,亦可致脾肾阳虚而发生产科疾病。

(五)肺的病机

肺主气、主肃降,朝百脉,通调水道。若肺阴不足,阴虚火旺,经不能行阴血下注冲任,肺阴益虚,虚火灼伤肺络,则出现经行吐衄[nù]。若肺气虚,失于肃降,导致冲任气血升降失调,可发生子肿、胎动不安等。

机体是一个整体,脏腑之间具有相生、相克的关系,其发病亦可相互影响而出现复杂的病机。临床上常出现肾虚肝郁、肝郁脾虚、脾肾阳虚、肝肾阴虚、肾虚血瘀等,当情况错综复杂时,应找出主要病机,并动态观察其变化。

二、气血失常

由于母畜孕、产、乳均以血为用,易耗伤阴血,导致气血相对不平衡的状态,因此气血失常是导致产科疾病的重要病机。导致气血失常的原因很多。六淫邪气往往影响血分,而情志因素则主要影响气分,跌扑损伤则常常导致气血紊乱而形成瘀血。脏腑功能失常亦会引起气血失常,这些都是常见的病机。现将气血失常的具体病机分述如下。

(一)气分病机

气是机体内流动的精微物质,也是脏腑经络活动能力的表现,当脏腑功能活动失常,亦可以引起气分病变,表现气虚、气滞、气逆等。

1.气虚

素体羸弱,或久病重病等,均可导致气虚。气虚则冲任不固,血失统摄,致带下病、产后恶露不绝等。气虚卫外不固,易感外邪,致产后发热等。若气虚血行不畅,则血脉涩滞,而产生血瘀诸疾。

2.气滞

情志抑郁,则肝气不舒,气机郁滞,冲任不畅,则出现不孕症等。气滞血行不畅,瘀血壅滞胞宫,可发生癥瘕、不孕症、乳痈等。

3.气逆

情志所伤,肝气疏泄过度,则肝气横逆,上扰胃,胃失和降,胃气上逆,可致妊娠恶阻。

(二)血分病机

血为中焦脾胃所纳水谷化生的精微物质,上输于肺心化为血,亦可由肾精化生而来。六淫邪气侵袭和脏腑功能失常都可以引起血的失调。血的失调主要表现为血虚、血瘀、血热、血寒等。

1.血虚

母畜素体虚弱,久病失血,或虫积为患,精血暗耗,则冲任失养,血海不盈,胞宫失于濡养,可发生胎动不安、胎萎不长、产后发热、产后腹痛、缺乳、不孕症等。

2. 血瘀

产后瘀血未尽，离经之血留滞冲任、胞宫；或外感邪气，邪气与血相搏结，瘀阻胞中；或气虚运血无力而成瘀，或手术留瘀。瘀血阻滞冲任，留滞于胞宫或蓄积于胞中，使气血运行不畅，甚或阻塞不通，则可致胎死不下、产后腹痛、产后发热、不孕症等。若瘀阻胞脉，新血不得归经，则胎动不安、产后恶露不绝等。若瘀积日久，可结成癥瘕。

3. 血热

素体阳盛或阴虚，或肝郁化火，则热伏冲任，迫血妄行，可致胎动不安、产后发热、产后恶露不绝、乳痈等。

4. 血寒

产后感受寒邪，或素体阳虚，寒从内生，寒邪客于冲任、胞宫，血为寒凝，冲任不畅，则发生产后腹痛、不孕症等。

气血相互依存。往往气病及血，血病及气，或气血同病，虚实错杂。临床常见气血俱虚、气滞血瘀、气虚血瘀等病机导致产科病证。故《素问·调经论》指出："血气不和，百病乃变化而生。"

三、冲任损伤

冲任损伤是产科疾病最重要的病机。《医学源流论》指出："冲任二脉皆起于胞中，为经络之海，此皆血之所从生。而胎之所由系，明于冲任之故，则本源洞悉，而后所生之病，千条万绪，可以知其所从起。"凡脏腑功能失常、气血失调，均可间接损伤冲任，导致冲任、胞宫、胞脉、胞络损伤，肾—天癸—冲任—胞宫间功能失调；而先天禀赋不足、痰饮、瘀血、金刃、手术等，亦可直接影响冲任、胞宫，从而发生产科疾病。冲任损伤的主要病机有冲任虚衰、冲任不固、冲任失调、冲任阻滞、热蕴冲任、寒凝冲任和冲气上逆等。胞宫、胞脉、胞络的病机主要有胞宫藏泻失司和胞宫闭阻。

总而言之，产科的病机是复杂的。脏腑、气血、经络之间具有密切的关系。气血来源于脏腑，经络是气血运行的通道，脏腑又需要气血的濡养。因此，脏腑功能失调、气血失常、冲任及胞宫的损伤亦可相互影响，出现气血同病、多脏受累、诸经受损的病机。临证需根据母畜孕、产、乳等不同阶段的生理变化与病机特点，把握主要的病因病机，全面辨析，才能做出正确的判断。

• **本章小结** •

本章介绍了引起母畜产科疾病的六淫邪气因素、情志因素、饲养管理不当、环境因素、病理产物因素以及体质因素，脏腑功能失调、气血失常和冲任损伤导致的母畜产科疾病的病理机制。通过学习，掌握母畜产科疾病的病因和病机，为诊断产科疾病提供理论基础。

本章概念网络图

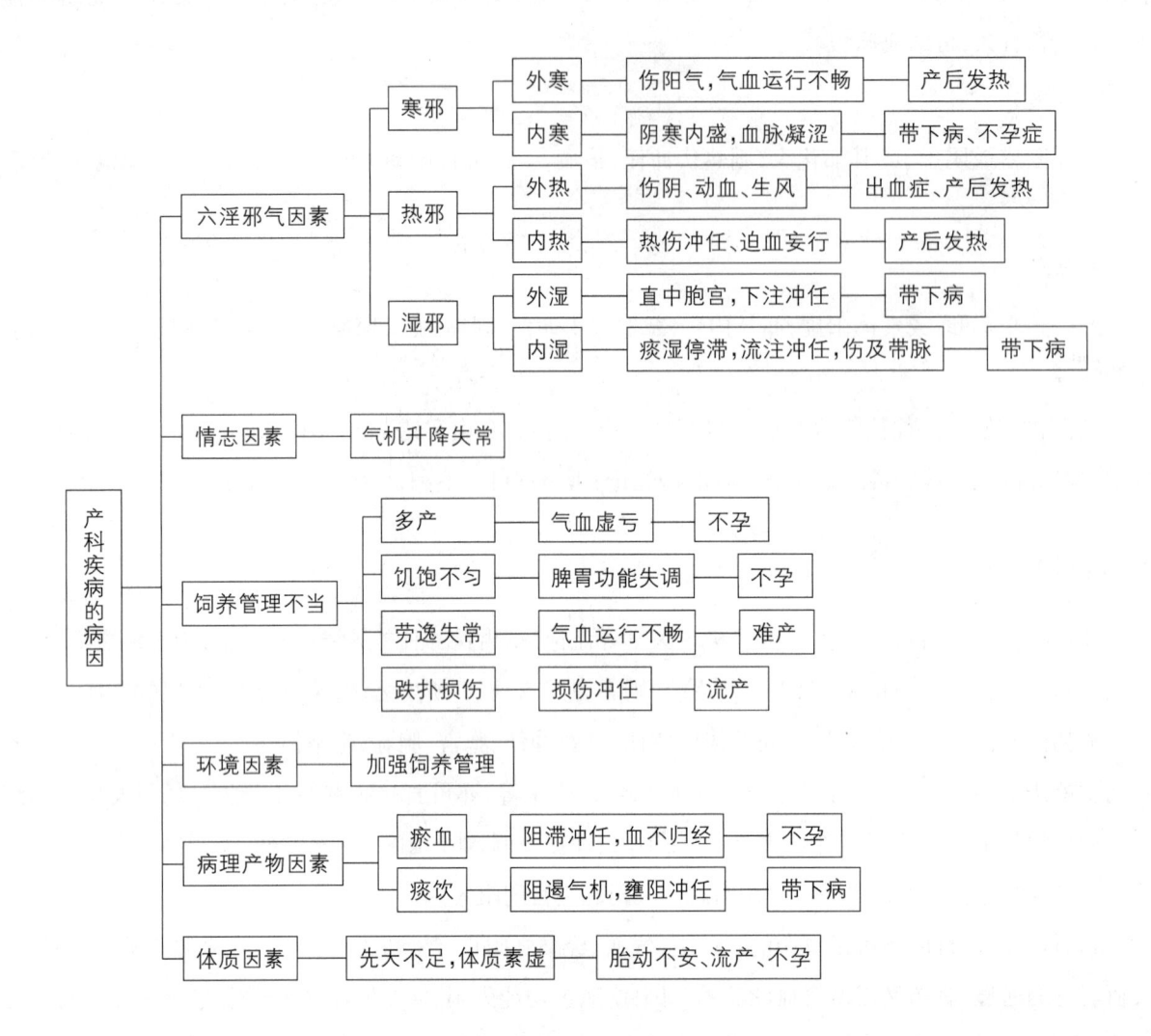

```
                        ┌─ 寒邪 ─┬─ 外寒 ─ 伤阳气,气血运行不畅 ─ 产后发热
                        │       └─ 内寒 ─ 阴寒内盛,血脉凝涩 ─ 带下病、不孕症
          ┌─ 六淫邪气因素 ┼─ 热邪 ─┬─ 外热 ─ 伤阴、动血、生风 ─ 出血症、产后发热
          │             │       └─ 内热 ─ 热伤冲任、迫血妄行 ─ 产后发热
          │             └─ 湿邪 ─┬─ 外湿 ─ 直中胞宫,下注冲任 ─ 带下病
          │                     └─ 内湿 ─ 痰湿停滞,流注冲任,伤及带脉 ─ 带下病
          │
          ├─ 情志因素 ─ 气机升降失常
          │
          │             ┌─ 多产 ─ 气血虚亏 ─ 不孕
产科疾病的病因 ┼─ 饲养管理不当 ┼─ 饥饱不匀 ─ 脾胃功能失调 ─ 不孕
          │             ├─ 劳逸失常 ─ 气血运行不畅 ─ 难产
          │             └─ 跌扑损伤 ─ 损伤冲任 ─ 流产
          │
          ├─ 环境因素 ─ 加强饲养管理
          │
          ├─ 病理产物因素 ┬─ 瘀血 ─ 阻滞冲任,血不归经 ─ 不孕
          │             └─ 痰饮 ─ 阻遏气机,壅阻冲任 ─ 带下病
          │
          └─ 体质因素 ─ 先天不足,体质素虚 ─ 胎动不安、流产、不孕
```

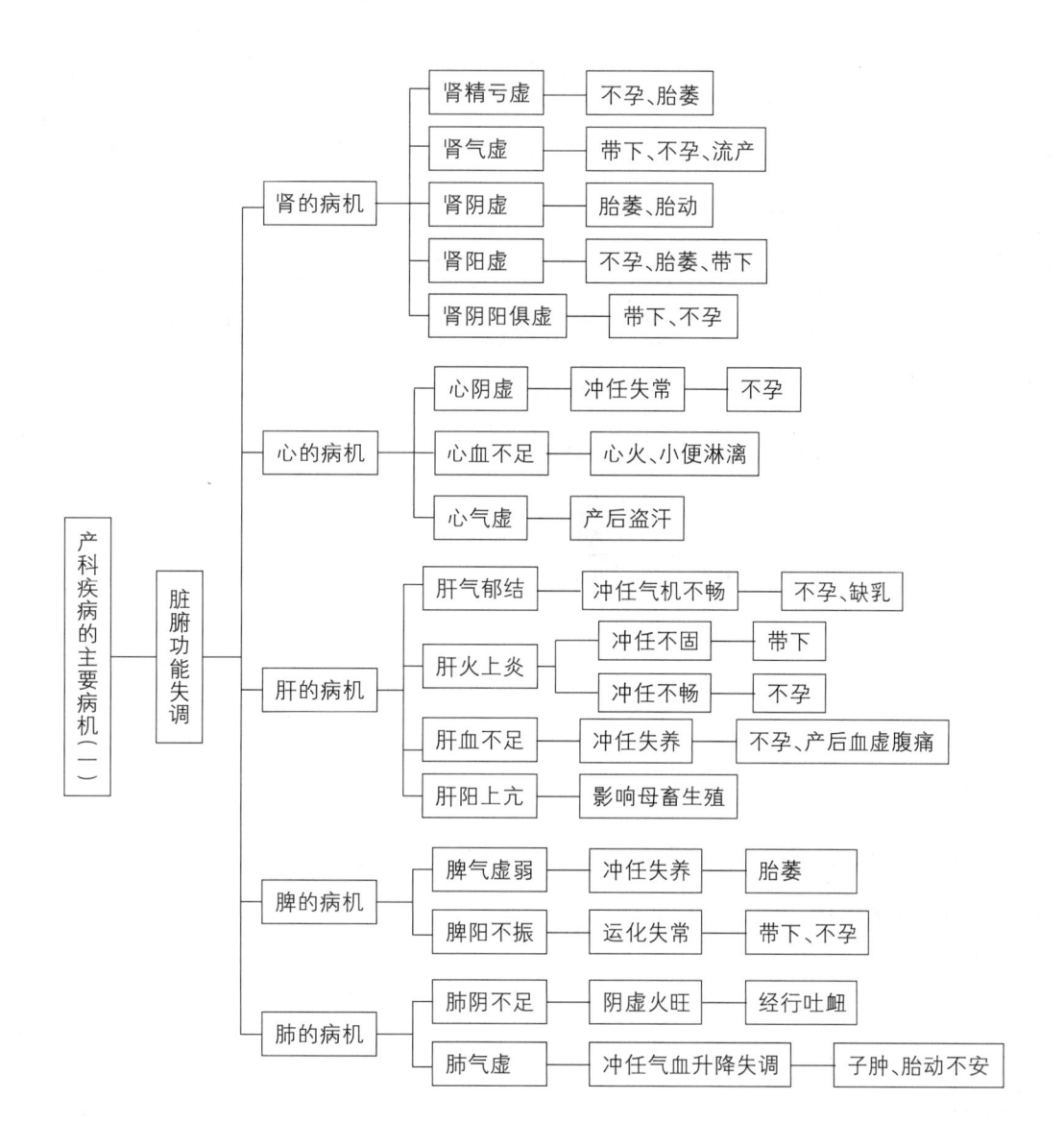

第三章 产科疾病的病因病机

产科疾病的主要病机（一）
- 脏腑功能失调
  - 肾的病机
    - 肾精亏虚 → 不孕、胎萎
    - 肾气虚 → 带下、不孕、流产
    - 肾阴虚 → 胎萎、胎动
    - 肾阳虚 → 不孕、胎萎、带下
    - 肾阴阳俱虚 → 带下、不孕
  - 心的病机
    - 心阴虚 → 冲任失常 → 不孕
    - 心血不足 → 心火、小便淋漓
    - 心气虚 → 产后盗汗
  - 肝的病机
    - 肝气郁结 → 冲任气机不畅 → 不孕、缺乳
    - 肝火上炎
      - 冲任不固 → 带下
      - 冲任不畅 → 不孕
    - 肝血不足 → 冲任失养 → 不孕、产后血虚腹痛
    - 肝阳上亢 → 影响母畜生殖
  - 脾的病机
    - 脾气虚弱 → 冲任失养 → 胎萎
    - 脾阳不振 → 运化失常 → 带下、不孕
  - 肺的病机
    - 肺阴不足 → 阴虚火旺 → 经行吐衄
    - 肺气虚 → 冲任气血升降失调 → 子肿、胎动不安

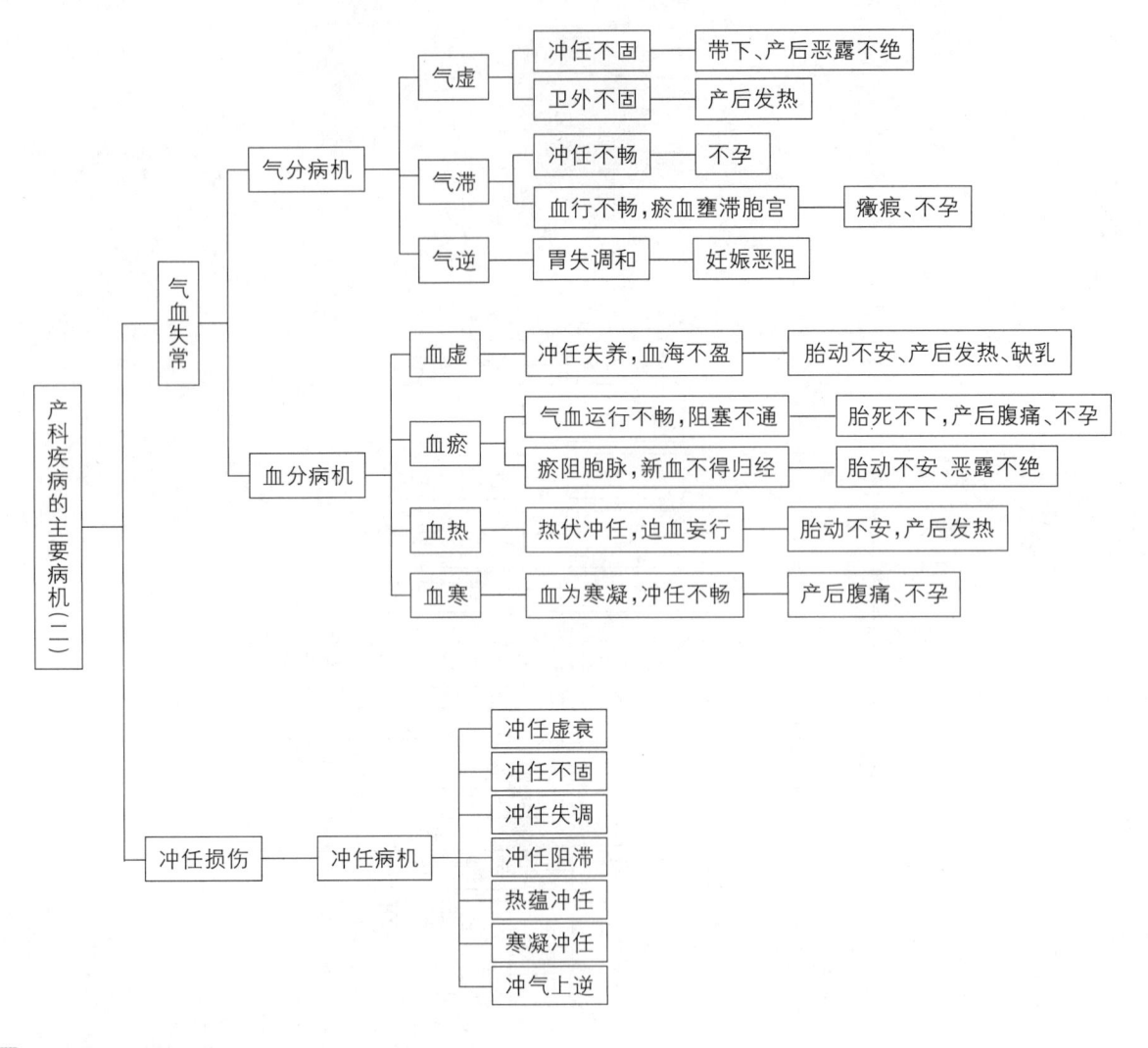

```
                                    ┌─ 气虚 ─┬─ 冲任不固 ──── 带下、产后恶露不绝
                                    │       └─ 卫外不固 ──── 产后发热
                         ┌─ 气分病机 ┼─ 气滞 ─┬─ 冲任不畅 ──── 不孕
                         │          │       └─ 血行不畅,瘀血壅滞胞宫 ── 癥瘕、不孕
                         │          └─ 气逆 ── 胃失调和 ──── 妊娠恶阻
             ┌─ 气血失常 ─┤
             │           │          ┌─ 血虚 ── 冲任失养,血海不盈 ── 胎动不安、产后发热、缺乳
             │           │          │         ┌─ 气血运行不畅,阻塞不通 ── 胎死不下,产后腹痛、不孕
             │           └─ 血分病机 ┼─ 血瘀 ──┤
产科疾病的 ──┤                       │          └─ 瘀阻胞脉,新血不得归经 ── 胎动不安、恶露不绝
主要病机(二)  │                       ├─ 血热 ── 热伏冲任,迫血妄行 ── 胎动不安,产后发热
             │                       └─ 血寒 ── 血为寒凝,冲任不畅 ── 产后腹痛、不孕
             │
             │                       ┌─ 冲任虚衰
             │                       ├─ 冲任不固
             │                       ├─ 冲任失调
             └─ 冲任损伤 ── 冲任病机 ─┼─ 冲任阻滞
                                     ├─ 热蕴冲任
                                     ├─ 寒凝冲任
                                     └─ 冲气上逆
```

思考与练习题

(1)基于中兽医产科疾病的病因学思考引起现代养殖场母畜产科疾病的原因。

(2)肾阳虚与肾阴虚致产科疾病的异同是什么?

(3)为什么肝的疾病会引发母畜产科疾病?

(4)试述如何利用所学母畜产科疾病病因病机的原理加强畜禽种业管理。

拓展阅读

1.胎膜:由胚胎外的三个基本胚层(外、中、内胚层)所形成的卵黄囊、羊膜、尿膜和绒毛膜构成。胎盘和胎膜统称为胎衣。胎水包括羊水和尿水,其作用是缓冲、润滑、防粘连、扩张子宫颈。羊水清澈透明、无色、黏稠,尿水为琥珀色。脐带内含脐动脉、脐静脉、脐尿管、卵黄囊遗迹和黏液组织。

2.胎盘,通常指尿膜绒毛膜和子宫黏膜发生联系所形成的一种暂时性的组织器官,由两部分组成。尿膜—绒毛膜的绒毛部分为胎儿胎盘,子宫黏膜部分为母体胎盘(血管各自分布在胎盘上,仅发生物质交换)。胎盘是维持胎儿生长发育的器官,它承担胎儿的消化、吸收呼吸和排泄器官的作用,主要功能是交换物质和气体,分泌激素等。

第四章

产科疾病的诊断与护理

本章导读

　　学习中兽医产科学是为了防治母畜疾病,而诊断正确是关键,那么诊断方法主要有哪些?不同种母畜怀孕有什么特点?正确诊断的要点是什么?母畜怀孕对母子健康十分重要,怎样护理才能使母子安康?怎样助产才能帮助母畜顺利生产与康复呢?本章将一一介绍。

学习目标

　　(1)熟悉中兽医产科疾病的常见诊断方法,掌握望、闻、问、切在不同动物发情、妊娠诊断中的应用,掌握实验室诊断法和激素激发试验在母畜产科疾病中的应用。了解怀孕后母畜饲养管理和护理的作用,熟悉母畜分娩护理与助产技能。

　　(2)掌握母畜产科疾病诊断的技能,培养临床上产科疾病诊断、分析的能力以及与相关生产实践相结合的能力。培养将母畜管理、护理、助产等理论与相关生产实践相结合的能力。

　　(3)体会望、闻、问、切在不同动物发情、妊娠诊断中体现的整体思想,培养严谨的工作作风,树立实事求是的态度。理解母畜生产过程的不易,尊重女性,建立整体观念与辨证论治的中医思维方式,坚持求真务实的工作态度。

第一节 产科疾病的诊断

妊娠诊断是提高母畜受胎率、减少流产及空怀的一种重要手段。母畜配种后，做好早期怀孕检查可以减少流产。根据四诊所获得的资料进行综合判断，特别是直肠检查法判断大家畜是否怀孕较为准确，已成传统的诊断方法之一。此外，还可以通过实验室诊断法和激素激发试验进一步提高母畜妊娠诊断的准确性。

一、诊断的意义

（一）妊娠诊断

进行妊娠诊断，是母畜提高受胎率、减少流产及空怀的一种重要手段，母畜配种后，做好早期怀孕检查，具有重要的意义。

(1) 可以及早发现前一个发情期没有配种的母畜，做好配种或输精准备，以免错过下一个发情排卵期。

(2) 可以早期发现怀孕，防止误将孕畜再次配种或输精而造成流产。

(3) 早期确定怀孕，可以及时加强饲养管理，合理使役，减少流产。

(4) 通过怀孕检查，及时总结不孕原因，可以改善饲养管理，争取下次配上。

(5) 可以早期发现和控制生殖系统疾病的发生，如果母畜不发情，可及时采取措施，进行治疗，使母畜早日恢复正常的生理机能。

(6) 早日确定母畜怀孕后，可以专心观察其他未孕母畜的发情情况，及时掌握配种和输精时机。

民间经验，凡马受孕约月余，即出现爱吃爱喝的现象；三月之后，出现更能吃更能喝等现象。受孕的马，其肥瘦与皮毛前后截然不同，孕前肉瘦毛焦，孕后则肉增毛润；同时已孕的母畜不再有发情的表现，不愿接近公畜，排尿次数减少；两月以后可见乳房的毛向两方分开；三个月腹部增大；四个月可看到有胎动。由此可见，我国劳动人民积累了极为丰富的实践经验，值得我们很好地继承和发扬。

（二）产科疾病诊断

对临床工作中动物不育和产后疾病早诊断、早治疗，可减少养殖户的经济损失，减少动物病痛。

二、诊断的方法

诊断的方法虽有多种多样，但概括来说，可分为临证诊断法、实验室诊断法、激素激发试验法和超声诊断法。

(一)临证诊断法

临证诊断法是指根据四诊所获得的资料进行综合判断。通过直肠检查法来判断大家畜是否怀孕较为准确,已成传统的诊断方法之一,只是需要检查人员具备较为熟练的技能,才能判断准确。

1. 问诊

母畜怀孕以后,生殖器官出现变化,其全身状况也发生改变。这些变化有的在观察中可以发现,因此询问饲养员或畜主以了解母畜的情况,就成为临证诊断时必要的步骤,不可忽视。

问诊时主要询问下列事项。

(1)以前配种受胎及分娩和产后的情况:如果以前受胎率高,分娩时顺利,分娩后无生殖器官疾病,那么怀孕的可能性较大。

(2)最后配种的确切日期:怀孕检查是需要一定时间才能进行的,由配种日期才能知道是否到了检查的时间。而且假定母畜已怀孕,由于怀孕日期长短不同,胎儿的变化也就有区别,因此检查的方法和对象也不一样。从最后一次配种的日期可以决定检查什么和怎样检查。例如在进行直肠检查时,因为母畜怀孕初期是子宫角及子宫体有比较明显的变化,所以主要应当检查它们;至怀孕中期,子宫中动脉也起了变化;至怀孕后期,胎儿已经很大,已可清楚地摸到。所以在不同的时期,应触摸观察不同的对象。

(3)最后一次配种之后,是否曾再发情。如果未再发情,可能已怀孕;如果再发情,可能没有怀孕。

牛、马在怀孕初期,有的仍有发情。据统计牛约1%～2%,马约2.8%,驴怀骡时约25.26%,马怀骡时约12.5%,但再配种时往往拒绝。猪怀孕后再发情的也很多,但往往拒配,因此检查时需询问配种情况。

(4)食欲和营养状况是否改善:母畜怀孕后,食欲增加,营养状况也因此改善,例如,肥度增加、被毛光泽等。

(5)乳房是否增大:怀孕达后半期时,乳房逐渐增大,表示怀孕。

(6)腹部是否增大:到怀孕后期,因为胎儿的迅速发育,腹部逐渐膨大,但是腹部的大小并不能表示怀孕与否。

(7)母畜生产情况、泌乳:母畜生产是否顺利,分娩后有什么异常,等等。

2. 望诊

已孕的家畜性情变得温顺,行动迟缓,食欲饮水增加,较瘦,在分娩前可见乳房膨胀,能挤出淡黄色的初奶,外阴部开始肿大;腹围于孕后三个月开始增大,至后期则更明显;牛怀孕后5～6个月,开始出现胎动,于8个月后较为明显;马怀孕至6个月后,可见胎动,于9个月后较为明显;牛和马怀孕后期由于胎儿妨碍血行,可见皮下水肿,于分娩前一个月左右开始出现,至分娩前10天较为明显,于分娩后10天左右消失。观察生产后胎盘排出、泌乳情况、带下情况等。

阴道检查也是怀孕诊断的主要方法之一,但是在怀孕初期较为困难,也不如直肠检查那么准确,母畜在妊娠期间饲养管理失调,营养不良,劳役过度,以致气血亏损,中气下陷,不能固摄胞体将发生阴道脱出之症,特别是有阴道疾病时,更不准确,所以阴道检查仅作为辅助诊断的一种方法,而不单独进行。

阴道检查的术前准备工作,宜按常规进行。

(1)牛的阴道检查:牛怀孕后,阴道黏膜颜色变淡,无光泽,黏膜干燥;怀孕40天至2个月时,阴道前端有黏稠黏液,但量很少,随着怀孕时间的增加,量也增加;至3~4个月以后,黏液量增加并更浓稠,颜色变白或微带灰黄;但至怀孕6个月后,黏液有时变得湿润,有时排出于阴门以外,或者在水分被吸收后,成块状排出来;在怀孕4~7个月时,阴道的长度增加;至怀孕末期,可以隔着阴道穹窿摸到胎儿。

奶牛怀孕后,子宫颈苍白,子宫颈口紧闭,被灰暗浓稠的液体封闭,形成子宫栓。但怀孕初期不明显,以后有多量的子宫栓塞时,如果将手指伸入子宫颈外口,拔出时感觉有黏着力。但对于犏乳牛,因子宫颈口封闭较紧,手指不能伸入子宫颈外口内。怀孕3~6个月时,用手轻拉子宫颈,可以清楚地感觉子宫的重量。随怀孕天数的增加,子宫颈口从阴道正中向下方移位,有时会偏向一侧。

(2)羊的阴道检查:阴道检查是羊怀孕诊断的主要方法之一。在发情季节开始后,阴道检查有一定的准确性,而且可以比外部触诊进行得更早。

未怀孕时,阴道黏膜色白(白中带有红润)或苍白,而且由白变红的速度较慢;有时则成红色(发炎)或粉红色(开始发情)。黏膜干燥,或有少量黏液,如果量多、稀薄,而且颜色灰白,好像脓样,则多代表未孕。

怀孕约1个月后,黏膜初看色白,但很快即变为粉红色,这是怀孕后的特征。观察必须迅速,而且开膣技术也须正确且顺利,否则黏膜因受刺激太大,会变为红色,黏液很少、透明、黏稠,可以扯成丝状。怀孕至中期以后,除了黏膜迅速由白变红以外,黏膜上静脉管清晰,黏液量多、黏稠,颜色透明或呈淡白,子宫颈外口出现子宫塞。

(3)马的阴道检查:马阴道检查的对象有阴道黏膜、阴道长度、子宫颈及黏液。

①阴道黏膜:怀孕3个月以后,阴道黏膜变为苍白色,但有明显的细小血管。应该注意,用开膣器张开阴道的时间如果过久,会引起黏膜的充血,而现红色,由于子宫颈分泌而来的黏液黏稠,黏膜干燥。因此,阴道黏膜不现湿润,且缺乏光泽。将开膣器取出来的时候,可以看到它的前端边缘上附着的黏稠黏液不透明,颜色灰白或者灰黄,量很少。用石蕊试纸检查,黏液的反应在怀孕刚开始时是中性的,怀孕3周以后呈弱酸性。

但要注意,性周期黄体未消失以前及有永久黄体存在时,也有以上现象。因此,它们并非怀孕时所特有。

到怀孕2个月时,黏膜更显干燥,黏液浓稠稍多,4~5个月后较明显,但黏液量比牛少得多,黏膜内血管受黏液覆盖而变得不清楚,至怀孕末期,黏液微带灰红色。

②阴道长度:怀孕4~8个月时,由于子宫下垂,将子宫颈扯向腹腔,所以阴道的长度增加,但是肠道内容物的多少会影响子宫的位置及阴道的长度,到怀孕末期,隔着阴道穹窿可以摸到胎儿。

③子宫颈:怀孕1个月以后,子宫颈部苍白,收缩,子宫口紧闭;未怀孕时,子宫部比较松软,或者即使收缩,但子宫口闭锁不紧;妊娠母畜的子宫颈紧缩关闭,有浆糊状的黏液块堵塞于子宫颈口称为子宫塞,马的子宫颈塞至怀孕4~5个月后才比较明显,但仍不如牛的量多。子宫颈的位置往往移向左或右,而不在阴道穹窿中央。

④黏液：在怀孕前期，可见阴道内有少量浓稠的灰白色黏液；至后期时，黏液呈浆稠状。

3.闻诊

家畜怀孕后期，由于胎儿的发育，可于腹部听到胎儿心音的跳动声，猪、马于左侧，牛、羊于右侧。胎儿的心音较母畜的心音快而弱，有时因胎儿位置的变动而忽然消失。

4.切诊

主要是应用脉诊、腹外触诊和直肠检查等方法进行。

(1)凡孕者脉象或滑或弦，但要与病态的滑脉和弦脉区别开来。气血亏虚者脉虚弱。

(2)腹外触诊：触诊的目的是感受胎儿的胎动和触摸有无胎儿。牛于孕后7个月较为准确，马为8个月左右，猪、羊为2.5个月。

(3)直肠检查：牛和马利用直肠检查的方法进行妊娠诊断，是较为准确和公认的，已成为一种传统的诊断技能，要求术者需有较为熟练的手法和一定的经验，动手要轻柔，以免造成流产。

妊娠时直肠检查的准备同一般直肠检查法一样。

在检查牛和马时，应注意卵巢位置、大小、形状、韧带是否伸长；注意子宫体是否敏感、收缩；注意子宫角是否为圆柱形或平带状，是否膨大、下垂；注意子宫动脉是否变粗、搏动强弱等；还要注意比较两个子宫角的大小、子宫中沟及子宫中动脉的搏动等。

已孕的家畜，触诊时卵巢位置下降，韧带伸长，子宫角膨大而有波动，子宫动脉变粗，搏动加强，子宫阔韧带伸展。

①水牛孕后直肠检查的变化如下。

怀孕1个月：子宫颈在骨盆腔内，子宫角稍向前移，子宫体和子宫角的质地显得柔软，没有收缩蠕动的感觉，角间沟仍很清楚；孕角一侧的卵巢柔软，表面光滑，不易摸到其内部实质，子宫中动脉无变化。

怀孕2个月：子宫颈稍向前移，子宫角（特别是孕角）非常绵软，触摸内部似有波动的液体，角间沟较肥满平整，但仍能分辨出来，孕角较空角大，没有收缩反应。孕侧卵巢质地柔软光滑，有时可摸到黄体，空角侧卵巢质地较硬实。子宫中动脉稍增大，有颤动感（但无经验者不易分辨）。

怀孕3个月：孕角更加膨大和柔软，一般较非孕角约大三倍，局部胀大如人头大，子宫壁胀紧，角间沟消失，子宫体及子宫角位置移到骨盆腔前方，子宫中动脉变直变粗，分支增多，血流量增加，颤动明显。

怀孕4个月及以上：可在靠近子宫颈的部分摸到胎盘子叶如荔枝果大或刀豆大，子宫壁变薄，有时可摸到胎儿，子宫更向腹腔下垂，子宫动脉胀大如筷子般粗，直径约0.5~0.7 cm，颤动更明显，血液流动状如唧筒样，卵巢已不易摸到。

②奶牛及黄牛孕后直肠检查的变化如下。

怀孕1个月：子宫颈在骨盆腔中，孕角增大，在孕角近子宫体部可摸到一个像鸽蛋大的胚泡、孕角的卵巢大于空角侧卵巢，在卵巢上易摸到黄体。

怀孕2个月：子宫角及卵巢垂入腹腔，孕角比空角大一倍，触诊孕角有紧张的波动，此波动有时波及空角，两个子宫角都松弛，柔软，留有液体，角间沟平坦。

怀孕3个月：孕角较空角大2~3倍，因此摸不到角间沟，孕角如成人的头一般大，为一波动的卵泡，很像膀胱，宜仔细辨别，个别的子宫中动脉有颤动。

怀孕4个月：子宫位于腹腔内，子宫颈位于骨盆入口处，略微垂入腹腔，子宫壁薄，子宫触摸起来有波动，此时可摸到胎盘如指头大小，亦有如鸽蛋大者（子宫角内），有时可摸到胎儿，子宫中动脉有颤动。

怀孕5个月：孕角下沉入腹腔，难以触到胎儿，子宫阔韧带紧张，孕角的子宫中动脉搏动明显，空角的子宫中动脉也有微弱的搏动，近子宫颈处的子叶大约为2×4到2×5 cm。

怀孕6个月：孕角沉入腹腔下部，不能摸到胎儿，可摸到20余个如小鸡蛋大的子叶，孕角的子宫中动脉如铅笔杆粗，有强烈的特殊颤动，血液流动状如唧筒样。

怀孕7个月：与孕后6个月相同，有时可摸到子宫后动脉有颤动。

怀孕8个月：子宫颈又回到盆腔口处，容易摸到胎儿，子叶体积如大鸡蛋，两侧子宫中动脉均有颤动，孕角侧的子宫后动脉亦有明显的颤动。

怀孕9个月：胎儿位于骨盆腔内，很容易摸到，外观有分娩的征象，两侧的子宫中动脉和子宫后动脉均有明显的颤动，血液流动状如唧筒样。

为了正确地找到子宫中动脉和子宫后动脉，可从主动脉开始触诊。

母牛的子宫中动脉以脐动脉或腹下动脉分出，怀孕初期在靠近子宫中动脉的主动脉起源的地方，摸不到管壁的颤动，为了摸到颤动，必须沿着血管向距其起点稍远处触诊，将手向前伸至肠系膜后动脉以后，再将手返回，沿椎体向后移动，放过粗大的、几乎垂直下行的髂外动脉，然后触诊子宫中动脉。

为了触诊子宫后动脉的状态，应将手掌贴向一侧，靠近骨间韧带，在这里找到能够自由移动的子宫后动脉，它由上向下并向中线行至阴道壁，在阴道壁上分出子宫后动脉。

③马孕后直肠检查的变化如下。

怀孕20~25天：孕角变粗，成圆柱形，有弹性，状似香肠。

怀孕1个月：一侧卵巢内含有黄体和滤泡，体积增大，稍下垂。两侧子宫角均成圆柱形，子宫角明显，孕角近子宫体部膨大，有波动如鸡蛋大，紧张。

怀孕2个月：孕侧卵巢增大下垂。孕角子宫体增大变圆，触诊时感到紧张，子宫角无收缩反应。

怀孕3个月：子宫向腹腔下垂，孕侧的卵巢也被牵引下沉，子宫阔韧带更紧张。在耻骨前上方可摸到胎儿。

怀孕4个月：卵巢下沉到骨盆底部。子宫阔韧带更紧张，孕侧的子宫中动脉变粗，有轻度颤动，子宫下沉入腹腔，在腹腔内可触到胎儿。

怀孕5个月：同第4个月，孕侧子宫中动脉颤动明显。

怀孕6个月：子宫完全沉入腹腔，不易摸到，在耻骨前沿可触知胎儿，孕角子宫中动脉颤动明显，空角的子宫中动脉也有轻度颤动。

怀孕7个月及8个月：子宫仍在腹腔内，难以摸到它的轮廓，子宫颈垂于腹腔，子宫中动脉颤动明显，孕角的子宫后动脉也有轻度颤动。

怀孕9个月：子宫增大，又回到骨盆腔内，在腹腔内可触知胎儿，两侧子宫中动脉颤动明显，力量相等,但孕角的子宫中动脉较粗,孕角的子宫后动脉有明显的颤动。

怀孕10个月:子宫颈位于腹腔中,部分的子宫体及胎儿进入骨盆腔,所有的子宫动脉都颤动。

值得注意的是子宫后动脉的确定较为困难,但子宫后动脉的特征是骨盆腔中唯一能够活动的动脉,是由直肠中动脉分出,一般来说,直肠中动脉由阴部内动脉分出,亦有从髂内动脉或髂动脉分出的。

④猪孕后直肠检查的变化如下。

用直肠检查法对体重在180 kg以上者,于孕后两周,即可确诊,主要是根据子宫角的膨大做出诊断;19~20天开始,可根据子宫中动脉的颤动(妊震)以及宫颈的变化而做出判断。

保定方法可采用站立姿势,同时给予饲料,则可进行直肠检查。

已孕的子宫颈随孕期的增加而增粗增软,渐向前下方移。

已孕的子宫角变圆,向前下移伸。因子宫角深垂入腹腔,故大多数不能触知,可采用指头勾住子宫底部,缓缓向后上方拉子宫角,以触知孕角状态。妊娠末期,可在盆腔入口下方左右侧触知胎儿。

已孕19天以上的子宫中动脉可触知微弱的、时有时无的颤动(妊震),于其根部较为明显,经产次数多的子宫中动脉较粗较硬。

子宫中动脉在腰荐关节(岬)稍前方最后腰椎椎体的下面,髂外动脉的后方约1 cm处,自腹主动脉分出左右各一支,进入子宫阔韧带,游动性大,可捏在指间向各方移动。由于其颤动(妊震)及游动性,而与髂外动脉区别。

已孕卵巢的黄体,明显凸起约半个黄豆大,肉样感。卵巢多如拇指头大,不规则形,大于未孕的。

(二)实验室诊断法

目前较为流行的是黏液检查法,准确性较高。奶牛在受胎后10~20天之间检查妊娠的准确率为80.80%,在20~40天之间检查妊娠的准确率为96.2%,在40~60天之间检查妊娠的准确率为100%;水牛用子宫颈黏液加蒸馏水煮沸法检查妊娠的准确率为35.47%,用子宫颈黏液加10%氢氧化钠煮沸法检查妊娠的准确率为96.26%,子宫颈黏液抹片镜检法检查妊娠的准确率为92.72%;马于20~40天之间用子宫颈黏液抹片镜检法检查妊娠的准确率为77.6%,70天检查妊娠的准确率为95%。

1.子宫颈黏液加蒸馏水煮沸法

取母牛子宫颈黏液约玉米粒大的一小块,放入试管中,加蒸馏水5 mL,在酒精灯火焰上煮沸1 min(注意煮沸液不要溢出管口外),然后观察其反应。怀孕时,黏液不溶解,在蒸馏水中凝成白色凝块,边缘呈棉絮状,放置20~30 min后更为明显,沉于试管底部;未怀孕时,黏液部分溶解,凝成白色碎片,边缘无棉絮丝状,液体稍浑浊。发情时,黏液全部或部分溶解,溶后液体呈透明无色;部分溶解者,则呈胶冻样,悬浮于液体中,摆动时随水浪摆动,无棉絮样反应。

2. 子宫颈黏液加10%氢氧化钠溶液煮沸法

取约玉米般大的一小块子宫颈黏液,放入试管中,加10%氢氧化钠溶液2~3 mL,在酒精灯火焰上煮至沸腾,然后观察反应。怀孕时,黏液全部溶解后,液体呈橙黄色或深黄色,一般胎龄较大的颜色较深;未孕时,黏液溶解后液体呈灰色或无色透明。发情时,液体呈无色透明,或灰白色透明。

3. 子宫颈黏液镜检法

取子宫颈黏液少许,涂抹于干净的载玻片上,迅速阴干,或用酒精灯烤干,然后用10×10倍的显微镜进行观察。怀孕时,抹片中见到纤维的结构,中间夹杂一些椭圆形细胞;未孕时,抹片上显得模糊混杂,无一定结构,夹杂许多小圆形细胞,间有出现"羊齿植物叶状结晶",但结晶较短而不规则;发情时,抹片上呈现典型的"羊齿植物叶状结晶",长列而整齐。

亦可用涂片作吉姆萨染色后,以油镜观察涂片,怀孕后可见大量的纤毛上皮及碎片,积聚成青灰色的均匀的黏液球,且有极少量的扁平上皮细胞和中性白细胞。未孕则可见纤毛、上皮及碎片仅有极少量,黏液均匀分布为一层,有大量的扁平上皮细胞和变性白细胞。

4. 比重法

取蒸馏水100 mL,加入0.8 g五水硫酸铜(即胆矾),使之完全溶解,配成1∶0.008的溶液,量取5~10 mL,放入玻璃试管内,再取子宫颈黏液一小颗,放入溶液中,如黏液沉于试管底为有孕,浮起的则未孕。此种方法的检出率为90%~95%。

以上几种方法,临证使用时,均可同时进行,以便互相矫正。如果反应不明显,或不一致时,可行直肠检查,便可确诊。

(三)激素激发试验法

在母畜下一次发情前,用雌激素或雌激素与雄激素的混合物注射给被试家畜,观察是否发情。孕畜由于怀孕黄体拮抗雌激素的作用,不表现出发情。注射后3~5天内有反应者,则未怀孕,对猪的准确率可达97.7%~100%,对母猪的健康和繁殖能力并无不良影响。各种家畜采用激素激发试验法的具体方法如下。

对猪可以采用以下两种方法。

①庚酸睾酮5 mg,雌二醇2 mg。人工授精后15~23天一次肌肉注射,2~3天后试情。

②1%丙酸睾酮0.5 mL,0.5%丙酸己烯雌酚0.2 mL。于下一次发情前,混合后一次肌肉注射(雌激素也可用0.1%苯甲酸雌二醇2 mL),2~8天后试情。

牛于配种后18~20天,肌肉注射合成雌激素2~3 mg,5天内不发情者为怀孕。

马于配种后16天,注射雌激素同上,2天后不发情者为怀孕。

(四)超声诊断法

B超妊娠诊断即为根据子宫区域的切面声像图判断怀孕状况。B型超声波诊断技术包括监测卵巢卵泡发育并进行卵泡计数、同期发情、超排预测、超排反应等控制的技术,其在进行早期妊娠诊断(估测多胎妊娠、测定卵泡、黄体及胎儿的大小)、早期胎儿的性别鉴定、检测胚胎生长发育、检测胚胎死亡、观察子宫疾病和活体采卵等方面有着独特的优势。

此外,妊娠诊断法还有:阴道活组织检查法,X光诊断法,胎儿心电图诊断,免疫学怀孕诊断,血、奶中孕酮测定法及马血清诊断(大、小白鼠子宫卵巢反应及雄蛙排精试验)和马尿液诊断等方法。

第二节 怀孕期及产畜的护理与助产

怀孕期的母畜应加强饲养管理。在怀孕后期，应在饲料中加矿物质，让母畜适当运动，避免跌扑损伤。分娩是一种生理现象，在正常情况下不需要助产，但遇到难产时需要护理与助产。

一、怀孕期的护理

怀孕期的母畜应加强饲养管理，定时定量地给予营养丰富的易消化的饲料。在怀孕后期，应在饲料中加矿物质。畜舍中的空气应新鲜，阳光充足，畜舍前后的斜度不可太大，以免导致流产及阴道脱出，母畜每日应有适当的运动。

孕期不宜使用妊娠禁忌的药物。

二、产畜的护理与助产

分娩是一种生理现象，在正常情况下不需要助产。当表现分娩征兆时，马应除去蹄铁防损伤；牛乳房膨大者，应进行挤乳；母牛表现分娩现象时，将其外阴部、肛门、尾根及后臀部用温水、肥皂洗净擦干，再用1%煤酚皂溶液消毒外阴部，助产人员的手臂应消毒。然后将母畜横卧在温暖而又柔软的褥草上，防止贼风吹袭。

母牛努责时，如果胎膜露出而不能及时产出，应注意检查胎儿的方向、位置和姿势是否正常。正生胎儿只要方向、位置和姿势正确，可让其自然分娩，若有反常，应矫正。如果前肢和头部露出阴门时，羊膜还未破裂，可将羊膜扯破，并擦净胎儿口和鼻内的黏液，以利于胎儿呼吸，不然会引起窒息。

当胎儿的头已出了阴门，如果是头胎生产，阴门很紧张，应该帮助扩张阴门。如胎儿头及前肢已娩出，注意用力不要过猛，以免阴道受损。

胎儿娩出后，应帮助断脐，在离脐孔一手掌处用绳结扎，然后用消毒的剪刀剪断，断端涂上碘酊，同时用纱布或棉花除去口和鼻上的黏液，剥去蹄上胶质，皮肤用布擦干，或让母畜舔干。

母畜分娩后，应将母畜放在暖和的、清洁的畜舍内，用干净的布或谷草擦畜体，给予暖和的麦麸汤，其中可加一些蔗糖或少量食盐。

还应经常注意母畜的身体变化，每天应测体温两次，经6天体温正常者，可让其自由活动。另外，每天应用消毒药水擦洗阴门皮肤两次，直到恶露停止为止。

本章小结

本章介绍了母畜产科疾病诊断的意义；望、闻、问、切在不同动物发情、妊娠诊断中的应用，实验室诊断法和激素激发试验法在母畜产科疾病中的应用，母畜在怀孕期、分娩期以及产后的护理知识，分娩时助产措施和注意事项。通过学习，掌握母畜产科疾病的临证诊断法、实验室诊断法等，掌握母畜在怀孕和分娩过程中的护理和助产方法，为正确辨证产科疾病以及中医治疗提供重要基础。

本章概念网络图

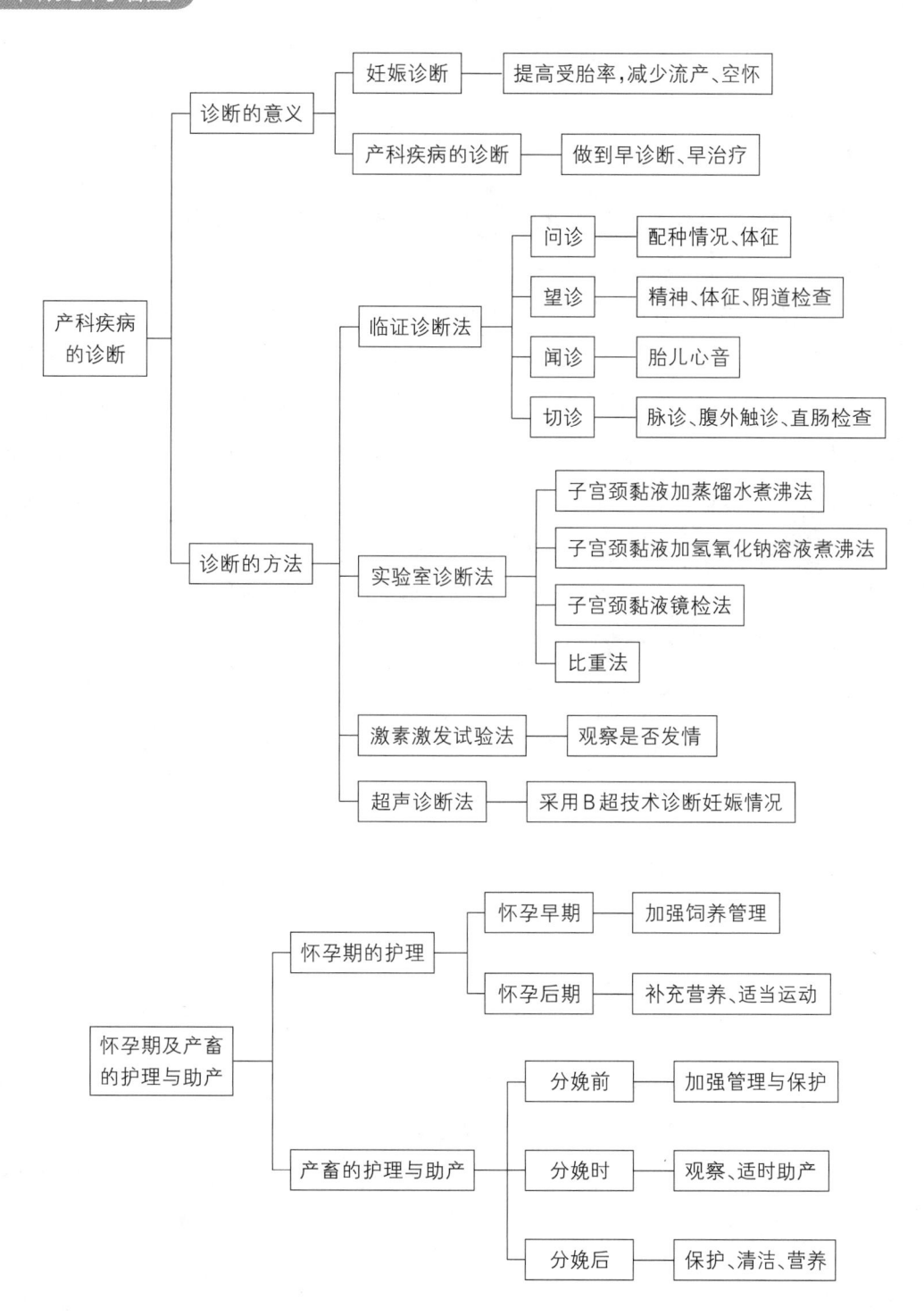

- 产科疾病的诊断
  - 诊断的意义
    - 妊娠诊断 —— 提高受胎率，减少流产、空怀
    - 产科疾病的诊断 —— 做到早诊断、早治疗
  - 诊断的方法
    - 临证诊断法
      - 问诊 —— 配种情况、体征
      - 望诊 —— 精神、体征、阴道检查
      - 闻诊 —— 胎儿心音
      - 切诊 —— 脉诊、腹外触诊、直肠检查
    - 实验室诊断法
      - 子宫颈黏液加蒸馏水煮沸法
      - 子宫颈黏液加氢氧化钠溶液煮沸法
      - 子宫颈黏液镜检法
      - 比重法
    - 激素激发试验法 —— 观察是否发情
    - 超声诊断法 —— 采用B超技术诊断妊娠情况

- 怀孕期及产畜的护理与助产
  - 怀孕期的护理
    - 怀孕早期 —— 加强饲养管理
    - 怀孕后期 —— 补充营养、适当运动
  - 产畜的护理与助产
    - 分娩前 —— 加强管理与保护
    - 分娩时 —— 观察、适时助产
    - 分娩后 —— 保护、清洁、营养

思考与练习题

(1) 试分析妊娠诊断对于现代养殖场管理的意义。

(2) 总结不同动物怀孕的相同临床症状。

(3) 通过阴道检查的哪些特征可初步确认牛未孕？

(4) 思考哪些情况下不能进行直肠探查。

(5) 讨论如何利用所学产科疾病的诊断方法减少母畜疾病。

(6) 母畜分娩前兽医应该从哪些角度考虑并做好准备？

(7) 从养殖场效益和动物福利角度，思考母畜孕期与产后良好的护理的意义。

拓展阅读

常规妊娠诊断技术包括直肠检测、阴道检测及超声波检测等，容易诱发侵入性损伤，操作不当易导致母畜胚胎死亡；而孕酮、妊娠相关蛋白等妊娠相关物质的诊断的准确率较低。目前，妊娠诊断新型技术有红外光谱技术、转录组学、蛋白组学等。

母畜种类不同，妊娠诊断技术各异。母牛直肠检查法可靠性强、准确率高，适用于妊娠2个月以上的母牛。放射免疫测定法、妊娠相关蛋白测定法、外源激素诊断法、碱性磷酸酶活力测定法、子宫颈黏液煮沸法、碘酊测定法、硫酸铜测定法和阴道黏液电导检测法等虽然均有报道用于奶牛妊娠诊断，但是上述方法对检测仪器的依赖性高，对检测条件的要求高，较难普及和推广。目前常根据胚泡发育情况诊断奶牛是否妊娠。羊的常规妊娠诊断方法有超声波诊断法、激素妊娠诊断法和早孕因子诊断法等。母猪妊娠诊断可以根据发情规律、外部观察、尿液检查、激素注射检查、直肠检查和超声波检查等进行判断。

第二篇 各论

第一章

不孕

本章导读

不孕的主要病因病理是哪些？常见分型与论治方法有哪些？本章将一一解答这些问题。

学习目标

（1）了解不孕的病因、病机，理解其主要症状与辨证分型、辨证要点，熟悉治疗原则与常用处方，掌握临床不孕症的辨证论治。

（2）培养不孕症辨证论治和指导治疗临床相关疾病的能力。

（3）理解母畜不孕的复杂性，建立临床辨证的整体观，培养综合分析问题的能力。

> 不孕,是适龄母畜暂时的或永久的不能繁殖后代之证,临证中可见先天性不孕和后天性不孕两种。先天性不孕多因生殖系统的先天性缺陷所致,难以治疗;后天性不孕多由疾病和管理不当等原因引起,包括老年性不孕、疾病性不孕、营养性不孕、利用性不孕、气候性不孕、虚弱性不孕及宫寒性不孕等数种。我们这里着重讨论疾病性不孕和利用性不孕的一些问题。

一、病因及病机

本病多由于劳役过度、营养不足、脾气偏盛、久逸伤肝、宫寒等所致。

(一)劳役过度

多由于役畜使役无节,过度劳役,日久,则由于一脏受损,累及它脏而发生肾阴不足,肾水缺乏,无以充盈冲任二脉。心主血,肝藏血,而冲脉为血海,阴血亏虚则冲脉亦虚,加之水火不足,精气不固,故不能受孕,即或受孕,由于冲任不固,胞宫无依,胎儿不能获得气血的滋养,致发育不全,难以成形。

(二)营养不足

多由于饲养管理不当造成气血生化无源或耗伤过度,以致血虚气衰,肾气不足,命门火衰,胞脉失养,冲任不固,经气不至,情欲不开。阴血不足,失血伤津,以致冲任空虚,不能摄精成孕。

(三)脾气偏盛,久逸伤肝

由于母畜食欲旺盛,食后不动,则膘肥肉满,脂肪壅积致使痰湿阻滞胞宫,气机不畅,精不能受而致屡配不孕;或易生热痰邪气,致邪气痰脂浊化胎儿;或是不能导血入冲任二脉,令幼畜发育不全;或由于缺乏运动,饲养单纯,则久逸伤肝,肝气郁滞,致肝不藏血以摄血养胎,致胎儿失养;或是逸伤肝而气血不调,血旺气虚,则不发情,二者相伴则不育。

(四)宫寒

多因体质素虚,外感风寒,或内伤阴冷致肾阳不足,或阴雨苦淋,久卧湿地,致使寒湿困脾,湿盛火衰,脾虚下陷,不能化营血为精,反变为白带之物,有时从阴门渗流,或寒湿留于胞宫,引起宫寒精冷,不能摄精成孕。

(五)产后气血亏虚致不发情

母畜产后气血两亏,导致脾肾阳虚,肾虚乏情。

(六)其他

多继发于其他疾病,如卵巢(花子)疾病、阴道疾病、子宫疾病、输卵管疾病等。如赤白带下等胎产疾病,致使气血瘀滞,胞脉闭阻,以致不能受精成孕。

二、症状及辨证

患畜无发情、排卵和情欲现象,或是缺乏其中之一,有时虽然发情,但屡配不孕,或发情期不正常,不能应时而至,或发情征象不明显。

(一)虚寒不孕型

因体质素虚,或使役过度,或饲养不良所致。

患畜体瘦形羸,精神倦怠,四肢无力,食欲减少,发情表现不明显,发情时分泌物量少,屡配不孕,有的阴道松弛,甚至出现"阴吹"现象,口色淡白或青白,脉象沉细。

属里虚证,病位在心、肝和冲任二脉。

(二)肾虚不孕型

因肾阳亏虚所致。

患畜精神沉郁,耳鼻及四肢末端偏冷,喜暖怕凉,肠鸣泄泻和腹痛,不发情或发情不明显,屡配不孕,带下清稀,口色淡白,脉象沉迟。

属里虚寒证,病位在脾、肾和冲任二脉。

(三)血虚不孕型

因饲养不良,使役过度,先天不足,体质素虚所致。

患畜形体消瘦,精神倦怠,耳耷头低,腰胯疼痛,后躯无力,小便频数,不发情或发情无规律,发情期分泌物量少,口色青白,脉象沉细。

属里虚证,病位在脾、肾经。

(四)阴虚不孕型

因津液及精血亏耗化燥所致。

患畜形体瘦弱,精神倦怠,被毛焦燥,毛根无脚,食欲减少,口色红,舌津干,脉象弦数;或见有畜嚎叫和爬跨它畜者;或阴户流出黄色黏液,气味腥臭,发情期长达20天,舌津黏滑而色红。

属里虚热证,病位在肾经、胞宫和冲任二脉。

(五)宫寒不孕型

多因体质素虚,外感风寒,或内伤阴冷致使肾阳不足,宫寒不能养精;或阴雨苦淋,久卧湿地,寒邪客于胞中,致肾阳不足,宫寒不能养精;或寒湿困脾,湿盛火衰,脾虚不能化生营血为精而不能受孕,反变为带下之物;或因相火衰退,心肾之气不足所致。

患畜发情期有轻微腹痛,阴户流白色黏液,肠鸣如雷,大便溏泻,或水泻,口色淡白或淡红,脉象沉涩而细。

属里虚寒证,病位在肾、心及胞宫。

(六)肝郁不孕型

因使役过度,肝失条达,或惊恐所损,或饲养管理不当,或环境突然改变所致。

患畜精神沉郁,头低耳耷,发情不定期,发情期乳房胀大,甚者有奶,多年不孕,直肠检查可见卵巢滤泡发育停滞,口色红或郁红,舌苔白腻或薄黄,脉象弦数。

属里实证,病位在肝经。

(七)血瘀不孕型

因发情期间及产后管理失宜,运动不足,或长期发情不配,或胞宫有瘤疾,或发情期气候突变,致瘀血内阻于胞宫,形成肿块,不能受孕。

患畜发情期不规则或不明显或自行接近公畜,或自行爬跨其他动物,有"慕雄狂"之状,时有腹痛,大便干燥,小便短赤,直肠检查可见宫壁增厚,触压疼痛,或宫体有波动,或有坚硬物体(宜注意与怀孕区别),卵巢滤泡发育缓慢;或输卵管壁增厚,触压疼痛,或呈捻珠状肿胀,或子宫颈变大,僵硬,敏感,以开膣器检查阴道,可见宫颈充血,肿胀,颈口松弛,口色暗红或稍红,舌苔薄黄,脉象沉弦或涩。

属里实证,病位在胞宫。

(八)肥胖不孕型

因久病,缺乏运动,脂肪壅积致使痰湿内生,阻滞胞宫,气机不畅,精不能受,或饲养失调,环境改变及血瘀,肝失所养等所致。

患畜饮欲和食欲无明显异常,体肥膘满,动则易喘,喜卧懒动,发情不明显或不发情,屡配不孕,或有尾高举者(多为卵巢囊肿)。直肠检查可于卵巢上发现永久性黄体和囊肿,黄体的形状是突出于卵巢表面,呈蘑菇状的突起,或位于卵巢实质中,故使卵巢增大,其质地坚硬而有弹性,或呈麦团状。囊肿的形态是大的摸起来像球形,有波动,体积大小不等,形状亦殊,小囊肿的特征是卵巢表面呈结节状,质地有弹性,如囊肿在卵巢的中央,则卵巢增大,摸不到波动。带下黏稠量多,口色淡红挟黄,或淡白挟青,脉滑。

属里实证,病位在胞宫和卵巢。

(九)痰湿壅滞不孕型

因饲养过盛,运动不足所致。

湿盛火衰,脾虚失于运化,营血不能化生精气,卵子难生,不能摄精成孕;或患畜体肥肉满,不耐劳役,发情前后无定期,屡配不孕;或畜体肥胖,痰湿内生,脂肪壅结卵巢,闭塞胞宫,气机不畅,卵子难生难行,不能摄精成孕,口有黏涎,舌苔白腻,口色微黄,脉滑。

属里实证,病位在冲任二脉、胞宫和肾经。

三、辨证要点

(1)以无发情、排卵及性欲,或者缺乏其中之一,或虽有发情,但屡配不孕,或发情不正常,不能应时而至,或发情征象不明显等为临证辨证依据。

(2)宜结合病因及其他症状,或阴道检查,或直肠检查以判明病位、病性和不孕的类型。

(3)一般说来,本证经适当治疗后,可望痊愈,但是过肥者,则难治。如有生殖器官疾病,则应视原发病的转归而判断。

四、护理及预防

对气血不足及过度使役者,应减轻劳役,增加饲料,或按时投灌药物,以受孕为度,并可利用种公畜做生物刺激者来激发母畜的情欲。

如过肥者,应以多汁饲料代替精料,加强运动等,以免油脂蓄积导致不孕。

五、治疗

治疗原则:虚证,宜滋补催情;实证,宜破痰化脂;有癥瘕者,宜活血破瘀,补肾壮精。有寒则暖宫散寒,温肾壮阳。

(一)针灸治疗

马电针雁翅、百会、后海①、腰胯、阳关等穴,亦可用于治疗马、牛、猪排卵迟缓、不孕及胚泡萎缩等证;牛、猪催情选雁翅,促排选后海等穴,无论电针或白针均可获效。

(二)方药治疗

可酌情选用以下复方加减化裁进行治疗。

1. **破瘕散**

适用于因癥瘕所致的不孕。

处方组成:

郁金 20 g	三棱 25 g	莪术 20 g	红花 20 g	淫羊藿 20 g
阳起石 20 g	菟丝子 20 g	当归 20 g	熟地黄 18 g	川芎 15 g
地鳖虫 15 g	益母草 15 g	赤芍 10 g	白酒 100 mL	

用法:煎水,加酒,牛 3～4 次内服,1 日 2～3 次。

临证应用时,尚可根据不同证候进行加减化裁。若气血郁滞者,可加青皮 60 g、枳壳 60 g 以破气行血;寒盛者,可加肉桂 60 g、干姜 60 g 以温里;血虚者,可加黄芪 90 g、当归 60 g 以益气生血。

方解:郁金、莪术、红花、三棱活血散瘀,行气通经为主药;川芎、地鳖虫、益母草、赤芍活血化瘀,菟丝子、当归、熟地黄补肾壮阳,益精血为辅药;淫羊藿、阳起石补命门,强筋骨,催情为佐药;白酒活血通脉为使药。

2. **当归活血汤加减**

适用于气血虚弱之不孕。

---

① 后海,穴位名,猪称"交巢"。

处方组成：

当归15 g	川芎10 g	白芍10 g	熟地黄25 g	生地黄15 g
牡丹皮10 g	白芷15 g	香附15 g	小茴香10 g	乌药10 g
淫羊藿15 g	陈艾15 g			

用法：煎水，猪4次内服，每日2次，牛可加大剂量6~8倍。

方解：当归、川芎、白芍养血生血，调冲任为主药；生地黄、熟地黄、牡丹皮滋阴养血，补虚为辅药；香附、白芷、小茴香、乌药调经，理气，固肾为佐药；淫羊藿、陈艾补肾生津，暖胞宫，催情为使药。

若系宫寒不孕，可加肉桂、巴戟天、补骨脂、白酒等以补火壮阳，温暖胞宫。

3. 安胎清痰散

适用于猪过肥不孕。

处方组成：

| 全当归15 g | 土炒白术12 g | 黄芩15 g | 厚朴10 g | 焦槟榔片10 g |
| 炒枳壳10 g | 制香附12 g | 橘红12 g | | |

用法：共为细末，拌料喂服，3天1剂，连服3剂。

方解：全当归活血养胎，充盈血海为主药；土炒白术、黄芩燥湿健脾，除邪固本而安胎为辅药；厚朴、焦槟榔化滞，宽肠健胃为佐药；炒枳壳、制香附、橘红利气除滞为使药。

4. 疗经暖脏汤

适用于马宫寒不孕。

处方组成：

当归45 g	川芎30 g	巴戟天45 g	枸杞30 g	补骨脂45 g
桃仁46 g	续断30 g	仙茅45 g	薏苡仁30 g	肉桂30 g
广木香30 g	硫黄25 g	薄荷25 g	甘草25 g	萱草根45 g
白酒60 mL				

用法：煎水，1日2~3次，连用2~3剂即可。

方解：当归、川芎养血调血，充盈血海为主药；枸杞、巴戟天、补骨脂、肉桂、续断补肾益肝，壮阳除寒为辅药；桃仁、仙茅、广木香、白酒理气活血，补气除寒为佐药；薏苡仁、硫黄、薄荷、甘草、萱草根解毒，益脾胃，消食利水为使药。

5. 当归散

适用于马肝郁不育。

处方组成：

| 酒当归30 g | 香附子20 g | 土炒白术30 g | 青皮25 g | 茯苓25 g |
| 牡丹皮25 g | 天花粉30 g | 川楝子30 g | 酒白芍30 g | |

用法：共为末，开水冲，分两次灌服。

方解：酒当归、酒白芍、牡丹皮养血调血，疏解肝郁为主药；香附子、青皮、川楝子理气疏肝，散郁止痛为辅药；土炒白术、茯苓补中益气，助脾运水为佐药；天花粉养阴生津，以润肺肾为使药。

6. 八珍汤加减

适用于马气血亏虚、阴虚不孕。

处方组成：

当归15 g	川芎12 g	白芍15 g	熟地黄15 g	生地黄15 g
党参15 g	白术15 g	茯苓15 g	甘草10 g	黄芪15 g
扁豆12 g	山药12 g	泽泻12 g	牡丹皮12 g	莲子12 g
芡实12 g	连翘12 g	金银花12 g	栀子12 g	白果12 g
山茱萸12 g				

用法：共为末，分2~3次，1日内服，连服4~5剂。

方解：当归、川芎、白芍、熟地黄养血调血，益冲任，充盈血海为主药；党参、黄芪、白术、山药、山茱萸、芡实、扁豆、莲子补元气，益肺肾，以固先天、后天之本为辅药；牡丹皮、生地黄、白果、金银花、连翘、栀子凉血养阴，清热泻火为佐药；茯苓、泽泻、甘草益脾气，除湿，调和诸药为使药。

结合注射抗生素和高锰酸钾液冲洗子宫，对阴虚不育者可获较好疗效。

7. 消瘀散

适用于血瘀所致的子宫肥厚及卵巢囊肿和子宫黏膜下腺体囊肿。

处方组成：

当归45 g	川芎20 g	赤芍30 g	生地黄30 g	桃仁20 g
红花15 g	三棱20 g	莪术20 g	乳香20 g	没药20 g
丹参30 g	大黄25 g	泽泻12 g	牡丹皮12 g	莲子12 g
芡实12 g	连翘12 g	金银花12 g	栀子12 g	白果12 g
山茱萸12 g				

用法：研末，开水冲，候温，加入黄酒250 mL，马、驴1次内服。

方解：本方前六味药，实为桃红四物汤，可活血通瘀，加味以后则破血消瘀之力较强，由于马、驴均非脱膜型子宫，所以临证中致子宫发生出血现象。方中以当归、生地黄养血调血，通经凉血为主药；川芎、赤芍、红花、丹参、乳香、没药行血理气，缓急止痛为辅药；桃仁、三棱、莪术破血消瘀，行血中之气为佐药；大黄、黄酒泻血热，推陈致新，助药势，以调和诸药为使药。

加减：子宫粗硬坚实者，加土鳖虫20 g；子宫肥厚者，加益母草30 g；气血亏虚者，加党参30 g、黄芪30 g；子宫黏膜下腺体囊肿者，加黄芪30 g、甲珠25 g、皂刺25 g。

8. 养精种玉汤加减

适用于血虚肝郁不孕。

处方组成：

熟地黄45 g	酒当归45 g	酒白芍45 g	茯苓30 g	酒川芎45 g
醋香附30 g	陈皮30 g	炒丹皮30 g	生姜30 g	醋延胡索30 g
丹参30 g	大黄25 g	泽泻12 g	牡丹皮12 g	莲子12 g
芡实12 g	连翘12 g	金银花12 g	栀子12 g	白果12 g
山茱萸12 g				

用法：水煎服，从发情起开始服药，每天1剂，连服4剂。①

服药期间注意观察，待发情明显时再行配种，如仍不孕，下次发情时再服4剂。

方解：原方中熟地黄滋阴补血，酒当归补血，使精充血足为主药；配酒白芍之酸敛，柔润肝阴，平抑肝火，又能制当归之辛窜，以补血敛阴，山茱萸补益肝肾，补脾止泻，止带，益肾涩精，养心安神，芡实益肾固精，补脾止泻，除湿止带为辅药；酒川芎、炒丹皮、丹参、牡丹皮活血行血，醋香附、醋延胡索行气止痛，陈皮健脾行气为佐药；连翘、金银花清热解表，栀子清三焦热邪，大黄、泽泻通便邪热为使药。诸药合用共奏补血行气解郁之功。

加减：如发情提前者，加酒黄芩、酒黄柏、益母草各15 g，以清热行血；如发情延迟者，加干姜、肉桂、续断、艾叶、醋菟丝子各15 g，以温肾壮阳；如气虚者，加黄芪、党参各30 g，以补气；如阴道流出黄色液体者，加苍术、黄柏、柴胡、龙胆草、薏苡仁各15 g，以清热燥湿。

9.五子催情散

适用于肾阳虚不发情。

处方组成：

覆盆子30 g	韭菜子30 g	金樱子18 g	菟丝子30 g	枸杞子20 g
熟地黄40 g	山药30 g	补骨脂18 g	淫羊藿24 g	巴戟天18 g
锁阳18 g	党参30 g	白术24 g	云苓18 g	甘草12 g
当归24 g				

用法：研末混饲，分3~4次喂完，每天1次，一般用完药后2~3天即可发情，发情后即可配种。

方解：方中覆盆子、韭菜子、金樱子、菟丝子温补肾阳为主药；枸杞子、熟地黄、山药滋补肾阴，平衡阴阳为辅药；补骨脂、淫羊藿、巴戟天、锁阳为佐药，加强温补肾阳的作用；党参、白术、云苓、甘草、当归补气补血为使药，全方诸药合理搭配，用之而疗效颇佳。

临床效果：用此方跟踪治疗不发情母猪50例，用完1剂便发情者41例，用完2剂发情者7例，用完1剂不发情而放弃治疗者2例，有效率96%。

10.催情散

适用于母猪不发情。

处方组成：

| 淫羊藿6 g | 阳起石(酒淬)6 g | 当归4 g | 香附5 g | 益母草6 g |
| 菟丝子5 g | | | | |

用法：粉碎、混匀，拌料或煎服，猪30~60 g。

方解：方中淫羊藿、阳起石，温肾壮阳，为主药；菟丝子补肝肾，当归补血，为辅药；益母草调经，香附行气解郁、调经止痛，为佐药。诸药合用共奏催情促孕之功。

---

① 全书未写明哪种母畜用方时，建议按照处方组成的比例配制。给药剂量参考：马、牛250~350 g，羊、猪60~90 g，犬、猫5~15 g。具体剂量可根据体重调整。

11. 促孕灌注液

适用于卵巢静止和持久黄体性的不孕症。

处方组成：

淫羊藿 400 g　　益母草 400 g　　红花 200 g

用法：子宫内灌注，马、牛 20~30 mL。

方解：淫羊藿补肾阳为主药；益母草活血调经为辅药；红花活血通经，消肿止痛为佐药。诸药合用共奏补肾壮阳、活血化瘀、催情促孕之功。

12. 艾附暖宫丸

适用于宫寒不孕。

处方组成：

艾叶 18 g　　醋香附 30 g　　当归 30 g　　续断 24 g　　吴茱萸 15 g　　川芎 15 g
白芍 24 g　　炙黄芪 45 g　　地黄 30 g　　肉桂 15 g　　党参 30 g

用法：共研末，开水冲服。

方解：方中醋香附疏肝解郁、调经止痛，艾叶温经暖宫、散寒止痛为主药；肉桂、吴茱萸助艾叶、醋香附温经散寒，暖宫止痛，当归、白芍、地黄、川芎养血调经为辅药；炙黄芪、党参补气健脾，以资气血生化之源为佐药，气旺血生，气旺血行；续断补肝肾，通血脉为使药。诸药合用共奏理气养血，暖宫调经之功。

13. 苍术散

用于痰湿不孕。

处方组成：

炒苍术 30 g　　滑石 20 g　　神曲 30 g　　制香附 24 g　　半夏 15 g
陈皮 15 g　　茯苓 24 g　　炒枳壳 45 g　　白术 30 g　　当归 15 g
莪术 15 g　　三棱 15 g　　甘草 10 g　　柴胡 20 g　　升麻 20 g

用法：共研末，开水冲服。

方解：方中炒苍术燥湿健脾，祛风散寒，滑石清热，渗湿，利窍为主药；神曲健脾消食，半夏燥湿化痰，陈皮健脾行气，茯苓、白术健脾利湿，炒枳壳宽胸行气为辅药；当归补血活血，莪术、三棱活血，柴胡、升麻升阳举陷为佐药；甘草调和诸药为使药。诸药合用共奏燥湿化痰、化瘀促孕之功。

（三）还可酌情试用下方进行治疗

1. 平昌沈治文方

土当归 30 g、红泽兰 15 g、对叶草 30 g、益母草 30 g、陈艾 30 g、淫羊藿 15 g，煎水，猪 3 次内服，1 日 3 次。

功能：通经活血、催情。

2. 巴县唐金山方

爬岩姜 15 g、黄梅皮 60 g、芽皮 60 g、对叶草 30 g、五味子 60 g，煎水，猪 3 次内服，1 日 3 次。

功能：催情，刺激胞宫。

3. 土方

齐头蒿 30 g、月月红花 30 g、黄花根 120 g、何首乌 90 g、阳雀花根 60 g、淫羊藿 60 g，煎水，牛两次内服。功能：催情，补肾，益精。

(四)针剂治疗

淫羊藿、阳起石复方注射液，又名催情注射液、阳藿催情剂(水醇法)。对猪用 10～30 mL 肌肉注射，或穴位(百会、交巢)注射可获效。对兔可获电针催情似的效应。

• 本章小结 •

本章介绍了母畜不孕的病因、病机、症状与辨证要点，以及母畜的护理、不孕的预防和治疗手段。通过理论结合案例学习，掌握母畜不孕的诊断和辨证论治法则，熟悉常用的治疗不孕的方剂和配伍，为临床上预防和治疗母畜不孕提供方案。

本章概念网络图

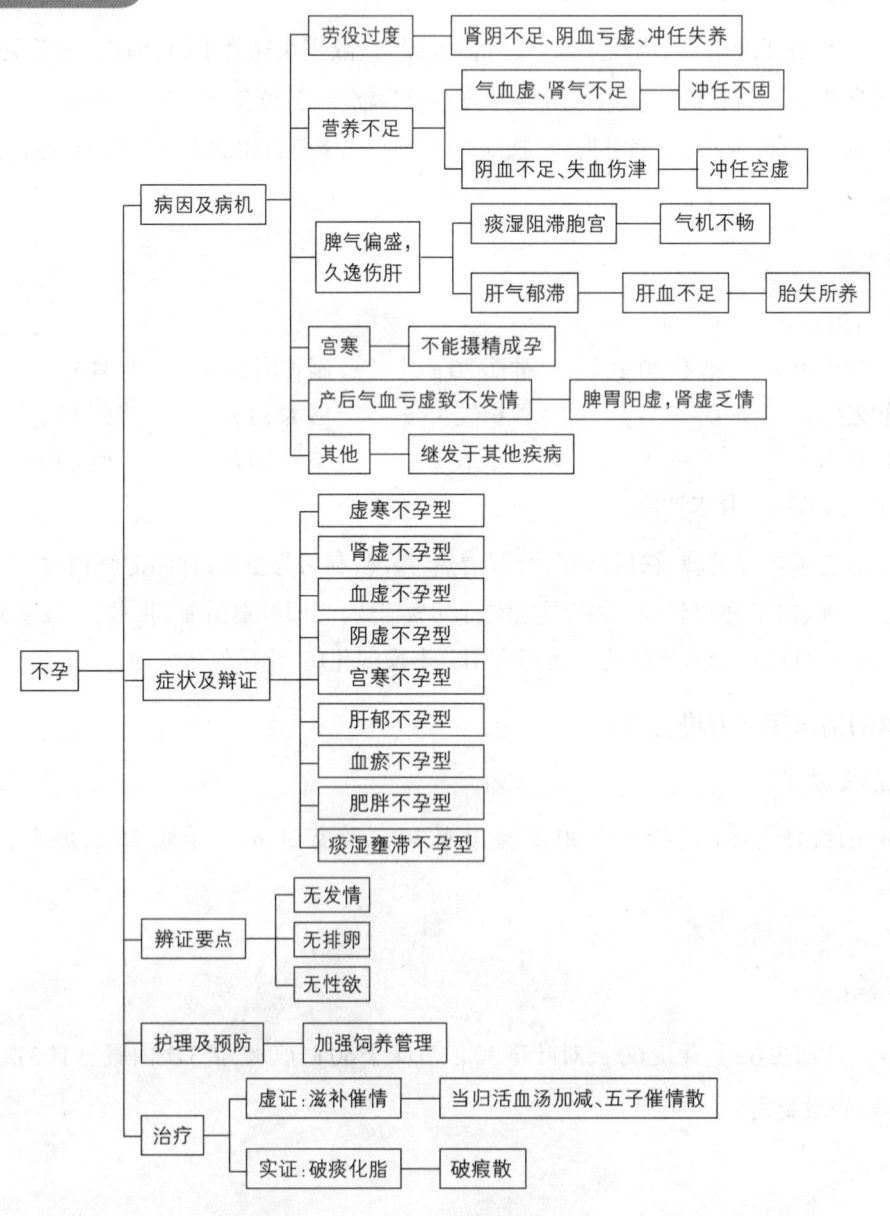

```
                    ┌─ 劳役过度 ── 肾阴不足、阴血亏虚、冲任失养
                    │
                    │              ┌─ 气血虚、肾气不足 ── 冲任不固
                    ├─ 营养不足 ───┤
                    │              └─ 阴血不足、失血伤津 ── 冲任空虚
                    │
         ┌─病因及病机┤              ┌─ 痰湿阻滞胞宫 ── 气机不畅
         │          ├─ 脾气偏盛，──┤
         │          │  久逸伤肝    └─ 肝气郁滞 ── 肝血不足 ── 胎失所养
         │          │
         │          ├─ 宫寒 ── 不能摄精成孕
         │          │
         │          ├─ 产后气血亏虚致不发情 ── 脾胃阳虚，肾虚乏情
         │          │
         │          └─ 其他 ── 继发于其他疾病
         │
         │                    ┌─ 虚寒不孕型
         │                    ├─ 肾虚不孕型
         │                    ├─ 血虚不孕型
         │                    ├─ 阴虚不孕型
    不孕 ─┼─症状及辨证 ────────┼─ 宫寒不孕型
         │                    ├─ 肝郁不孕型
         │                    ├─ 血瘀不孕型
         │                    ├─ 肥胖不孕型
         │                    └─ 痰湿壅滞不孕型
         │
         │           ┌─ 无发情
         ├─辨证要点 ─┼─ 无排卵
         │           └─ 无性欲
         │
         ├─护理及预防 ── 加强饲养管理
         │
         │       ┌─ 虚证：滋补催情 ── 当归活血汤加减、五子催情散
         └─治疗 ─┤
                 └─ 实证：破痰化脂 ── 破瘀散
```

思考与练习题

(1)查找资料,总结现代养殖场母畜不孕的病因。

(2)虚寒和肾虚不孕的症状有什么异同？

(3)查找文献,分析母畜不孕的现代医学诊断指标。

(4)请对以下病例进行分析及辨证医治,思考处方用药的特点及护理要点。

案例一：1头年龄3.5岁的经产母猪受孕4月未产求诊。主诉：该母猪发情表现近似正常,配种后有类似正常妊娠的表现,与正常怀孕母猪完全一样,怀孕1~3月肚腹逐渐增大,行动迟缓,膘情逐渐恢复,腹部略有增大,分娩前母猪有含草做窝的行为,走动不安,排泄次数增多,阴户肿胀,但无黏液流出,有的乳房明显膨胀,可挤出乳汁,但量少稀薄,临产母猪有明显的分娩症状,但无羊水流出,腹围突然缩小,无仔猪产出。

案例二：一匹6岁马来院就诊。主诉：该马发情正常,屡配不孕。症见：中下营养、中等体型、臀肌下陷、阴门松弛张开,走动时阴门发出噗噗响声,口淡、脉细、少草慢料;阴道检查：阴门、阴道均极松弛,子宫颈口洞开不收,全手可入,子宫内壁松弛而舒张。

拓展阅读

生殖激素：直接调节和影响生殖机能的激素称为生殖激素。它们调节母畜的发情、排卵、生殖细胞在生殖道内的运行、胚胎附植、妊娠、分娩、泌乳以及公畜精子生成、副性腺的分泌、性行为等生殖环节。其基本作用特点为：(1)生理效应高,在血液中消失快(激素不断地产生、代谢和失活);(2)具有高效性,即少量激素便可引起明显或强烈的生理效应;(3)具有特异性,即生殖激素的定向选择性(专一性、高度亲和性);(4)激素之间表现协同、拮抗或反馈作用;(5)具有复杂性;(6)激素只调节反应的速度,不发动细胞内的新反应。

不孕不育。(1)先天性不育：①近亲繁殖与种间杂交;②两性畸形;③异性孪生母犊不育;④生殖道畸形。(2)饲养管理及利用性不育：①营养缺乏;②管理利用不当;③繁殖技术错误;④环境性应激;⑤衰老。(3)疾病性不育：①非传染性疾病;②传染病及侵袭。(4)免疫性不孕：①免疫系统对繁殖功能影响;②抗精子抗体。

人工授精技术：是指借助于专门器械,用人工方法采取公畜精液,经体外检查与处理后,输入发情母畜的生殖道内,使其受胎的一种繁殖技术。该技术包括采精、精液品质评定、稀释、保存、运输和输精等六个环节。

体外受精技术(in vitro fertilization,IVF)：是指采集母畜的卵母细胞后,通过卵母细胞体外成熟技术获得成熟的卵母细胞,与同种雄性动物的精子在体外人工控制的环境中进行受精的技术。目前,IVF技术在国内外广泛应用,牛体外生产的胚胎占比高达50%。同时,IVF技术联合CRISPR-Cas9等基因编辑技术获得基因编辑动物,使得该技术具有更强的应用与发展前景。影响体外受精效率的因素包括体外受精培养基、动物精子浓度、体外受精方式、精卵共孵育时间和是否存在多精子受精等。

体外受精-胚胎移植技术(in vitro fertilization and embryo transfer,IVF-ET)：是指通过供体动物卵母细胞体外成熟、体外受精、经过早期胚胎发育获得体外胚胎，并将供体胚胎移植到受体动物体内的胚胎工程技术。

体外胚胎生产技术(in vitro production,IVP)：是对母畜使用促进卵泡发育的激素，并进行活体采卵、卵母细胞体外成熟、体外受精和早期胚胎体外培养等一系列操作的胚胎工程技术。IVP技术有利于良种母畜繁殖潜力的挖掘、快速扩繁及优秀种质资源的保护。

节育技术：指阻止动物繁殖后代但维持其生育力的各种方法和技术，包括阻止雌雄两性配子的形成、阻止受胎或胚泡附植以及终止怀孕等。其更广泛地用于雌性动物。手术方法是调控动物繁殖最早采用的手段，而药物学方法和免疫学方法则是近年来进展很快而且很有前景的节育技术。

胚胎移植技术(embryo transfer,ET)：又称受精卵移植或卵移植，俗称人工授胎或借腹怀胎。经胚胎移植产生后代从受体得到营养发育成新个体，但其遗传物质则来自它的真正亲代，即供体动物和与之交配的公畜。该技术的意义在于利用胚胎移植可以开发遗传特性优良的母畜的繁殖潜力，较快地扩大良种畜群；可使优良母畜仅提供胚胎不用怀孕产仔，从而可在一定时间内产生较多的优良后代。在胚胎移植过程中，提供胚胎的母畜称为供体，接受胚胎的母畜称为受体。

胚胎分割技术：借助显微操作技术或徒手操作方法切割早期胚胎成二、四等多等份再移植给受体母畜，从而获得同卵双胎或多胎的生物学新技术。

细胞核移植和克隆技术：是指将动物的一个细胞的细胞核移到一个已经去掉细胞核的卵母细胞中，使其重组并发育成一个新的胚胎，该胚胎最终发育成完整的动物个体。利用核移植技术得到的动物称为克隆动物。

超数排卵：简称超排，是指供体动物注射外源性促性腺激素，诱导该供体动物的卵巢中多个卵泡同时发育，一次排出比自然条件下多几倍到十几倍的具有受精能力的卵子的技术。该技术是动物胚胎移植获得大量优质胚胎的最有效途径，目前，猪、牛(水牛、奶牛、牦牛)、马、山羊、绵羊、兔、鹿和德国牧羊犬等动物超数排卵均有报道。

动物性别控制技术：指通过对动物正常生殖过程进行人为干预，使成年雌性动物产出人们期望性别后代的一种繁殖新技术，主要包括两类：受精前干预和受精后干预。受精之前——通过在体外对精子进行干预，使在受精之前便决定后代的性别。受精之后——通过对胚胎性别鉴定，从而获得所需性别的后代。

转基因技术：是指通过基因工程技术将外源基因整合到动物受体细胞基因组中，同时该外源基因可稳定表达和遗传的技术，由此培育出的动物称为转基因动物。转基因动物的制备方法包括逆转录病毒感染法、DNA显微注射法、基因打靶技术、精子载体法和体细胞核移植法等。

病案拓展

案例一：一头4岁母牛去年产下牛犊后进行人工授精和自然交配均未受孕。该母牛现正处于发情期，是最佳的配种时期。

临床检查：该母牛的粪便稀薄、排尿次数增多、舌苔颜色呈苍白色、脉象细数。

中兽医辨证：肾虚不孕症。

治疗处方：四物汤加味。熟地黄50 g、白芍40 g、当归30 g、川芎20 g、巴戟天25 g、淫羊藿、茯苓30 g、艾叶20 g。嘱养殖户将中药研成细末，在母牛发情期过后的第5天开始服用，每隔3天服用1剂，连续服用3剂。在母牛第二个发情周期开始前一天，再加阳起石40 g，1剂/天，直到该母牛配种成功。

案例二：已经过治疗的10头不孕症的奶牛，年龄4~6岁，平均(4.5±0.3)岁。4头牛在发情期食欲减退，饮水较多，精神正常。

临床检查：外阴和阴道均正常，宫颈光滑，双侧的附件正常，舌质稍微发红，辨证为脾肾两虚、气血不足，因此不能受孕；3头牛在发情期阴道流出透明的液体，阴户稍胀，呻吟不安，检查发现子宫体或者子宫角增厚，口色偏红或者正常，辨证为气滞血瘀型；3头牛在发情期乳房肿胀并且疼痛，精神沉闷、食欲不振、少量的流带、口色淡黄。

中兽医辨证：脾肾两虚型和气滞血瘀型、肝气郁积滞型不孕症。

治疗处方：对于脾肾两虚型选用五子种玉汤进行治疗。处方：菟丝子25 g、枸杞子15 g、淫羊藿15 g、蛇床子15 g、覆盆子15 g、炙黄芪45 g、当归20 g、制香附15 g、山药20 g、制首乌20 g。在发情周期前3天开始用水煎煮灌服，早晚使用，连续使用3天。发情期结束后使用牡丹皮15 g、生地黄20 g、山茱萸15 g、女贞子15 g用水煎煮灌服，早晚使用，连续使用3~7剂。

气滞血瘀型与肝气郁积滞型可选用下方加减进行治疗。当归45 g、赤芍30 g、川芎30 g、丹参45 g、丹皮40 g、鸡血藤60 g、莪术60 g、三棱60 g、淫羊藿50 g、车前子45 g、青木香45 g、陈皮30 g，在发情期结束后第15天开始用水煎煮灌服，每日一剂。

采用以上治疗方法服用3~4剂药方后，进行人工授精，均受孕成功，成功率为100%。

案例三：3岁本地母猪1只，体重约50 kg，膘情中等，该猪于3月产仔后，一直不再发情，曾两次灌服催情药和注射激素1次，均未见效。

临床检查：体温、呼吸、脉搏均正常，食欲稍差，大便微稀薄，眼结膜和口色略显淡白，脉细而无力。

中兽医辨证：脾虚不孕。

治疗方案：于11月16日针刺百会、阴俞穴，共行针30 min，其间分别捻转每穴，提插3次，每次1 min。于同年11月21日发情，配种。次年5月26日追访，已产仔4头。

案例四：一匹黑母马，自买来十多年没有生过驹，也没发情表现。

临床检查：于6月17日直检，左侧卵巢增大，4.5×4×3.5 cm，质地紧实坚硬，有2个不规则的突起，双侧卵巢触诊均无痛感，子宫角及子宫体正常。

中兽医辨证：痰湿壅滞型不孕(慢性卵巢炎)。

治疗方案：6月17日第一疗程同时进行电针治疗和冲洗子宫，电针雁翅(双侧)针深4寸①，每次30 min，间隔5 min，并用0.5%的新洁尔灭液(42 ℃)1 500 mL冲洗子宫，每天1次。连续5次，第一疗程结束时卵巢没有变化。

6月26日第二疗程中除采用电针外，同时肌肉注射促滤泡素200万IU，最后一次增加促黄体素200万IU。隔1日1次，连续4次。

7月5日第三疗程治疗方法同第二疗程。开始时直检，卵巢有所发育，左侧卵巢增大，6×5×4 cm，质较软，稍有波动感，仍有不规则的突起，突起间沟深。

7月7日直检，卵巢发育更进一步，左侧卵巢更增大，7×6×5 cm，有不规则的突起，但滤泡波动明显，壁较薄，右侧卵巢同前变化不大。

7月8日直检，已达成熟期。左侧卵巢7×6×6 cm，不规则突起已不明显，滤泡发育良好，波动明显，壁极薄，右侧卵巢变化不大。

当日输精，连输4天未排卵，于7月12日大剂量肌肉注射促滤泡素400万IU，7月13日输精，于次日排卵，后经检查未孕，以后未进行治疗均自动到成熟期，都及时输精，后经检查都未孕。

次年4月7日直检，双侧卵巢均正常，处于静止期。

4月18日至4月29日直检，左侧卵巢正常，右侧卵巢增大，呈圆球形，7×6×6 cm，乃至垒球大，12×10×10 cm，但质较软，触诊没有痛感。诊断为黄体囊肿。

4月29日至5月27日直检，左卵巢同前，右卵巢更增大，呈扁圆形15×12×5 cm，质较软。

6月13日开始内服中药：茯苓桂枝汤加减。活血化瘀，解毒。处方如下：丹皮50 g、桂枝35 g、桃仁50 g、赤芍35 g、当归50 g、川芎25 g、红花50 g、玄胡25 g、五灵脂25 g、金银花50 g、连翘50 g、土茯苓50 g、圣休50 g、薏苡仁50 g、枳壳50 g。隔日1付，连服5付。

6月27日直检，左卵巢同前，右卵巢缩小至垒球大15×15×10 cm，质较软，有显著疗效。其后又服上药5付，服法同前。

7月19日直检，左卵巢同前，且出现滤泡，右卵巢肾形，质较硬，表面稍粗糙，6×5×4 cm，已经正常。

案例五：某牧场乳牛舍荷兰杂交种402号5岁黑白花乳牛，体重450 kg，于5月8日就诊。主诉：发情及性周期正常，发情时有血液流出，已有一年多未配上，曾产犊牛1头，配种2次，系人工授精，以后一直是本交，子宫颈位置正常，未曾患过任何疾病，发情时无爬跨，不叫，仅只排黏液和血，性兴奋不完全，配种时非常惊恐。

临证所见：营养中等，皮毛光润，角耳温暖，脉象平和有力，一息三至，反应敏锐，行走自然，喘息平和，鼻汗成珠，鼻镜湿润而温暖，食欲旺盛，淋巴结无肿胀，眼的白睛带浸黄色，卧蚕粉红色稍

---

① 寸，长度单位，1寸≈33.3 mm。

显黄色，舌根及舌畔（左右）黄白色，舌下岔筋显露青色，舌津白色，稠度正常，可牵丝，阴道黏膜苍白色，据称发情时黏膜充血不显著，色泽较淡，宫颈张开。直肠检查右侧卵巢约小鸡蛋大，有一坚硬的黄体，子宫角无异常现象。

分析：由于长期舍饲，运动不足，湿聚伤肾而血瘀内聚所致癥瘕（永久黄体性不孕），病位在肾和卵巢，属里实证，治当消补并用。宜破血散瘀，壮阳催情，除湿调血。方用破瘕散加减。

处方：当归75 g、红花75 g、丹参75 g、赤芍50 g、牛膝50 g、阳起石50 g、淫羊藿150 g、益母草150 g、肉苁蓉75 g、菟丝子50 g、骨碎补100 g、女贞子100 g、白术75 g、山棱50 g、月月红根200 g。

用法：共为粗末，煎水一沸，候温，加酒150 mL，一次内服。

于5月10日晨服药，11日发情，12日阴门流出黏液，很稠且长。

11月12日，直肠检查：右侧子宫角增大，松弛，垂入腹腔，子宫颈前子叶大如鸡蛋，能触摸到三个，不能摸到卵巢，右侧子宫动脉大如钢笔杆，有颤动感。

诊断：已孕六个月左右。

案例六：迷你黑色泰迪犬，7岁，2.1 kg，雌性，未绝育，未生产，定期进行疫苗免疫及体内外驱虫。主诉：该犬从小性格就很黏主人，每天都要和主人生活在一起，平时除了主人，不愿与其他任何人、动物接触，以前每年发情两次，每次发情期均较规律，且发情时间均在两周左右。后因主人无法每天回家，长此以往感觉狗狗性格出现抑郁，食欲方面也时好时坏，近两年每年都只发一次情，且发情时间很短，每次一周不到就结束了。当年1月本该是往年发情的时间，但没有发情迹象，反出现"刨窝"及分泌奶水的现象。

临床检查：该犬性格抑郁，胆小惊恐，舌红苔薄，其最后两对乳腺体积增大，乳头红润，出现生理性增生现象，用手挤压乳头可见白色乳汁流出，提示假孕。基础生理指标及影像检查：患犬呼吸35次/min，体温38.6 ℃，心率119次/min，血常规及C反应蛋白浓度检查均不见异常。B超检查见双侧卵巢形态结构正常，子宫壁及内腔结构无异常。

中兽医辨证施治：该犬从小过度依赖饲主，因长久与饲主分隔，导致其情志内伤、肝气郁结，造成其性格及精神抑郁，未孕而乳溢。中兽医学认为，肝藏血主疏泄，情志内伤可致肝疏泄失常，造成素体冲任失调，经血不能按时满溢，故经期发生错乱。情志不舒，肝经不畅，气滞胸胁，则精神抑郁。肝气郁滞，气血运行失调，气血逆乱，经血不循常道而上入乳房，化为乳汁而外溢，其中舌红，苔薄，均为肝郁之征。治则以疏肝理气，活血调经等。

治疗处方：柴胡15 g、青皮15 g、麦芽15 g、白芍10 g、香附10 g、当归8 g、山楂8 g，混合研磨成粉装于胶囊内口服，1日2次，分一周服完。

预后：治疗后一周回访，饲主描述：患犬乳腺大小已恢复到和平时一样，挤压乳头不再见乳汁分泌，性格变得活跃，心情较治疗前舒畅，食欲状态良好。

案例七：1头3岁经产本地母猪久配不孕求诊。主诉：该母猪产子一直很好，但最近一窝因难产助产后，食欲一直较少，发情后已连配4次未孕，有拒配现象。临床证见：患猪精神较差，体温39℃，食欲不振，大便轻微干燥，阴户微红，有少量分泌物黏附，小便频数，鼻汗时有时无，脉沉数。辨证为助产损伤，瘀血内阻，胞宫蓄热之证。

治疗：活血祛瘀、清热燥湿。方选桃红四物汤加味：当归、川芎、白芍、生地黄、桃仁各40 g，红花、益母草各30 g，蒲黄炭、茜草炭、白术各45 g，忍冬藤、鱼腥草、黄芩、黄柏、木通、车前仁各35 g，山楂60 g，甘草20 g。煎水灌服，3次/天，3天1剂，连服2剂。

3月13日复诊，精神、食欲明显好转，大小便正常，阴户已无分泌物，仍用上方去忍冬藤、鱼腥草、黄柏、木通、车前仁，加淫羊藿、阳起石、柴胡各45 g，再服1剂。

嘱其加强饲养管理，保持圈舍清洁卫生，饲料中添加适量电解多维，后随访已发情配种受孕，产下一窝10头仔猪。

第二章

带下病

本章资源

本章导读

带下是什么病证？引起母畜带下病的主要病因与机理是哪些？怎样辨证？主要有哪些证型？辨证要点主要有哪些？怎么治疗与护理？本章将一一解答这些问题。

学习目标

(1) 了解带下病的病因、病机，熟悉其主要症状与辨证分型、辨证要点，掌握治疗原则与常用处方，掌握临床带下症辨证论治。

(2) 培养临床带下病辨证论治和指导临床相关疾病治疗的能力。

(3) 了解母畜带下病的复杂性及其与不孕的关联，正确辨证论治，建立临床辨证的整体观，坚持严谨的工作作风。

> 带下病,是阴道内流出赤色或白色脓性稠臭浑浊分泌物之证,其形如带,相连不断,多继发于难产、胎衣不下及配种损伤之后,各种母畜皆可罹患,且无季节性。

一、病因及病机

本病的发生多由于脾虚、湿热内侵、痰湿、肾虚等所致。

(一)脾虚

多由于役畜劳役过度而损伤脾胃,或脾胃素虚,脾阳衰弱,运化功能失常,以致脾胃不能将精微上输为营血,反随湿土之气下陷而为白带。

(二)湿热内侵

多由于湿热内侵,蕴而生热,或由于暑热炎天,地气上升,畜舍潮湿,湿热乘虚而入,或郁结于带脉,或乘脾气下陷,成为黄带。

(三)痰湿

多由于脾虚而湿聚为痰,痰湿流注下焦而成痰状物质从阴门而下,且量多而质稠。

(四)肾虚

多由于命门火衰,带脉不能约束,冲任失其固摄,胞中精液滑脱而下,带下色白,清冷如鸡蛋清状,或肾阴亏耗,相火内盛,致阴虚火旺,迫血妄行,遂成赤带。

(五)其他

多继发于流产、难产、胎衣不下或分娩过程中产道受伤引起病原微生物侵入畜体所致。

二、症状及辨证

一般情况下,家畜无任何特点,有时可见到轻度发热,或体温升高到40~41℃,如有体温升高现象,则呼吸增数,有时病畜作排尿状,拱背,举尾,呻吟,畜体日益消瘦。常见如下证型。

(一)脾虚型

带下色白或淡黄,连绵不断,无明显臭味,精神沉郁,食欲减退,四肢不温,粪稀溏,或四肢浮肿,不发情,屡配不孕,口色淡,舌苔白滑,脉象虚弱。

属里虚证,病位在脾经及胞宫。

(二)肾虚型

带下清稀而量多,淋漓不断,耳鼻较冷,精神沉郁,粪清稀,尿频而清长,后肢浮肿,不发情,或屡配不孕,口色淡,舌苔白,脉象沉迟无力。

属里虚证,病位在肾经及胞宫。

(三)湿毒型

带下赤白,状如米泔或脓血,混杂有豆腐渣样黏稠物,气味恶臭,发热,食欲减退,弓腰努责,尿短赤,或有阴门瘙痒,口渴喜饮,口色红,舌苔黄,脉象洪数。

属里热证。病位在胞宫及心、肝二经。

(四)虚火型

带下色赤,精神沉郁,食欲减退,体表温热,但体温正常或稍高,口色发红,舌津干少,舌苔薄黄,脉象虚数,或见粪便干涩难下。

属里虚热证,病位在肝肾二经及胞宫。

三、辨证要点

(1)以阴户不时流出白带、黄带、赤带等脓性分泌物为临证辨证依据。

(2)宜根据带下色泽、病势、病期、病因及体质盛衰以判断它属何型。

(3)阴道及直肠检查对判定病位属阴道、宫颈或子宫有十分重要的意义。

(4)病势急迫者,若处治恰当,约经1~2周,多可治愈,若处治不当,常转为邪毒攻心,则较危;病久体弱者,常经久难愈。

四、护理及预防

畜舍应保持清洁、干燥,应多铺垫草,加强饲养,增加精料,每日清洗患部,以除去污秽的排出物。

平时应保持畜舍的卫生,在母畜交配及分娩时,应加强管理,防止生殖器官损伤及污染物的侵入,妊娠中期要让母畜适当运动。

患畜要减轻使役,并改善饲养管理,增加多汁饲料和富含蛋白质的精料,畜舍要温暖干燥。另外,应加强怀孕期的饲养管理,以减少难产、流产、胎衣不下等病的发生,因这些很容易继发带下症。在助产或配种时,要注意消毒,以防止产道感染而继发带下症。

五、治疗

治疗原则:止带。止白带以健脾,升阳,除湿为主;止黄带则宜清热除湿;止赤带则需加止血之剂;郁久化热者,宜从热治;脾肾亏虚者,宜从虚治,初宜温脾升阳,继则温肾固涩,最后,大补气血。

(一)方药治疗

可酌情用下方内服进行治疗。

1. 蒲益当归散

适用于湿热带下及赤带。

组成：

蒲黄80 g	益母草120 g	生地黄70 g	黄芩80 g	当归60 g
黄芪40 g	香附子80 g	郁金60 g	升麻50 g	川芎60 g
丹皮60 g	连翘60 g	金银花50 g		

用法：煎水，牛分4次内服，1日2次。

方解：蒲黄、益母草、当归、丹皮收缩胞宫，止血妄行，调补冲任为主药；生地黄、黄芩清热凉血、除湿，金银花、连翘清热解毒为辅药；川芎、香附子、郁金理气凉血，散瘀消肿为佐药；黄芪、升麻补益元气，益气固脱为使药。

临证加减：若湿重者，可加猪苓45 g、木通45 g，以清热除湿，若脾胃虚弱者，可加消食平胃散。

据兽医李玉福观察，本方对乳牛湿热带下疗效显著，疗程为6~12天。

2. 玄胡四物汤

适用于脾肾亏虚之白带。

组成：

| 制香附60 g | 延胡索30 g | 当归60 g | 熟地黄45 g | 川芎30 g |
| 白芍45 g | | | | |

用法：煎水，牛2次内服，马3~4次内服。

方解：熟地黄、白芍养血调经，充调冲任为主药；当归、川芎行气活血，调经养血为辅药，延胡索通经逐瘀，生新血为佐药；制香附理气解郁，活血止痛为使药。

临证加减：若服药后分泌物减少，可用八珍汤进行调养；若脾气虚陷者，可加党参、白术、升麻以补中益气，升发阳气；若肾阳虚者，可加肉桂、补骨脂、肉苁蓉以补火壮阳。

3. 完带汤

适用于脾虚带下。

组成：

| 党参60 g | 白术60 g | 白芍50 g | 苍术60 g | 山药60 g |
| 陈皮50 g | 柴胡20 g | 甘草30 g | 车前子50 g | 荆芥穗(炒黑)50 g |

用法：煎水，去渣，候温，牛3次内服，1日2~3次。

方解：党参、山药、白术补中益气，健脾运水为主药；苍术、陈皮、车前子燥湿健脾，理气祛水湿为辅药;白芍、荆芥穗养血敛阴,理气止血为佐药;柴胡、甘草升阳益气,调和诸药为使药。

临证加减:气虚重者,加黄芪80 g;血虚者,加当归50 g;食欲大减者,加白扁豆60 g、薏苡仁50 g;带下量甚多者,加芡实60 g、龙骨60 g、牡蛎60 g。

4.补骨脂散

适用于肾虚带下。

组成:

| 补骨脂60 g | 葫芦巴60 g | 茴香50 g | 苦楝子50 g | 厚朴50 g |
| 陈皮50 g | 青皮50 g | 肉豆蔻50 g |

用法:煎水,加童便,1日2~3次。

方解:补骨脂、葫芦巴补肾壮阳为主药;茴香、苦楝子暖腰肾,理气止痛为辅药;厚朴、陈皮、青皮理气健脾,燥湿疏肝为佐药;肉豆蔻、童便收涩止滑,引药入肾为使药。

5.自拟方

适用于虚火带下。

组成:

| 酒知母20 g | 酒黄柏20 g | 白芍20 g | 川芎20 g | 延胡索15 g |
| 木通20 g | 赤茯苓25 g | 泽泻25 g | 车前子20 g | 生甘草20 g |

用法:煎水,加童便内服,牛1日1剂。

方解:酒知母、酒黄柏滋阴降火为主药;白芍、川芎、延胡索养血敛阴,散瘀止痛为辅药;木通、赤茯苓、泽泻、车前子祛湿利火,利血脉,导热出下焦为佐药;生甘草、童便清热利水,解毒散瘀,引药入肾为使药。

(二)冲洗法

1.冲洗中药方

冲洗子宫及阴道用。

组成:

| 艾叶45 g | 金银花60 g | 黄柏60 g | 冰片15 g |

用法:除冰片外,煎水、待温,冲洗子宫及阴道,后将冰片粉吹入阴道及子宫内。

方解:冰片清热健脾为主药,黄柏清利下焦湿热为辅药,金银花清热解毒为佐药,艾叶除湿暖胞为使药。

2.自拟方

洗药方。

组成：

蛇床子 200 g　　白矾 30 g

用法：用纱布袋包煎，加水 2 000 mL 煎 30 min，去渣取汁，外洗患处，每天 1 次。

方解：蛇床子壮阳益阴，疏风去湿以杀虫为主药；白矾解毒收涩，燥湿消肿为佐药和使药。

本章小结

本章介绍了母畜带下的病因、病机、辨证及辨证要点，以及带下的护理、预防和治疗手段。通过理论结合案例学习，掌握母畜带下的诊断和辨证论治法则，熟悉常用的治疗带下的方剂和配伍，为临床上预防和治疗母畜带下病提供方案。

本章概念网络图

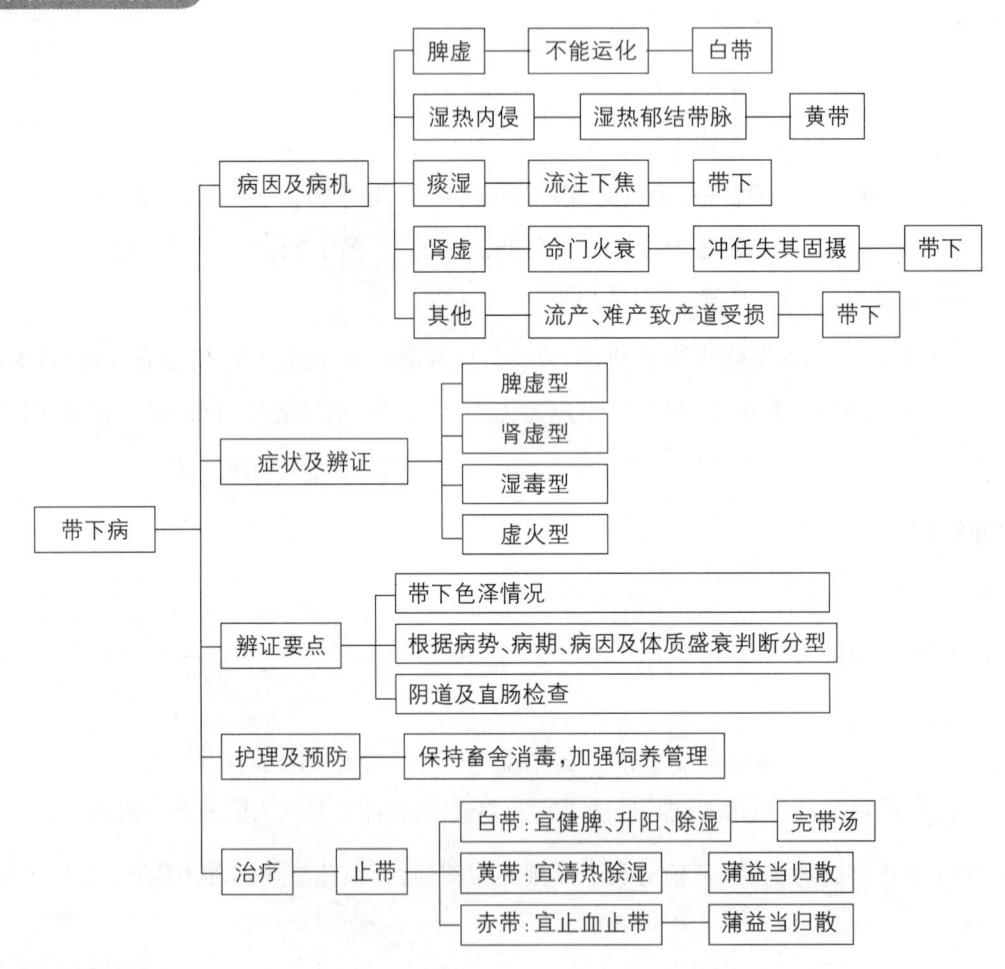

```
                    ┌─ 脾虚 ── 不能运化 ── 白带
                    │
                    ├─ 湿热内侵 ── 湿热郁结带脉 ── 黄带
         病因及病机 ─┤
                    ├─ 痰湿 ── 流注下焦 ── 带下
                    │
                    ├─ 肾虚 ── 命门火衰 ── 冲任失其固摄 ── 带下
                    │
                    └─ 其他 ── 流产、难产致产道受损 ── 带下

                    ┌─ 脾虚型
                    ├─ 肾虚型
         症状及辨证 ─┤
                    ├─ 湿毒型
                    └─ 虚火型
带下病 ─┤
                    ┌─ 带下色泽情况
         辨证要点 ──┼─ 根据病势、病期、病因及体质盛衰判断分型
                    └─ 阴道及直肠检查

         护理及预防 ── 保持畜舍消毒，加强饲养管理

                              ┌─ 白带：宜健脾、升阳、除湿 ── 完带汤
         治疗 ── 止带 ────────┼─ 黄带：宜清热除湿 ── 蒲益当归散
                              └─ 赤带：宜止血止带 ── 蒲益当归散
```

思考与练习题

(1) 从中医脾的功能分析脾虚所致带下病的病机。

(2) 如何鉴别湿毒带下病和脾虚带下病？

(3)查找资料回答现代养殖场中引起母畜带下病的原因有哪些。

(4)请对以下病例进行分析及辨证论治,思考处方用药的特点及护理要点。

案例一:一京巴母犬,4岁。主诉:分娩后2~5日内阴户排出子宫腔内残留的瘀血、脱落的黏膜和渗出物等成分(即恶露),量先多后少,色泽为暗红或淡红至白。分娩一周以后仍从阴户流出暗红或淡白夹红的污秽腐败液体。临证所见:从阴户排出暗紫色污秽液体或夹杂有部分黑色或红色血丝,病犬喜回头舔吸,精神欠佳,不活跃,体温病初升高,几天后降至正常,吃食稍减或无变化,泌乳量稍减,或有轻微腹痛表现,口色瘀红,阴道检查发现阴道黏膜色泽红润,子宫颈口稍张开,有时可见脓血样渗出物排出。

案例二:某实习牧场奶牛舍307号荷兰乳牛,母,8岁,营养中等,体重450 kg,于12月19日就诊。主诉:该牛于12月17日发生腔咳,早晚多见,食欲减少,不喜吃青草和喝水,采食缓慢,粪便稀薄,就诊当日阴户流出白色脓性分泌物,放在水和酒精中不溶解。临证所见:精神稍差,口色淡黄挟青,舌津多而滑利,脉象沉细,体温38.6 ℃,皮温不均,角温低,眼结膜稍黄,心跳72次/min,呼吸21次/min,鼻流清涕,鼻凉,鼻汗时有时无,早晚发腔咳,食欲减少,采食缓慢,不喜吃青草和饮水,瘤胃蠕动2次/2 min,蠕动音较弱,阴户不时流出白色脓性分泌物,味臭。

拓展阅读

现代兽医学认为母畜产后子宫内膜炎的病因为配种、人工授精、阴道检查、胎衣不下等引起损伤感染;症状主要为:食欲不振、拱背、努责、阴门排出黏稠脓性分泌物,重者分泌棕色恶臭分泌物;治疗原则主要是抗菌消炎,防止感染,清除子宫渗出物,促进子宫收缩。

病案拓展

案例一:本地母水牛一头,3.5岁,营养下等,于5月27日求诊。主诉:今年三月曾患胎动症,经治已愈,5月18日,发生难产,经助产,胎儿引下后而阴道脱出,整复后一段时间阴户排出带血恶露,曾按湿热带下病处治,服药10余剂。

临床检查:阴户不时流出鼻涕样的灰白色分泌物,精神沉郁,不愿运步,饮食减半,毛焦体瘦。

临证所见:神色倦怠,形体消瘦,皮毛焦枯,行走缓慢,二便无异,食欲和反刍减少,心跳43次/min,瘤胃蠕动21次/2 min,持续时间短,力弱,体温38.1 ℃,口色淡白,脉象微弱,阴户排出鼻涕样的灰白色分泌物,气味腥臭,直肠检查子宫粗硬,敏感。阴道黏膜粉红。

中兽医辨证:"久病必虚","穷必及肾",加之苦寒之品久用,伤及肾阳,则命门火衰,冲任失其固摄,带脉不能约束,故胞中之液滑脱而下,带下色白而清稀,属肾虚带下之里虚证。宜温肾止带,大补气血,方用加味四物汤。

为增强畜体抗病能力,静脉注射10%葡萄糖液1 000 mL,10%安钠加15 mL;肌肉注射10%

磺胺二甲基嘧啶50 mL。0.1%高锰酸钾液2 000 mL冲洗子宫，并嘱冲洗子宫后，牵牛上坡，以促进排出冲洗液，事后加喂精料。

临床复诊：5月28日上午，体温38.1 ℃，呼吸18次/min，耳、鼻、背及四肢皮温均已转暖，前一晚还吃了一些谷草，采食青草转为正常，精神好转。阴户排出的分泌物减少。

治疗处方：以0.1%高锰酸钾液3 000 mL冲洗子宫。党参60 g、黄芪70 g、白术60 g、熟地黄70 g、白芍60 g、山药60 g、陈皮50 g、苍术50 g、柴胡50 g、甘草20 g。用法：煎水，候温，5次内服，1日3次。

同日下午，水牛精神更为好转，饮水增加，难见阴户分泌物，但仍体疲形羸，运步无力。

为巩固疗效，仍以0.1%高锰酸钾液2 000 mL冲洗子宫，并以完带汤加减调其善后。

预后：经3次处治后未再求诊。

案例二：畜主饲养8头母猪，发情正常，配种4次均不受孕。畜主用西药处理过4个疗程，均不见效，认为白养几个月，想要淘汰。

临床检查：有1头母猪阴户流出白色带臭味的黏液。

中兽医辨证：母猪湿热带下。

治疗措施：挖白背叶根，洗净取250 g，切片，加水1.5 kg煎至水剩0.6 kg，直接拌料饲喂患病母猪1天1剂，连服3剂。第3天阴户流出白色黏液无臭，量明显减少，第5天基本无黏液流出。待母猪到发情周期，发情正常，阴户没有流出臭味黏液，配种受孕，产仔12头。

方解：白背叶根清热祛湿、收涩活血，用于肝炎、肠炎、淋浊、带下等症。白背叶根为大戟科植物白背叶的根。主要含白背叶氰碱、白背叶脑甙、胡萝卜甙等。

注：母猪带下及恶露不尽均属于母猪子宫内膜炎范畴，是猪场较常见的产科疾病，兽医通常采用西医治疗，有一定效果，但病情时有反复，不易根治。在中兽医方面，则辨证施治、扶正祛邪、调和阴阳，疗效不错。湿热带下也可以采用清热解毒、活血化瘀、祛腐排脓的中草药方剂治疗，组方大黄、栀子、生地黄、赤芍、桃仁、益母草、归尾、猪苓、前仁、地肤子、木通、泽泻可取得较好疗效，尤其以胎衣瘀滞、流产、死胎等症状引起的案例，疗效更显著。方中大黄、栀子能排脓泻下，能把子宫、阴道内的异物排泄出来；生地黄、赤芍能行血、活血；桃仁、益母草、归尾能理气、生新化瘀，防止毒血症；猪苓、前仁、地肤子能清热除湿；木通、泽泻通血脉、利尿，诸药合理配伍，疗效甚佳。

第三章

产前不吃

本章导读

产前不吃是什么病证？引起产前不吃的主要病因与病机是什么？怎样辨证？主要有哪些证型？辨证要点主要有哪些？怎么治疗与护理？本章将一一解答这些问题。

学习目标

（1）了解母畜产前不吃的病因、病机，熟悉其主要症状与辨证分型，辨证要点，掌握治疗原则与常用处方，掌握临床母畜产前不吃辨证论治方法与技巧。

（2）培养对临床产前不吃辨证论治和临床相关疾病诊治的能力。

（3）理解母畜产前不吃的复杂性，建立临床辨证论治的整体观，培养综合分析问题的能力，坚持严谨的工作态度与作风。

> 产前不吃,是孕畜分娩前一月左右呈现顽固性不吃的代谢紊乱症,是胎产病中的一种重笃病证,常见于驴,马次之,猪亦罹患。多因脾胃虚弱、脾虚湿困、肝肾阴虚、胃滞等引起。据记载,其发病率为13.55%,死亡率为36.23%,以驴怀骡时更为多发,骡驹死亡率为65.21%,且多发于3~6月份,尤以1~3胎时发病率最高,故有"驴怀骡驹产前不食症"及"驴怀骡临产前拒食症"之称。
>
> 经查现存兽医古籍,未见著录。从资料来看,其主要特征之一是血液含脂率显著增高,血清呈乳白色浑浊,故名"怀骡的母驴脂血症"。由于主要病理反应为肝功能障碍、高脂血、高酮血、尿酮体、尿蛋白等可逆转性生化变化,主要病理特点是脂肪肝、肾脂变、实质器官和全身静脉瘀血和出血,故又名"驴、马怀骡的妊娠毒血症"或"妊娠中毒症"。

一、病因及病机

本证的发生主要由于脾胃虚弱、营养失调和逸伤等所致。

(一)脾胃虚弱

多由于脾胃虚弱,运化功能失常,导致脾胃不能运化水谷精微,食物积聚胃肠,阻碍气机致少食或不食。

(二)营养失调

多由于饲料单一,精料及青绿饲料补充不足,特别是可消化蛋白质含量不足,一些必要的氨基酸如赖氨酸、色氨酸、苯丙氨酸和甲硫氨酸等含量都很少。而怀骡的母畜在妊娠后期,由于胎儿发育迅速,营养的需要大为增加。据文献记载,胎儿血液内必需的氨基酸分别达怀孕母畜血液内含量的3~10倍。因此,当母体所吸收的营养物质不能满足胎儿及其自身的需要时,首先消耗贮存的肝糖原,之后,还将脂肪转化为糖原利用,以供胎儿代谢的需要,从而加重肝脏代谢的负担,导致肝功能受损,代谢扰乱。

(三)逸伤

运动和轻度使役可增强孕畜的代谢功能,而缺乏运动则会使孕畜的全身代谢降低。据调查,因逸伤即发生本证的概率为65%~89.5%,这是因为缺乏运动的母畜,肌红蛋白结合氧放出少,氧气供应不足,糖的有氧氧化过程减弱,而糖的氧化是产生能量的主要来源,当这一过程减弱时,能量的供应减少,就动用体脂。由于动用过多的脂肪就使脂肪氧化不全,从而产生几种有毒性的中间产物,如丙酮、β-羟基丁酸、乙酰乙酸等,它们在母畜内蓄积,出现于血液和尿液中。由于营养不足和运动缺乏所导致的代谢紊乱呈渐进性的发展过程,最后因全身营养亏耗竭尽、代谢产物蓄积增多,形成恶性循环,终致心和肝的功能衰竭引发尿毒症而导致死亡。

二、症状及辨证

按照脏腑的病理变化,可分为脾胃虚弱、脾虚湿困、肝肾阴虚、胃滞、慢性肠黄及黄疸等六型。

(一)脾胃虚弱型

轻者食欲略减,重者不吃不喝,一般精神减退,卧地不起,耳、鼻偏凉,肠音基本正常,排粪近正常或略稀软,口色淡,舌津湿润,无苔,脉弱。

属里虚证,病位在脾、胃二经。

(二)脾虚湿困型

口流黏涎,下唇松弛,腹部胀大,推压可感知水液(腹水或胎水)的冲击,耳、鼻、四肢皆凉,四肢乏力,饮食欲减少或停止,粪稀,口色淡红,舌体绵软而留齿痕,苔厚腻,脉象濡细微数。

属里虚证,病位在脾、肾二经。

(三)肝肾阴虚型

轻者,不吃少饮,耳鼻温热,体微热,粪干黑而少,尿短黄,口色红,舌津干而无苔,脉象细微;重者,不吃不喝,耳鼻俱凉,卧地难起,粪黑稀如水,口色红绛,脉象细弱,重则抽搐。

属里虚证,病位在肝、肾和脾经。

(四)胃滞型

食欲大减,或不吃不喝,肠音减弱,粪干、量少,或有慢性腹痛症状,口色稍红,口臭,舌津黏腻,舌苔黄白,脉数实。

属里实证,病位在胃和脾经。

(五)慢性肠黄型

病程较长,吃青草,不吃干草及干料,甚或不吃不喝,耳根俱温,咳嗽,肠音弱或强,粪干黑而少,夹有多量黏液,粪时干时稀,口色稍红,少苔,脉象数而无力。

属里虚热证,病位在大小肠经。

(六)黄疸型

多见于马,可分阳黄和阴黄。

1. 阳黄

见于病的初期,可视黏膜鲜明如橘黄,耳鼻发热,心动急速,腹胀,便秘,粪干量少,常带黏液,尿浓色黄,口色黄如橘,舌津干,舌苔黄腻,脉象数而有力。

属里湿热证,病位在肝、胆和脾胃经。

2. 阴黄

见于病的中后期,黏膜黄染,色暗如熏黄,心动急速,心音弱,精神不振,眼闭头低,粪便溏泻,口色暗黄如熏状,舌苔薄白或白,脉象虚缓。

属里虚湿证,病位在肝、脾二经。

三、辨证要点

(1)本证以产前食欲大减或少食、体瘦、神衰等主症为临证辨证依据。但应注意分辨脏腑的不同证候。

(2)宜结合实验室检查以帮助判断,下列各项可作为客观指标:血清乳白(驴)或暗黄(马),混浊,β-脂蛋白升高,胆固醇升高,麝香草酚浊度增强,谷草转氨酶升高,黄疸指数升高,胆红素总量增加,血、尿有酮体,粪潜血检验阳性等。

(3)本证突出的证候是虚证,因而更应注意"大实有羸状,至虚有盛候"的虚中夹实、虚虚实实的复杂变化,其主矛盾是虚证,当虚中夹实时,应注意辨别,不可误诊。

(4)本证病程较长,一般数天到一个月。马的预后较好。驴发病后食欲很快废绝,经过治疗如不分娩或不见好,病程拖延7~10天以上,由于肝、肾发生严重病变,不易治好,预后不良;凡能吃几口草料,经过治疗,且注意护理,病情稳定,预后较好;发病时间不长即分娩者,往往产后不久自愈。发病距分娩期越近,预后越好,若病期较长,且病情严重,有的虽产后骡驹存活,而母驴死亡。因此,发病后应尽早治疗,越早越好。

四、护理及预防

病畜饮食欲废绝,是病情进一步恶化的指征。因此,必须精心护理,促使病畜恢复食欲和饮欲。草料应柔软且适口性强,勤更换,辅以精料,每天灌服精料粥1~2次,同时适当牵行运动,并任其自由活动,病情好转,逐渐给予高蛋白饲料。畜舍应保持干燥,通风温暖,如娩出乏力者,应及时取出胎儿。

平时要合理搭配饲料,加强饲养管理。怀孕后应喂给质量较好的饲草和多样化的精料,随怀孕期的增加而选多种精料,同时,更要特别注意进行适当的运动,最好应有专人管理,有条件者,可进行放牧。

五、治疗

治疗原则:根据"虚则补之"的原则,采用中西兽医结合,分型论治。脾胃虚弱者,宜补益脾气,固养胎元;脾虚湿困者,宜醒脾化浊,理气和血;肝肾阴虚者,宜滋阴清热,疏肝理气;胃滞者,宜理气和中,消食导滞;慢性肠黄者,宜清热解毒,润肠通便;阳黄者,宜清利湿热,利胆健脾;阴黄者,宜补气益血,解郁利湿。

(一)西药治疗

大剂量输入高渗葡萄糖及大剂量维生素B_1和维生素C,可明显地使血清混浊度及血清总脂含量下降,使全身状况有所好转。若结合应用中药,则获效更佳。

(二)方药治疗

1.泰山磐石饮加味

适用于脾胃虚弱型。

组成：

当归30 g	白芍25 g	熟地黄25 g	川芎18 g	党参30 g
白术25 g	炙甘草15 g	炙黄芪30 g	续断25 g	黄芩20 g
砂仁18 g	柴胡18 g	青皮18 g	枳壳15 g	

用法：共为末，开水冲调，候温灌服，1日1剂，连用三剂。

方解：本方前十一味药为泰山磐石饮原方。方中以党参、白术、炙黄芪、炙甘草补脾益气，以助补血为主药；当归、川芎、熟地黄、白芍养血调血，以固胎元为辅药；续断、砂仁、黄芩清热保胎，理气开胃，益肝肾为佐药；柴胡、青皮、枳壳疏肝理气为使药。诸药相合，相辅相成，补气血、益肝肾、理气疏肝、益元保胎。

加减：若体壮者，可酌减党参、黄芪、熟地黄，加陈皮20 g、大黄18 g、桑寄生20 g、神曲30 g、麦芽30 g、米醋60 mL；口腔津液少，口色淡白，气虚无力，易熟地黄为生地黄，加麦冬20 g。

2.补中益气散

适用于脾胃虚弱型。

组成：

| 黄芪75 g | 党参60 g | 白术(炒)60 g | 炙甘草30 g | 当归30 g |
| 陈皮20 g | 升麻20 g | 柴胡20 g | | |

用法：粉碎，混匀拌料或煎煮，去渣，空腹温服。马、牛250～400 g；羊、猪45～60 g。

方解：本证多由饮食劳倦、脾胃气虚、清阳下陷所致。脾胃为营卫气血生化之源，脾胃气虚，纳运乏力，故见饮食减少，少气懒言，大便稀溏；脾主升清，脾虚则清阳不升，中气下陷，故见脱肛，子宫脱垂等；清阳陷于下焦，郁遏不达则发热；气虚腠理不固，阴液外泄则自汗。方中黄芪味甘微温，入脾肺经，补中益气，升阳固表，故为主药；党参、炙甘草、白术，补气健脾为辅药；当归养血和营，协人参、黄芪补气养血，陈皮理气和胃，使诸药补而不滞，少量升麻、柴胡升阳举陷，协助君药以升提下陷之中气，共为佐药；炙甘草调和诸药为使药。

3.平胃散加味

适用于脾虚湿困型。

组成：

苍术60 g	党参90 g	薏苡仁150 g	厚朴45 g	草豆蔻30 g
大腹皮60 g	石菖蒲20 g	茯苓120 g	柴胡20 g	升麻15 g
醋香附30 g	陈皮15 g	炙甘草30 g	麦芽60 g	

用法：煎汤，去渣，候温灌服，1日1剂。

方解:党参、炙甘草、升麻、柴胡补中益气,升提中阳为主药;苍术、厚朴、陈皮、草豆蔻、醋香附、麦芽燥湿醒脾,理气化浊,消食导滞为辅药;薏苡仁、茯苓、大腹皮淡渗化湿消腹水及胎水为佐药;石菖蒲芳香开窍,化湿和胃以协调诸药为使药。诸药相合,消补并用,消水而不伤正,补益中阳以制水。

4.一贯煎加味

适用于肝肾阴虚型。

组成:

| 麦冬30 g | 当归30 g | 生地黄45 g | 枸杞30 g | 北沙参30 g |
| 川楝子12 g | 白芍30 g | 柴胡15 g | 郁金25 g | |

用法:共为末,开水冲调,候温灌服,1日1剂。

方解:方中前六味为一贯煎原方。生地黄、当归、枸杞补肝益肾,滋阴清热为主药;北沙参、麦冬、白芍和胃养阴,柔肝凉脾为辅药;柴胡、郁金疏肝活血为佐药;川楝子疏肝理气通络为使药。

加减:若肝功能损害较重者,加五味子20 g、丹参15 g;若粪干便秘者,加瓜蒌仁45 g、蜜60 g;若食欲大减者,加麦芽30 g、米醋120 mL。

5.六味地黄丸

适用于肝肾阴虚型。

组成:

熟地黄60 g	白芍30 g	当归15 g	川芎12 g	炒山药30 g
炒栀子30 g	炒黄芩30 g	山茱萸30 g	炒丹皮30 g	知母20 g
石韦30 g				

用法:煎水,1日1剂,候温灌服,连用2~3剂。

方解:熟地黄、白芍、当归、川芎养血调血以养肝肾阴血为主药;炒山药、山茱萸益肝肾,补中益气为辅药;炒黄芩、炒栀子、炒丹皮滋阴降火以除热为佐药;石韦清热化湿以利水为使药。

加减:便干者,加郁李仁;拉稀、口淡者,加白头翁、茯苓;口深红或带紫,苔黄白,脉细,粪干带黏液者,加焦三仙、生地黄、枳壳。

6.曲蘖散加味

适用于胃滞型。

组成:

神曲40 g	麦芽40 g	山楂40 g	甘草15 g	厚朴25 g
枳壳25 g	陈皮30 g	青皮25 g	苍术30 g	玄参40 g
麦冬25 g				

用法:煎水,候温,灌服,1日1剂,连用2~3剂。

方解:神曲、麦芽、山楂消食导滞为主药;玄参、麦冬养阴生津,清热和胃为辅药;苍术、厚朴、陈皮、青皮、枳壳理气健脾,柔肝消滞为佐药;甘草调和诸药,以理脾胃为使药。

加减:粪便干燥者,加大黄30 g、芒硝40 g。

7. 郁金散加味

适用于慢性肠黄型。

组成:

| 郁金40 g | 黄芩40 g | 黄连30 g | 黄柏40 g | 大黄25 g |
| 栀子40 g | 白头翁45 g | 诃子30 g | 陈皮30 g | |

用法:煎水,候温,1日1剂,连用2~3剂。

方解:郁金、大黄凉血清热,散瘀消肿,泻血热为主药;黄连、黄芩、黄柏、白头翁清热燥湿,止痢为辅药;诃子酸涩,收敛止泻为佐药;陈皮理气健脾为使药。

加减:兼有抽搐者,加远志、石菖蒲、朱砂、柏子仁;腹痛者,加玄胡、乳香、没药。

8. 济世消黄散加减

适用于慢性肠黄型。

组成:

紫菀10 g	冬花12 g	大黄25 g	贝母10 g	知母15 g
黄药子10 g	白药子10 g	甘草6 g	桔梗10 g	连翘12 g
黄芩15 g	枳壳15 g	茵陈15 g	滑石15 g	麻子仁45 g
蜂蜜125 g				

用法:共为末,开水冲调,加蜜,候温灌服,1日1剂,连用2~3剂,待病畜粪便通畅时,即停服换方。

方解:黄药子、白药子、黄芩、连翘、知母、茵陈清热燥湿,解毒泻火,滋阴利胆为主药;紫菀、冬花、贝母、桔梗、枳壳清肺润燥,宣通肺气,宽胸利膈,祛痰止咳为辅药;大黄、滑石泻血热,推陈致新,化湿利窍为佐药;麻子仁、蜂蜜清热润肠,解毒为使药。

9. 龙胆泻肝汤加味

适用于阳黄型。

组成:

茵陈60~120 g	栀子30~45 g	柴胡30~45 g	龙胆草30~60 g
半夏15~25 g	陈皮25~30 g	苍术25~30 g	厚朴25~30 g
藿香25~30 g	黄芩10~15 g	蜂蜜250 g	滑石30 g(另包,后入)
甘草15 g	车前子15~25 g		

用法:煎汤,候温调蜜,口服,1日1剂,连用2~3剂。

方解：龙胆草、茵陈、柴胡泻肝胆湿热，利胆退黄为主药；栀子、黄芩清利湿热，以助泻肝胆郁热为辅药；苍术、厚朴、陈皮、藿香、半夏健脾和胃，调和肝脾，降逆止呕，燥湿理气为佐药；甘草、蜂蜜、滑石润燥滑肠，解毒利湿，引热出下窍为使药。

10. 强肝汤

适用于阴黄型。

组成：

党参60 g	黄芪45 g	当归30 g	白芍25 g	生地黄30 g
山药20 g	黄精25 g	丹参30 g	郁金30 g	泽泻25 g
山楂60 g	板蓝根30 g	神曲60 g	秦艽20 g	

用法：煎水，候温，口服，1日1剂，连用2~4剂。

方解：党参、黄芪、山药补中益气，实脾运湿为主药；当归、白芍、生地黄、黄精滋阴补血，养肝和营为辅药；丹参、郁金、秦艽、板蓝根清解虚热，散瘀疏肝，解毒化湿为佐药；山楂、神曲、泽泻消食导滞，利水化湿为使药。

加减：食欲差甚者，重用山楂、神曲、炒莱菔子、鸡内金；伴有腹痛者，加川楝子、香附子、青皮；腹胀者，加大腹皮；便溏者，重用党参、苍术、白术，选用茯苓、白扁豆、诃子；黄疸深重者，加金钱草、郁金、败酱草，有出血倾向者，加白茅根、旱莲草、白药子、茜草。

以上中西医结合进行处治，经兰州兽医研究所和甘肃农业大学案例统计，治愈率为58.6%~91%之间，且疗效随着辨证论治的准确程度而提高。

本章小结

本章介绍了母畜尤其是怀骡母驴、马产前不吃的病因、病机、辨证及其辨证要点，产前不吃的护理、预防和治疗手段。通过理论结合案例学习，掌握母畜产前不吃的诊断和辨证论治法则，熟悉常用的治疗产前不吃的方法，为临床上预防和治疗母畜尤其是怀骡母驴、马的产前不吃提供方案。

本章概念网络图

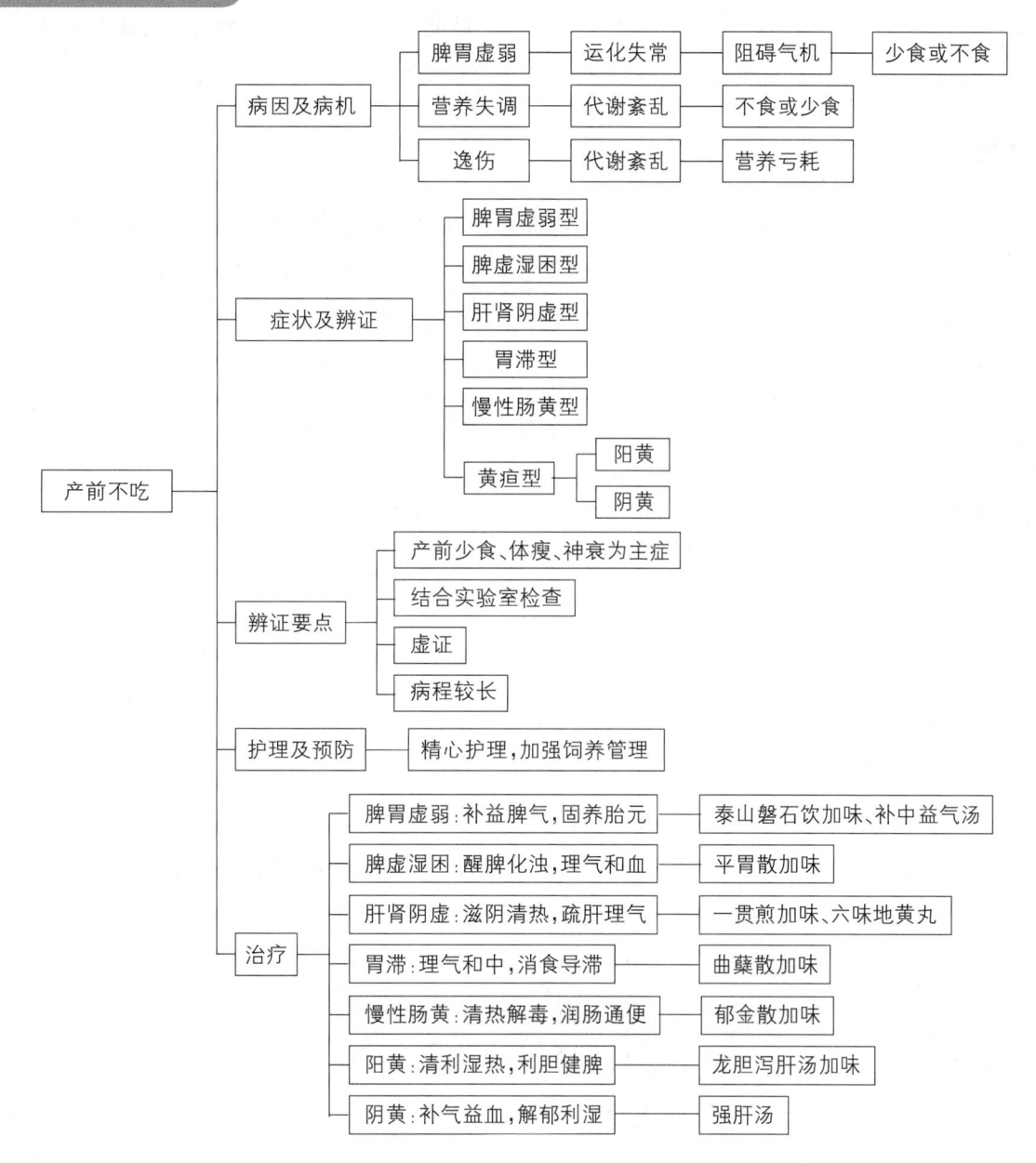

```
                          ┌─ 脾胃虚弱 ─ 运化失常 ─ 阻碍气机 ─ 少食或不食
              病因及病机 ──┼─ 营养失调 ─ 代谢紊乱 ─ 不食或少食
                          └─ 逸伤 ─── 代谢紊乱 ─ 营养亏耗

                          ┌─ 脾胃虚弱型
                          ├─ 脾虚湿困型
              症状及辨证 ──┼─ 肝肾阴虚型
                          ├─ 胃滞型
                          ├─ 慢性肠黄型
                          └─ 黄疸型 ──┬─ 阳黄
                                      └─ 阴黄
  产前不吃 ──┤
                          ┌─ 产前少食、体瘦、神衰为主症
              辨证要点 ──┼─ 结合实验室检查
                          ├─ 虚证
                          └─ 病程较长

              护理及预防 ── 精心护理,加强饲养管理

                          ┌─ 脾胃虚弱:补益脾气,固养胎元 ── 泰山磐石饮加味、补中益气汤
                          ├─ 脾虚湿困:醒脾化浊,理气和血 ── 平胃散加味
                          ├─ 肝肾阴虚:滋阴清热,疏肝理气 ── 一贯煎加味、六味地黄丸
              治疗 ──────┼─ 胃滞:理气和中,消食导滞 ──── 曲蘖散加味
                          ├─ 慢性肠黄:清热解毒,润肠通便 ── 郁金散加味
                          ├─ 阳黄:清利湿热,利胆健脾 ──── 龙胆泻肝汤加味
                          └─ 阴黄:补气益血,解郁利湿 ──── 强肝汤
```

思考与练习题

(1)从脾虚的病机出发确定产前不食证的治疗原则。

(2)哪些诊断信息可以作为母畜不食的辨证要点?

(3)分析泰山磐石饮的配伍规律和主治证。

(4)请对以下病例进行分析及辨证论治,分析处方用药的特点及护理要点。

案例一:一母驴,齐口,带骡驹10个月,头3天少食半数,并喜食异物(草绳),昨晚和今早不食,精神沉郁,口唇肥厚松弛。体温38.2 ℃,脉搏72次/min,呼吸18次/min,口腔潮红,眼结膜充血,肠音极弱,心音快而弱,大便少而带水,每次排4~5个粪球,髋结节下一掌处,可抽到腹水。直检:膀胱积尿,卵巢肿硬似掌大,肾脏变大。

案例二：一母驴，七岁，5月13日就诊。主诉：该驴已怀骡驹十个月，前三天发现不吃料，到今天吃草也减少了，粪便干小发黑，尿正常，饮水正常。临床检查：脉搏63次/min，呼吸14次/min，体温37.4 ℃，眼结膜发红而稍带黄，口发黏，肠蠕动音减弱，其他检查无异常变化。

拓展阅读

母畜产前不吃食，大部分情况下都是生理原因导致的。母畜在妊娠后期，由于胎儿压迫肠道，很容易引起便秘，造成便秘不吃。但有的母畜在产前并没有便秘的情况，精神状态看起来也正常，这种情况很可能是母畜亚健康状态造成的。长期的不合理饲养、营养单一，再加上缺乏运动都是造成母畜亚健康的原因。如果是生理原因造成母畜产前不吃，治疗时以通便缓解便秘为主，可以使用开塞露给母畜通便，同时饮水添加补充各种维生素、氨基酸，可以调理母畜的肠道，增加母畜的食欲。如果是亚健康状态造成的母畜产前不吃，要改善母畜的亚健康状态，提升母畜的体质，调理母畜肠道功能，补充母畜所需要的营养。

病案拓展

案例：一头膘情体况中等的怀骡驹老母驴就诊。主诉：前十来天就不好好吃草，近日只吃一两口，再过10天将产驹。

临床检查：精神很沉郁，胸前颤动，结膜树枝状充血，流泪，口干臭，口色绛红，舌苔灰白，很厚，苔下层厚腻，上层芒状，舌温偏高，肠音极弱，粪球干小，暗绿黄色，覆厚层黏液。用投药管吹气时，从胃中反出恶心的腐臭味，心悸亢进，心音强感，第一心音分裂，脉搏每分钟66次，静脉血紫黑。体温37.3 ℃，呼吸稍快。

中兽医辨证：根据病状，口干臭，苔厚，舌温偏高，口色绛红，肠蠕动极弱，粪干小暗黄，结膜呈树枝状充血，流泪，血紫黑，是阳明腑[①]实热，胃滞型产前不食。

治疗处方：从入院第二天起，每日静脉注射葡萄糖50 mL，生理盐水1 000 mL，5%小苏打针250 mL，2×10 mL复合维生素B一盒，2×10 mL肝泰乐针一盒，5×5 mL乌洛托品针一盒。到第六日血变红，毒血症基本解除后减小苏打水针、乌洛托品、复合维生素B减成5支，增10%10 mL安钠咖1支。到第八日后每日输10%葡萄糖盐水，肝泰乐一次。入院后第二天还灌服硫酸钠450 mL，石蜡油500 mL，到第三日泻出污绿色恶臭稀粪；第五日生小骡驹，第八日肠胃有害内容物排尽后，煎服八珍健脾复元汤：当归35 g、白术25 g、云苓25 g、熟地黄25 g、陈皮25 g、木香25 g、肉蔻20 g、莲子50 g、山药50 g、通草25 g、益母草50 g、生蒲黄25 g、车前子25 g。

预后：药后泻止，食欲、乳量大增，第12日基本痊愈而带驹出院。

[①] 阳明腑在中医理论中，主要是指与阳明经相关的脏腑，特别是手阳明大肠经和足阳明胃经所联系的脏腑，即大肠和胃，它们对应西医的消化系统，从胃到十二指肠、小肠和大肠。这个系统在中医里被整体视为"脾"的功能范畴，但需要注意的是，这里的"脾"并非单纯指现代医学中的脾脏，而是包括脾胃在内的整个消化系统的综合体现。

第四章

妊娠期疾病

本章导读

妊娠期疾病主要有哪些？胎躁、胎气、胎动、难产、流产、胎死不下等病证主要有哪些症状？其主要病因与机理是什么？怎样辨证论治？本章将一一解答这些问题。

学习目标

(1)了解母畜妊娠期胎躁、胎气、胎动、难产、流产、胎死不下等主要病证、病因、病机，熟悉病证分型，掌握治疗原则与常用处方，掌握临床母畜妊娠期疾病辨证论治方法与技巧。

(2)培养对临床妊娠期疾病辨证论治和指导临床相关疾病诊治的能力。

(3)掌握母畜妊娠期疾病辨证论治，理解母畜妊娠期疾病的复杂性，培养临床辨证论治的整体观与综合分析问题的能力，坚持实事求是的工作作风。

妊娠期家畜气血不调,容易引发胎躁、胎气、胎动、难产、流产、胎死不下等。我们这里着重讨论妊娠期疾病的发病原因、病机、症状与辨证、护理和治疗的一些问题。

第一节 胎躁

胎躁,是孕后子宫受热,胎动不安之证。以食少、喜饮水、躁动不安、磨齿等为特征。各种动物均可发生,常见于牛。

一、病因及病机

(一)过度劳役

多由于役畜使役无节,过度劳役,而劳伤心血,津液受损则血热,役伤肝;过度使役则肝气壅滞,或因木郁乘脾土,故心不主血,肝不藏血,脾不运血以充益冲任二脉;加之血热,则胎躁而躁动不安,木郁乘脾土则食欲不振,血热则贪饮。

(二)久渴失水

由于气候炎热,久渴失水,令畜口干舌燥,贪水,胃肠蠕动缓慢,食欲不振,躁动不安。

二、症状及辨证

孕畜见水就喝,食欲不振,躁动不安,磨齿,口黄焦暗,小便混浊,苔黄舌赤,干燥无津,脉象洪大而数。

属里热证,病位在脾、胃经。

三、辨证要点

(1)以孕后发生食少,喜饮水,躁动不安,磨齿,口黄舌赤,干燥无津,脉象洪大而数等主证为临证辨证的依据。

(2)如能精心护理及改善饲养管理,经处治后,可望痊愈。

四、护理及预防

患畜应勤饮少喝,节制使役,忌猛喝多喝。此外,应注意保护胎儿。

五、治疗

1.治疗原则

滋阴凉血,调气安胎。

2.方药治疗

可用生津四物汤治疗。

组成:

| 霜桑叶 60 g | 天花粉 30 g | 当归身 30 g | 川芎 25 g | 生地黄 45 g |
| 炒白芍 15 g | 黄芩 45 g | 土白术 30 g | 陈皮 15 g | 川厚朴 30 g |

用法:共为末,开水冲调,候凉,1次内服,1日1剂。

方解:霜桑叶、天花粉生津退热为主药;当归身、川芎、生地黄、炒白芍养血生津,凉血清热为辅药;黄芩、土白术清热安胎,燥湿健脾为佐药;陈皮、川厚朴调气开胃为使药。

注:亦可加乌梅,则可生津止渴,疗效更好。

● 本节小结 ●

本节介绍了怀孕母畜胎躁的病因、病机、辨证及辨证要点;胎躁的护理、预防和治疗手段。通过理论结合案例学习,掌握母畜胎躁的诊断和辨证论治法则,熟悉常用的治疗胎躁的组方,为临床上预防和治疗母畜胎躁提供方案。

本节概念网络图

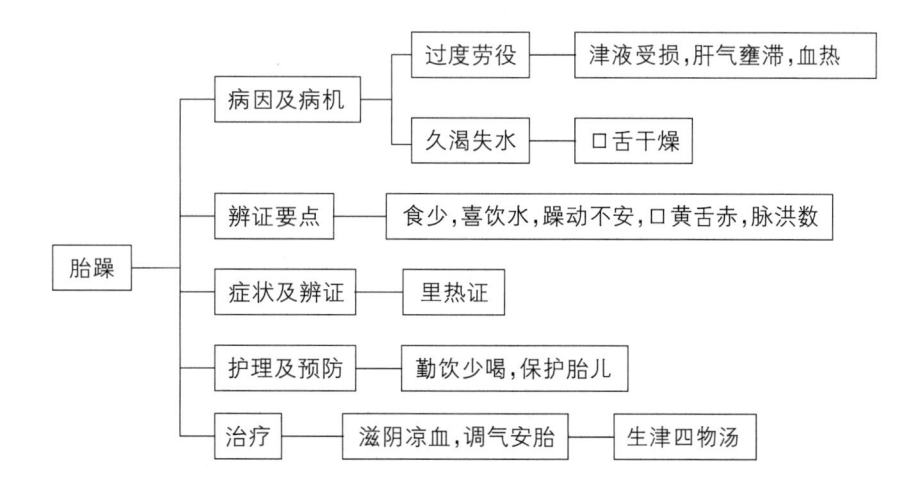

```
                    ┌─ 过度劳役 ── 津液受损,肝气壅滞,血热
        ┌─ 病因及病机 ┤
        │           └─ 久渴失水 ── 口舌干燥
        │
        ├─ 辨证要点 ── 食少,喜饮水,躁动不安,口黄舌赤,脉洪数
胎躁 ────┤
        ├─ 症状及辨证 ── 里热证
        │
        ├─ 护理及预防 ── 勤饮少喝,保护胎儿
        │
        └─ 治疗 ── 滋阴凉血,调气安胎 ── 生津四物汤
```

思考与练习题

(1) 从饲养管理角度分析现代养殖场母畜胎躁的病因是什么。

(2) "生津四物汤"为什么能治疗胎躁证?

(3) 请对以下病例进行分析及辨证论治,思考处方的用药特点及护理要点。

一母水牛,9岁,役用,营养中上,体重约400 kg,于11月28日就诊。主诉:已孕九月余,昨天犁田时就爱走,今天该畜躁动不安,间有起卧,阴道流出黏液,阴户稍肿。临证所见:精神欠佳,不安,间有起卧,右腹下沉,不愿行走。食欲正常,喜饮冷水,呼吸急促,阴户稍肿,阴道流出黄白夹杂的黏液,心跳82次/min,胸下有一黄肿,温高,内有波动感,口色红,脉象洪数。

拓展阅读

分娩是妊娠期满、胎儿发育成熟、母体将胎儿及其附属物从子宫排出体外的生理过程。特指胎儿脱离母体成为独立存在的个体的这段时期和过程。分娩的全过程共分为3期,也称为3个产程:第一产程,即宫口扩张期;第二产程,即胎儿娩出期;第三产程,即胎盘娩出期。

第二节 胎气

胎气,是指母畜怀孕期间气机不畅,产前腿肿之证,以四肢虚肿,把前把后,抽搐难行,耳耷头低等为主证。猪、牛、羊、马等动物均可罹患。

一、病因及病机

(一)逸伤

多由于运动不足,久逸伤肝,致肝不主筋;或是久立伤筋,致筋骨软弱而抽搐难行。由于久逸伤肝,肝郁而乘脾土,则运化无力,脾不主肉和将精气贯注四肢,致四肢浮肿,把前把后,抽搐难行。

(二)劳伤

多由于役畜使役无节,劳伤过度,致血脉迟涩;由于劳伤肾气,致火弱土衰,则脾运无力,四肢浮肿,把前把后,抽搐难行。《元亨疗马集》指出,夫胎气者,胎中气不顺也。皆因妊娠太重,外感内伤,劳伤太盛,清气不升,浊气不降,清浊不分,以致子宫烦躁,胎脏不宁,日久遍行经络,令兽四肢虚肿,抽搐难行,把前把后,耳耷头低,此谓胎气流行经络也。

(三)风寒内侵

多由于气候突变,或被贼风侵袭,或寒夜露宿,或寒夜劳役,致风寒入体,由于风伤肝,肝气郁滞,而不主筋,木郁乘土而脾运无力,脾不主肉和将精气贯注四肢,致抽搐难行和四肢浮肿。又因寒伤肾阳,而命门火衰,火不生土,水火不济,肾水上凌脾土,致脾运不健而肢体无力,四肢浮肿。

(四)饲料不足

多由于喂少役多,饲料不足,或饲料过于单一,致饥伤肌,毛焦肉减,或维生素D及钙盐的缺乏,而臀部肌肉张性减弱,腰荐肌肉紧张性降低,致不能站立。

二、症状及辨证

临证中常根据脏腑证候的表现而分为脾虚、肾虚及气滞三型。

(一)脾虚型

多于妊娠后期发病,病情轻。四肢和腹下浮肿,肿处偏冷,指压留痕,无疼痛,食欲减退,精神倦怠,口色淡,苔淡白而润,脉滑无力。

属里虚证,病位在脾、肾经。

（二）肾虚型

患畜阴部、乳房、腹下及四肢浮肿，肿势剧，胯靸腰拖[①]，食欲减退，精神不振，尿少，口色淡，舌苔白而湿润，脉象沉迟。

属里虚证，病位在肾、脾经。

（三）气滞型

胸围增大，腹下及四肢浮肿，拘行束步，把前把后，日渐消瘦，耳耷头低，食欲不振，口色淡红，舌苔厚腻，脉象弦滑。

属里虚气滞证，病位在脾、肝二经。

三、辨证要点

(1) 以孕畜四肢虚肿、把前把后、抽搐难行、卧地不起等主症为临证依据。

(2) 宜结合病因、病机及病期等进行辨证分型。

(3) 如发生在产前较久，因继发其他疾病而恶化，如系妊娠末期，则分娩后很快康复。

四、护理及预防

对病畜应精心饲养，勿受风寒，忌卧湿地和喂生料或过饮冷水，并应加草料，适当运动，限制饮水，按摩水肿组织。凡烈性泻药、烈性利尿药，均不宜使用。

五、治疗

治疗原则：滋补安胎，调和气血。脾虚者，重在健脾利水；肾虚者，重在温化水湿；气滞者，重在理气行滞。

（一）针灸治疗

按虚实补泻原则予以补泻手法进行治疗。可选百会、掠草、抢风（中脘）为主穴，配以山根、丹田、苏气、肾门、开风、路股、邪气、汗沟、牵肾、黄金、扯脚等穴，每次选穴2～4个为妥，亦可结合使用多法治疗。

（二）中药治疗

可酌情选用下方加减治疗。

1. 补益当归散加减

适用于肾虚型胎气。

组成：

全当归45 g　　补骨脂10 g　　血竭30 g　　骨碎补45 g　　昆布45 g

[①] 胯靸（sǎ）腰拖是马匹的一种疾病，表现为背腰拱起、腰脊僵硬等症状。

红花 30 g　　白芍 45 g　　荷叶 60 g　　益母草 45 g　　没药 30 g

甜瓜子 30 g　　龟板(酥)30 g　　漏芦 30 g　　胡芦巴 45 g　　连翘 30 g

黄酒 90 mL　　自然铜(醋炙)30 g

用法：煎水，候温，牛 3 次内服。

方解：全当归、红花、血竭、没药、白芍、自然铜、益母草养血调血，活血止痛，以益冲任，养胞宫，固胎元为主药；骨碎补、补骨脂、龟板、胡芦巴补肝肾，壮阳养阴，强筋骨为辅药；荷叶、漏芦、昆布、甜瓜子、连翘散瘀消肿，清热散结，止痛为佐药；黄酒散瘀消肿，下气为使药。

注：《中兽医诊疗经验第一集》及《中兽医诊疗经验第二集》均用本方治本病。因野生动物保护政策，本方中去除虎骨。

2. 当归散

适用于气滞型胎气。

组成：

全当归 60 g　　熟地黄 60 g　　白芍 45 g　　川芎 30 g　　枳壳 30 g

青皮 30 g　　红花 30 g

用法：煎水，牛 3～5 次内服，马减半。

方解：全当归、川芎、红花养血调血，散瘀滞为主药；熟地黄、白芍滋阴补血，缓中和营为辅药；枳壳破气消滞，气行则血行，血行则肿消痛止为佐药；青皮疏肝理气，止痛为使药。

3. 当归活络散

适用于肾虚型胎气。

组成：

当归 10 g　　血竭 10 g　　红花 10 g　　骨碎补 10 g　　川续断 25 g

炒没药 30 g　　牛膝 25 g　　木瓜 25 g　　胡芦巴 30 g

用法：共为末，开水冲调，候温，马 1 次内服。

方解：当归、血竭、红花、炒没药养血活血，散瘀止痛为主药；骨碎补、川续断、木瓜、胡芦巴补腰肾，壮筋骨为佐药；牛膝活血除湿，壮筋骨，引药过节为使药。

加减原则：前肢肿者，加桂枝 30 g、羌活 20 g、葛根 30 g，去胡芦巴；后肢肿者，加独活 30 g、炒杜仲 30 g。

4. 全生白术散

适用于脾虚型胎气。

组成：

土炒白术 30 g　　大腹皮 45 g　　茯苓皮 25 g　　桑白皮 25 g　　生姜皮 20 g

陈皮 25 g

用法：煎水，候温，内服，1 日 1 剂，连用 2～3 剂。

方解：本方为五皮饮加白术而成。方中以土炒白术补脾运水为主药；生姜皮、陈皮温中散寒，燥温健脾为辅药；大腹皮、茯苓皮化湿利水，以消水肿为佐药；桑白皮泻肺行水为使药。

（三）西药治疗

病初可在背部肌肉注射0.5%藜芦酒精溶液，按0.5~1.0 mL的剂量，每侧注射2~3处（总量为4~6 mL），经1~2天后，重复注射，可获效。

此外，静脉注射50%葡萄糖盐水250~500 mL，对消肿有一定的效果。

• 本节小结 •

本节介绍了怀孕母畜胎气的病因、病机、辨证及辨证要点；胎气的护理、预防和治疗手段。通过理论结合案例学习，掌握母畜胎气的诊断和辨证论治法则，熟悉适用于治疗不同型胎气的中药组方，为临床上预防和治疗母畜胎气提供方案。

本节概念网络图

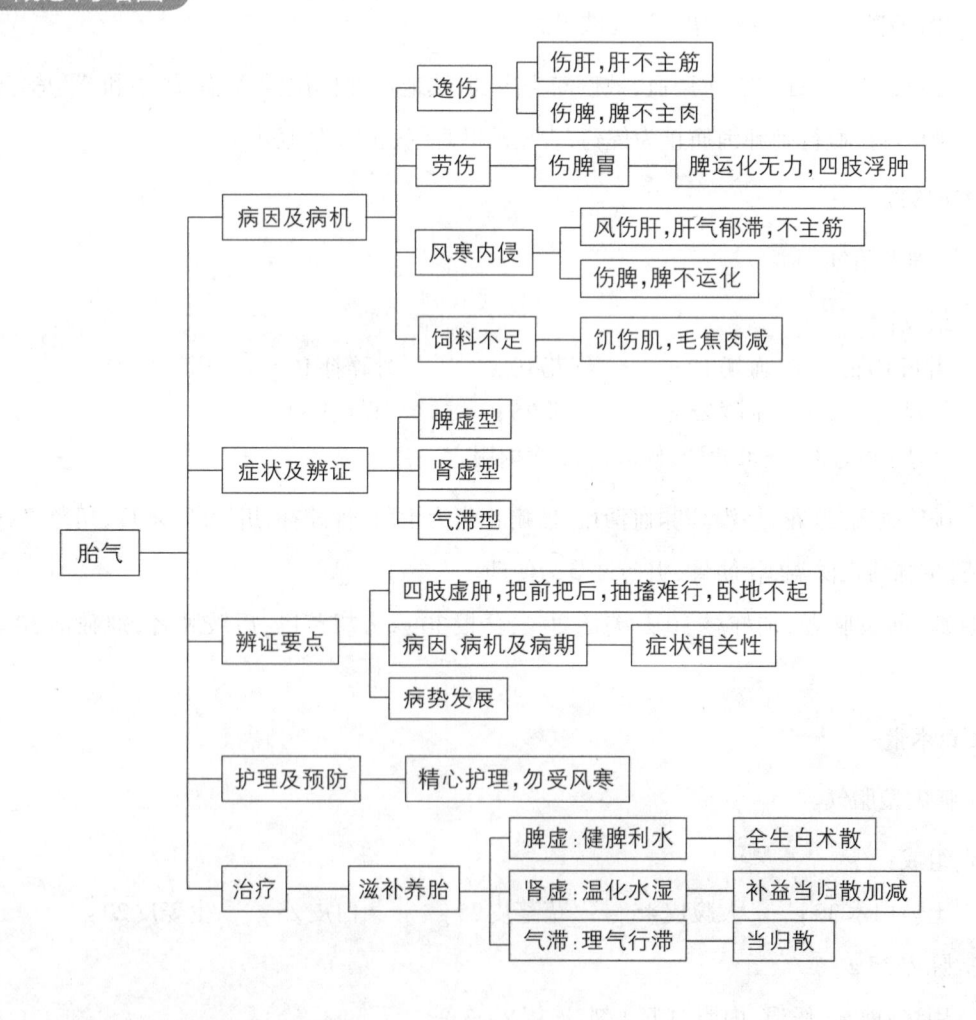

胎气
- 病因及病机
  - 逸伤
    - 伤肝，肝不主筋
    - 伤脾，脾不主肉
  - 劳伤 — 伤脾胃 — 脾运化无力，四肢浮肿
  - 风寒内侵
    - 风伤肝，肝气郁滞，不主筋
    - 伤脾，脾不运化
  - 饲料不足 — 饥伤肌，毛焦肉减
- 症状及辨证
  - 脾虚型
  - 肾虚型
  - 气滞型
- 辨证要点
  - 四肢虚肿，把前把后，抽搐难行，卧地不起
  - 病因、病机及病期 — 症状相关性
  - 病势发展
- 护理及预防 — 精心护理，勿受风寒
- 治疗 — 滋补养胎
  - 脾虚：健脾利水 — 全生白术散
  - 肾虚：温化水湿 — 补益当归散加减
  - 气滞：理气行滞 — 当归散

思考与练习题

(1)从胎气的证候表现分析胎气病的治疗原则。

(2)试述用"当归活络散"治疗肾虚型胎气的原理。

(3)请对以下病例进行分析及辨证论治,思考处方用药的特色及护理要点。

一母水牛,7岁,役用,营养中等,体重350 kg,于4月30日就诊。主诉:近来该牛一直在犁田,4月23日上午收工后喂给青草,到下午2时还剩有一些,又犁田一下午,晚上回家喂给的草至第二天早晨,还剩了很多。已孕七月,现食欲减少,肚胀,精神不好,不喜饮水,未喂过青杠叶。临证检查:精神沉郁,腹围较大,右侧较左侧更大,皮毛有光泽,行走缓慢,粪溏,一天一夜未见排尿,鼻镜汗少,口色淡,舌津滑腻,一天一夜还未吃完一背青草,反刍25口/次,咀嚼30次/口,心跳40次/min,瘤胃蠕动2~3次/2 min,持续10 s/次,声音低弱,无喘息和咳嗽,口、鼻及粪便未见特殊气味,体温37.4 ℃,耳、鼻、四肢及全身均较冷,按压皮肤留压痕,久不消失,直肠检查触知膀胱蓄尿,按压乃出,脉象沉迟。

拓展阅读

启动分娩的因素主要有以下几种。(1)内分泌因素:①胎儿内分泌变化(是启动分娩的决定性因素):胎儿的丘脑下部-垂体-肾上腺轴;②母体内分泌变化:孕酮降低;雌激素增加;催产素增加;皮质醇、前列腺素、松弛素增加。(2)机械性因素:因羊水减少,胎儿与胎盘和子宫壁之间的缓冲作用减弱,胎儿体积增大,刺激子宫兴奋性和紧张性。(3)神经性因素:通过神经传导垂体释放催产素增加,子宫收缩增强。(4)免疫学因素:前期黄体→孕酮增加、雌激素降低以及胎盘屏障抑制子宫肌收缩和免疫排斥作用。(5)怀孕后期PGF2α增加,孕酮降低、雌激素增加,是启动分娩的一个重要诱因。

第三节 胎动

胎动,又名胎病,是指母畜怀孕期间出现胎动不安、胎滑、胎漏、胎崩、胎损等证。以肚腹胀满、胁部跳动、努责蹲腰、气促喘粗、阴道溺浊等为主症,各种孕畜皆可罹患。

若后腹部跳动者,为胎动不安;若阴门下血,淋漏不尽者,为胎漏;流血甚多者,为胎崩;胎儿不到应产之时忽然而下,且胎形未成者,为胎坠;若胎形已成而下者,为小产,胎坠与小产,均称为胎滑;患畜运步点痛者为胎拐。

一、病因及病机

本病多由于气血虚弱、脾虚、肾虚、肝气郁滞、阴虚血热、跌打闪伤等所致。

(一)气血虚弱

多因孕畜体质虚,或孕畜曾患疾病,或劳役过度,以致气血虚弱,冲任不固,不能气化水谷精微而生血,则冲任虚损,胎失所养。

(二)脾虚

由于脾胃素虚,加之劳役过度,致"劳倦伤脾",脾运失健,不能运化水谷精微以生血,血虚则冲任虚损,胎失所养而发。

(三)肾虚

体质素虚,先天不足,肾气亏虚,冲任不固,无力以系胎。

(四)肝郁气滞

由于惊恐而肝气郁结,气机不畅,胎气受阻。

(五)阴虚血热

多因母畜遭受燥热过度,或过服辛热燥烈药品,故阴虚血热,热伏冲任,迫血妄行,不能滋养胎儿。

(六)跌打闪伤

多由于行走时不慎而发生跌打闪伤,急下陡坡,或过沟跳跃,或突然转弯,或追赶过急,或棍棒扑打,或重度劳役等,致损伤胎气。

《元亨疗马集》指出:"夫胎病者,胎驹患病也,皆因大马妊娠太重,肉满肥壮,起行不便,睡卧失调,仰四处,起之太急,过峡道猛转回身,以致亏伤孕马,内损胎驹。令兽肚腹胀满努责蹲腰,驹脆溺浊,气促喘粗,此谓胎动之症也。""马患胎病难医,努责蹲腰捉四蹄,腹胀本因子有病,胎伤痛闷涩淋漓,菜汁油脂涂手内,水门轻入即须知,驹活即嗤安胎药,驹亡水道取包衣。"

(七)其他

多继发于其他病证,因病重而胎元亏损所致。

二、症状及辨证

(一)虚寒胎动型

多发生于妊娠初期和后期。

患畜欣部跳动,蹲腰努责,腹痛不安,阴道溺浊,尿频成失禁,耳鼻发凉,口色淡白,脉象沉迟无力。

属里虚证,病位在肾经和胞宫。

(二)血热胎动型

多发于妊娠初期及中期。

患畜多突然表现为站立不安,回头顾腹,欣部跳动,或蹲腰卧地,阴唇不断外翻,尿频,或阴道流出少量血色黏液,口色赤红,舌苔微红,脉象滑数。

属里热证,病位在心经和冲任二脉。

(三)损伤胎动型

多发于跌扑损伤后。

患畜出现起卧不安,欣部跳动剧烈,蹲腰努责,不断举尾,尿频,阴道溺浊多,口色瘀红,脉象沉紧。

属里虚证,病位在胎宫。

三、辨证要点

(1)以肚腹胀满、努责蹲腰、阴道溺浊、气促喘粗等主症为临证辨证依据。

(2)宜结合临证表现,分辨病势,若兼有欣部或后腹部跳动者,为胎动;若口色赤紫,阴道溺浊,血流不止者,为胎漏或胎崩;若胎儿不到应产而下者,为胎滑;已成形者,为小产;未成形者,为胎坠;如病畜运步点痛者,为胎拐。

(3)须仔细辨识胎儿死活。如胎儿已死,则口色黑,举尾努责,起卧不安,排尿频数;若系活胎,则口色粉红,腹后部或欣部有波动,后腹部听诊有时可发现胎儿心音。

(4)从口色变色,可判明胎儿的死活和病势的轻重及病性。

口色黄红为正色,白色为起卧腹痛;赤紫色为瘀血阻滞,主胎漏腹痛;青黑色兼有起卧不安者,为胎死腹中;口色淡粉红色,胎儿尚蠕动者,为胎儿未死。

四、护理及预防

胎动不安时,应禁止在骨盆腔内进行直肠检查,应将病畜饲养于垫有软草的畜舍中,保持畜舍的清洁卫生和安静。有时经过短时间的小心牵走,可使努责停止,若还不安,可在病畜荐部及腰部放上用干草做成的热敷袋。

如果查明胎儿已死,可服引产药,或手术取出。

平时,在怀孕后期,应节制使役,耕作、拉牵不宜太急,驱赶转弯时宜缓,同时加强饲养管理,增加营养丰富的草料。

若以往发生过流产的,更应加强饲养管理,不能麻痹大意。

五、治疗

治疗原则:养血安胎。虚寒者,宜补虚祛寒;血热者,宜清热滋阴;损伤者,宜调理气血。

(一)方药治疗

可酌情选用下方进行治疗。

1.白术散

适用于虚寒及损伤胎动。

组成:

白术60 g	当归60 g	川芎30 g	党参60 g	甘草15 g
白芍60 g	阿胶30 g	陈皮60 g	苏梗30 g	砂仁30 g
生姜60 g	熟地黄45 g	黄芩60 g		

用法:煎水,牛3次内服,马5次内服。

方解:白术、党参、甘草补中益气以养胎为主药;当归、熟地黄、白芍、川芎生血和血,充盈冲任二脉以养血安胎为辅药;阿胶、陈皮、砂仁固肺理气,健脾开胃,运化水谷精微为营血以滋阴安胎为佐药;黄芩、生姜、苏梗清里发表,顺气安胎为使药。

2.保产无忧散

适用于胎动及习惯性流产。

组成:

当归60 g	川芎60 g	白芍30 g	菟丝子30 g	贝母15 g
陈皮30 g	厚朴25 g	枳壳15 g	黄芩30 g	羌活25 g
荆芥25 g	甘草15 g	黄芪30 g	甜酒125 mL为引	

用法:煎水,冲甜酒内服,配种后期每日一剂,可安胎保产,也可在临产前服用,以正胎位,催产下胎。

方解:当归、川芎、白芍养血活血,配以黄芪补气养胎为主药;菟丝子益精固胎为辅药;厚朴、陈皮、枳壳宽胸消肿,利气安胎,黄芩清热安胎、羌活、荆芥解表为佐药;甜酒调和胎气为使药。

加味无忧散,较本方少甜酒,多黄芩、白术、生姜,亦用以治疗马的胎动及习惯性流产。

3. 三黑散

适用于胎漏，胎崩。

组成：

陈艾(醋炒焦)30 g	炒阿胶25 g	黑芥穗30 g	生地黄45 g	炙甘草15 g
紫油朴(姜炒)30 g	土炒白术30 g	黄芩45 g	京墨30 g	炒白芍20 g
当归身30 g	炙黄芪45 g	川芎30 g		

用法：共为末，开水冲调，候温加童便，马2次内服，早晚各1次。

方解：焦陈艾、炒阿胶、黑芥穗、生地黄凉血安胎为主药；炙黄芪、炙甘草、当归身、川芎、炒白芍补气和营，养血调血，止痛以安胎为辅药；黄芩、土炒白术燥湿健脾，消热安胎为佐药；紫油朴、京墨、童便补虚滋阴，开胃止血为使药。

4. 胶艾汤加味

适用于损伤胎动。

组成：

阿胶60 g	艾叶50 g	当归50 g	川芎40 g	白芍50 g
熟地黄60 g	甘草30 g	杜仲50 g	桑寄生50 g	骨碎补50 g

用法：煎水，候温，牛1次灌服，连用2~3剂。

方解：本方为胶艾汤加杜仲、桑寄生和骨碎补，其补肾固胎，益虚损更强。阿胶、艾叶导血入肝经，以止血为主药；当归、川芎、熟地黄、白芍滋阴补虚，养血益肝，辅助主药，止中寓补为辅药；杜仲、桑寄生、骨碎补补肾固胎，益虚损为佐药；甘草益脾胃，调和诸药，固胎疗损为使药。

5. 止痛清热安胎散

适用于血热型胎动。

组成：

酒知母60 g	酒黄柏60 g	续断50 g	没药50 g	乳香50 g
木香40 g	生地黄80 g	黄芩60 g	砂仁40 g	当归50 g
鹿角霜30 g	川芎40 g	茯苓40 g	桑寄生50 g	血竭40 g
熟地黄50 g	甘草30 g	地榆45 g	乌药40 g	

用法：煎水，候温，牛3~5次内服，1日2~3次。

方解：酒知母、酒黄柏、黄芩、生地黄滋阴凉血，清热安胎为主药；当归、熟地黄、川芎、续断、桑寄生、鹿角霜补血养肝，益肾固胎为辅药；乳香、没药、血竭、木香、砂仁、乌药调气血，益胎元为佐药；地榆、茯苓、甘草化湿利水，益脾胃，止血为使药。

(二)草药治疗

可酌情试用下方进行治疗。

1. 对猪习惯性流产有效方

建莲子30 g、山药30 g共研细末，糯米90~150 g，苎麻90~150 g，混合煮粥内服。

功能:具滋补强壮安胎作用。

2. 治牛胎动方

血当归30 g,老艾叶30 g,益母草30 g,紫苏60 g,土黄连60 g,煎水,一次内服。

方解:血当归、益母草调经和血,养血安胎;艾叶、紫苏温中止痛,土黄连清热燥湿。

• 本节小结 •

本节介绍了怀孕母畜胎动的病因、病机、辨证及辨证要点;胎动的护理、预防和治疗手段。通过理论结合案例学习,掌握母畜胎动的诊断和辨证论治法则,熟悉适用于治疗不同型胎动的中药组方,为临床上预防和治疗母畜胎动提供方案。

本节概念网络图

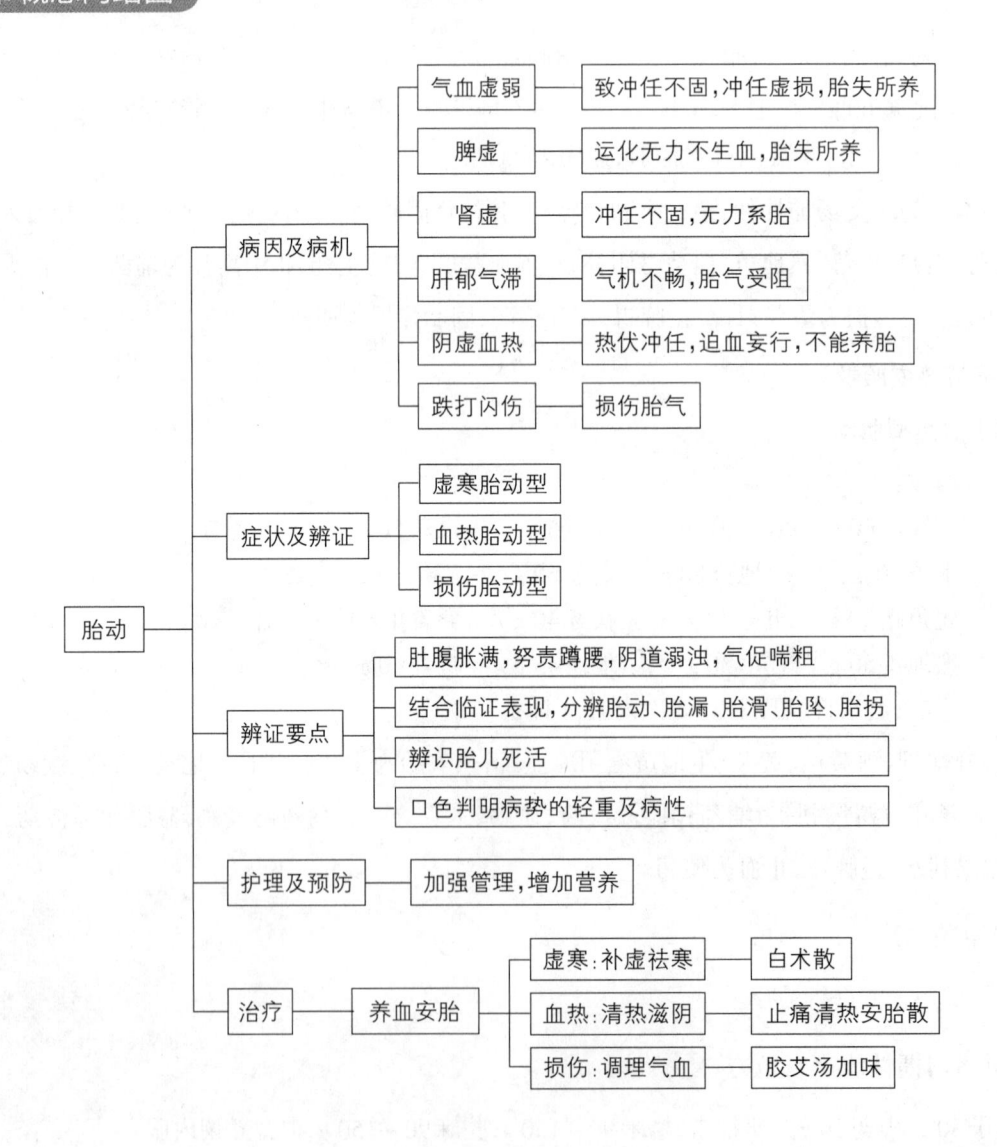

```
胎动
├── 病因及病机
│   ├── 气血虚弱 ── 致冲任不固,冲任虚损,胎失所养
│   ├── 脾虚 ── 运化无力不生血,胎失所养
│   ├── 肾虚 ── 冲任不固,无力系胎
│   ├── 肝郁气滞 ── 气机不畅,胎气受阻
│   ├── 阴虚血热 ── 热伏冲任,迫血妄行,不能养胎
│   └── 跌打闪伤 ── 损伤胎气
├── 症状及辨证
│   ├── 虚寒胎动型
│   ├── 血热胎动型
│   └── 损伤胎动型
├── 辨证要点
│   ├── 肚腹胀满,努责蹲腰,阴道溺浊,气促喘粗
│   ├── 结合临证表现,分辨胎动、胎漏、胎滑、胎坠、胎拐
│   ├── 辨识胎儿死活
│   └── 口色判明病势的轻重及病性
├── 护理及预防 ── 加强管理,增加营养
└── 治疗 ── 养血安胎
    ├── 虚寒:补虚祛寒 ── 白术散
    ├── 血热:清热滋阴 ── 止痛清热安胎散
    └── 损伤:调理气血 ── 胶艾汤加味
```

思考与练习题

(1) 虚寒胎动与血热胎动的症状和辨证的差异是什么?

(2) 试分析"保产无忧散"的制方原理。

(3) 请对以下病例进行分析及辨证论治,思考处方用药的特点及护理要点。

案例一:某猪场因陆续出现母猪流产、早产求诊。主诉:猪场有太湖母猪120头,由于猪价持续下跌,猪场亏损严重,母猪饲料以自配混合料为主,3个月来已出现9头母猪流产、早产。经检查发现:母猪精神不振,体质消瘦,毛焦肷吊,饲料中酒糟粉和谷壳糠占较大比重,能量、蛋白质严重缺乏,母猪大便秘结,结膜苍白,随机检查5头妊娠3个月以上的母猪,胎儿异动明显。

案例二:某牛场,1头怀孕8个月的5岁黄母牛起卧不安,阴道流出浊液求诊。主诉:由于自己地处高寒山区,草料不足,长期以来靠自家煮白酒的副产物酒糟喂牛,半年前曾先后有两头母牛出现类似症状后治疗无效流产。证见:母牛被毛粗乱,食欲时有时无,起卧不安,回头顾腹,努责时阴门外翻,阴道流出黄色黏液,触摸右下腹可感知胎儿频频冲击腹壁,母牛耳鼻温热,呼吸急促,口色鲜红,口津黏腻,脉象洪数。

拓展阅读

孕畜分娩正常与否取决于产力、产道、胎儿与产道的关系三个因素。其中产力是将胎儿从子宫中排出的力量,包括阵缩和努责;产道是胎儿产出的必经之路,由软产道和硬产道共同构成,软产道是指子宫颈、阴门、前庭这些软组织构成的管道,硬产道是指骨盆;胎儿与产道的关系,包括胎位、胎向、胎势等。

病案拓展

案例一:张某,1头8岁怀孕水母牛因阴道持续流出浊液求诊。主诉:该母牛于2月26日配种,因长期饲喂玉米苞衣,体质较瘦,5天前发现母牛阴道流出混浊分泌物,但未引起注意。2天前见牛起卧不安,饮食减少,请当地兽医治疗未见好转,故来求诊。

临床检查:患牛精神不振,体质瘦弱,站立不安,蹲腰努责,努责时母牛发出痛苦叫声,间有回头顾腹,频频排出尿液,并伴有带血黏液从阴道流出,努责时阴门口膨突,母牛右侧下腹部可见明显的波动,用手能感觉到胎儿强烈撞动,母牛口色青黄,脉象浮紧。

中兽医辨证:此母牛年老体弱,营养不足,气血亏虚之胎动不安。治宜益气、养血、安胎。

治疗处方:方选白术散加味(白术60 g、当归60 g、熟地黄60 g、党参80 g、阿胶(烊化)100 g、陈皮60 g、荆芥穗60 g、黄芪120 g、黄芩50 g、苏叶50 g、艾叶50 g、砂仁50 g、川芎50 g、白芍50 g、甘草30 g、生姜30 g)。除阿胶外,诸药3次煎水去渣,将所得药液混合,加阿胶烊化液拌匀,候温灌服。1 500 mL/次,3次/天,连服2天。

12月12日上午复诊,母牛精神明显好转,食欲有所增加,努责、排尿次数减少,胎儿异动强度减缓。仍用上方再服2剂,12月17日再诊,母牛各项体征恢复正常,于次年1月8日产下1头健康公犊。

案例二:某牛场,1头4岁黄母牛因阴道流血水求诊。主诉:自己养有肉牛20头,其中能繁母牛12头,采取圈养加场地运动的饲养方式,其中1头怀孕8个月有余的母牛在坝场边缘运动时不慎踏空,冲下约1.5 m高的土坎,牵回时母牛不愿迈步,频频排出尿液并带有血水。

临床检查:母牛回头顾腹,腹痛剧烈,起卧不安,频频努责,排出少量尿液并带有血水,食欲废绝,口色青紫,脉象弦数。

中兽医辨证:此乃跌扑闪伤,气血瘀滞之胎动不安。治宜理气活血、止痛安胎。

治疗处方:方选加味四物汤(酒当归60 g、川芎50 g、炒白芍50 g、生地黄60 g、炒白术60 g、党参60 g、黄芪60 g、苏木40 g、制乳香40 g、制没药40 g、阿胶(烊化)50 g、炒荆芥50 g、延胡索40 g、黄芩50 g、苏梗45 g、甘草30 g)。除阿胶外,诸药3次煎水去渣,将所得药液混合,加阿胶烊化液拌匀,候温灌服。1 000 mL/次,3次/天,连服2天。

次日复诊,疼痛稍减,食欲部分恢复,嘱其继续用药。24日下午再诊,患牛精神、食欲好转,努责症状消失,尿中已无血水。仍用上方继服1剂,5日后随访,母牛恢复正常,后成功产下1头健康母犊。

案例三:某羊场,因母羊流产求诊。主诉:该批羊半年前从异地引进,半牧半舍饲的饲养方式,近期陆续有母羊流产,遂求诊。

临床检查:羊群整体营养不良,体质瘦削,检查饲喂情况,见饲草单一,精料明显不足,随机抽查几头怀孕后期母羊,精神、食欲不振,阴户挂有浊液,尿频数,用手触摸右侧下腹壁能明显感知胎儿异动,母羊口色淡白,脉象虚弱无力。

中兽医辨证:此乃营养不足、气血亏虚之胎动不安。

治疗处方:药用成品中兽药"保胎无忧散"拌料喂服,25~35 g/次,2次/天,连用10天。嘱其加强饲养管理,合理搭配草料,及时补足精料,怀孕母羊另设单圈饲养。

9月18日复诊,母羊精神、食欲恢复正常,其余临床症状消失。嘱继续服药5天,随访至次年4月,未出现母羊流产。

案例四:一老驴,已产8胎,现孕第九胎。近两天卧地时阴道有黑豆汁液体流出,每次约100 mL。

临床检查:脉沉细无力,长毛不脱,体瘦形羸,头低耳耷,结膜淡白,舌质绵软,无苔,4月24日求诊。

中兽医辨证:该驴多产体弱又年老,脏腑俱虚,是典型的气血双虚胎漏下血证。

治疗处方:宜大补气血以治本,止血安胎以治标。白人参50 g、黄芪100 g、熟地黄50 g、酒白芍50 g、升麻40 g、白术50 g、杜仲50 g、艾叶50 g、侧柏炭50 g、黄芩炭50 g、桑寄生75 g、血余炭50 g。用法：共为末，开水冲，温灌服。

4月25日复诊，出血减少，原方减黄芩加棕炭。

4月25日，出血大减，原方人参改为党参。

4月27日，出血只有几滴，精神好转，饮食增加，药中又减白芍，观察三天，一切好转，痊愈出院。

案例五：一红马，齐口，该马膘肥体壮，3月21日被踢。

临床检查：阴道出血，每次卧地起立后有约40 mL血流出，站立时有轻度腹痛，出血量不多，但出血次数多，并频频排尿，饮食尚正常。

中兽医辨证：此乃冲任脉受损。

治疗处方：宜止血止痛，养血安胎为主以治之。

处方：太子参150 g、黄芪50 g、杜仲炭75 g、桑寄生50 g、菟丝子100 g、阿胶（烊化）50 g、续断40 g、血余炭35 g、黄芩炭50 g、苎麻根50 g。用法：共为末，开水冲调，候温灌服。

3月22日复诊，站立时只漏血数滴，排尿次数减少，吃草减少，原方太子参改为50 g、黄芩改为生用，加陈皮50 g、当归40 g。

3月23日，仍有血沥沥而下，方中又加白芍50 g。后观察三天，未再出血，饮食正常，出院。

案例六：贵阳某农户家本地小母牛1头，2岁，役用，体重约210 kg，于7月11日求诊，主诉：已怀孕，近日常作排便姿势，不时有尿液流出，阴门处偶见血水排出。

临床检查：精神不振，体瘦，毛焦肷吊，作蹲腰努责姿势，频繁排尿，偶见排出血尿。体温38.2 ℃，呼吸20次/min，心率69次/min。舌诊口色青白，触诊脉象沉细。

中兽医辨证：此乃劳役过度，饲养管理不当导致气血虚弱、不能养胎，形成血虚性胎动。治则为补气养血，安胎，方用自拟方剂。

治疗处方：白术30 g、熟地黄30 g、当归24 g、党参18 g、砂仁15 g、陈皮15 g、白芍15 g、生姜15 g、阿胶珠15 g、黄芩12 g、荷叶9 g、川芎9 g、甘草9 g，水煎灌服。用法：水煎，过滤药渣后候温，灌服，1日3次，连用5剂。

预后：7月16日，主诉母牛精神恢复，状态良好，未见血尿排出。为巩固疗效，嘱其加强营养，避免过度劳役。

第四节 难产

难产是胎儿不能娩出之证,可见于各种家畜,以努责弓腰、欲产难下、起卧不安等为主症。临证上常见的有气虚难产、胎儿异位难产、产道狭窄难产三种。

由于医疗水平的不断提高,正确的助产及必要的手术治疗的普及,临床上已经大大降低了难产的概率,但仍需要多加注意。

一、病因及病机

本病发生的原因,多由于体虚、劳役过度、骨盆或产门狭小、胎儿姿势不正及交骨不开等所致。

(一)体虚

多由于孕畜劳逸不均、饲养不当、瘦弱衰老、气血亏损、津液不足、元气虚弱,以致胎儿不能娩出;或由于气血两虚,宫缩乏力,产程长或难产。

(二)劳役过度

多由于使役无节,劳役过度,而劳伤心血,役伤肝阴,致血热津亏,胞中津液干涩;加之劳伤肾阴,肾气亏损,无以系胞,胎儿不能转位或转位不全,致羊膜早破,产道干涩而不能顺利产出。

(三)胎儿姿势不正

由于胎儿在转位时,肾气不足,无以系胞,致胎儿姿势不正,或由于转位时受惊或过劳而成。诸如胎头歪向一侧,胎头下弯,胎头后仰等;或胎儿颈部扭转;或胎儿娩出时,前肢的腕部前置,肘关节屈曲,肩部前置,前肢置于颈部等;或胎儿骨盆前置时,后肢的姿势不正,如后肢跗部前置,大腿前置;或四肢不正和横位,胎位背位等均可发生难产。

(四)骨盆或产门狭小

多由于先天性骨盆狭小,或是骨骼发育不良,或肾虚骨痿等造成;或是胎儿过大而不能通过骨盆腔;或由于产门狭小;或由于子宫阴道扭转,致产道狭小,不能将胎儿娩出。

(五)交骨不开

多因初产、阴虚或跌扑损伤等而致交骨不开,不能将胎儿娩出。

二、症状及辨证

患畜翘尾叉腿,后胯下坐,弓腰努气,欲产难下,气促喘粗,肚腹胀大,起卧不安,左右乱靠,食欲减少或废绝,胎儿或露一肢,或胎头前置,或有横产者,产程长,唇黄舌淡而暗,脉象迟细。若口色青黑,触压胎儿不动,腹部听诊不见胎儿心音者,为胎死腹中。属里实证,病位在子宫。

三、辨证要点

(1)以弓腰努气、翘尾叉腿、后胯下坐、欲产难下、起卧不安等主症为临证依据。

(2)由于家畜种类不同,娩出期长短也不一致。正常情况下,猪的娩出期为 2~4 h,牛为 30 min~1 h,羊和马为 30 min 左右,犬一般为 3~4 h,每只胎儿产出间隔时间一般为 10~30 min,最长间隔 1~2 h;猫为 1~4 h,每只小猫 15 min~2 h 的间隔。凡是超过这个时期,胎膜已破,羊水已经流出,胎儿不能娩出者,均可认为是难产。

(3)为了判定胎儿的姿势及胎儿的死活,可做直肠检查及阴道子宫检查,主要检查产道是否干燥,有无损伤、水肿或狭窄,子宫颈张开程度,子宫是否有扭转,交骨是否张口等。

(4)为了有助于难产的确定以及是否开刀取出胎儿,应重点检查胎儿的情况,迅速查明胎向、胎位、胎势和胎儿的死活等情况。

a.胎向:是指胎儿本身的纵轴和母体纵轴互相平行的关系,可分为三种情况。

①纵向:是指胎儿本身的纵轴与母体纵轴之间平行的关系,纵向又分为两种,即正生和倒生,当胎儿前肢及头部先进入产道的为正生,后肢和臀部先进入产道的叫倒生,正生和倒生都是正常的胎向,而以正生较为常见。若胎儿的胎向为纵向而不能产出者,多为娩出无力,为气虚难产。

②横向:是胎儿的纵轴与母体的纵轴垂直,即胎儿横卧于子宫内。若娩出前不予矫正,则发生横位难产。

③竖向:是胎儿的纵轴上下竖立与母体纵轴垂直,即胎儿竖立位于子宫中。若娩出前不予矫正,则发生胎头姿势不正,或胎儿颈部扭转,或胎儿前肢的姿势不正,或胎儿的后肢姿势不正等。

b.胎位:是指胎背部和母体背部或腹部的关系。也可分为三种。

①上位:是指胎儿背部贴着母体的腰部,伏卧在子宫内,属正常胎位。

②下位:是胎儿背部靠着母体的下腹壁,仰卧在子宫内,这是反常的。

③侧位:是胎儿的背部向着母体的侧腹壁,倒卧在子宫内。如果倾斜度不大,叫做轻度侧位,稍加矫正,即可正产。

c.胎势:是分娩前胎头、四肢姿势及其他部分姿势的关系。正常分娩时,头及前肢伸直进入产道;倒生时后肢伸直进入产道,如果这种正常姿势发生改变,则可发生难产。

d.胎儿的死活:其对于选择助产方法和是否开刀做手术以取出胎儿有着重要意义,当正生时,可用手轻压胎儿眼球看其有无反应,牵拉舌头是否有收缩,手指伸入口腔有无吸吮动作,也可触摸胎儿颈动脉和胸壁,看其有无脉搏和心跳;倒生时,可用手指插入肛门,看肛门有无收缩反应和骨盆内动脉有无脉搏,也可触摸脐带血管,只要上述其一反应存在,则证明胎儿是活的。若胎儿皮下发生水肿,触摸皮肤有捻发音①感,以及胎毛大量脱落,则证明胎儿已死3天以上。

(5)本证的预后:应视胎儿是否能产出为准。若能产出,经过精心的护理及治疗,预后良好,否则不良。

四、护理及预防

对孕畜应加强饲养管理,适当使役。临产前一段时间应停止使役,多铺垫草,增加精料,忌喂冰冻草料,不宜远行及久卧。放牧运动时,注意不要摔倒,每天给予温米汤自饮。

临产时应派专人护理,难产后应及时请兽医前往抢救。

为预防难产,临产前应检查胎位是否正常及计算预产期,应于产前做好助产准备工作。

胎儿产出或取出后,应增喂精料,注意防寒保暖工作,每天观察家畜的形态、精神、饮食欲、反刍、体温、脉搏和呼吸等。

五、治疗

治疗原则:补气血或调和气血,促使产出或取出胎儿。

1.气虚难产

娩出无力,产道干涩,交骨不开者,应大补气血、滋阴、开交骨。

(1)针灸治疗:可电针百会、肾俞、开风、后海等穴以辅助娩出。

(2)方药治疗:可酌情选用下方加减进行治疗。

①加味佛手散

适用于难产,胎死不下。

组成:

| 全当归90 g | 川芎30 g | 炙黄芪90 g | 炒龟板45 g | 党参60 g |
| 麦冬45 g | 柞木枝30 g | 血余炭30 g | 黄酒250 mL | |

用法:共为细末,急火煎汤,候温加黄酒内服,牛、马1日1剂。

方解:全当归、川芎养血活血,行气止痛为主药;炙黄芪、党参、麦冬大补元气,滋阴生津为辅药;炒龟板、柞木枝滋阴开交骨为佐药;血余炭、黄酒祛瘀生新,温通经脉,助药势为使药。

---

①捻发音,是极细微而均匀的破裂音,似手指在耳边捻转一束头发的声音。常见于器官实质病变。

②芎归汤

适用于难产。

组成：

当归 60 g　　川芎 45 g　　党参 90 g　　桃仁 45 g　　红花 45 g

益母草 80 g　　枳壳 45 g　　牛膝 45 g　　甘草 15 g

用法：煎水，水牛 1 次内服，也可分 2 次内服。

方解：当归、川芎养血活血，行气止痛为主药；党参、牛膝补气、补肝肾、通筋骨为辅药；枳壳、桃仁、红花、益母草行气活血为佐药，甘草调和药物为使药。

③自拟方

适用于难产。

组成：

山米粥 1 000 g　　莨菪子 45 g

用法：煎水，牛 1 次内服。

方解：山米粥补气为主药；莨菪子解痉止痛为辅药。

注：莨菪子为迷走神经抑制药，对子宫颈痉挛，努责过强而又系正产者，可缓解。

2.胎儿姿势不正

可运用阴道检查确诊，后施行助产术。

（1）助产原则

①挽救胎儿及母体生命，保持母体的生产性能。

②精确地考察骨盆的解剖学构造是否相宜。

③拉出胎儿时只能是在努责时。

④只准在子宫内矫正胎儿的反常方向、姿势及位置，因而必须将胎儿由骨盆腔中推回子宫内。

⑤为了便于胎儿推回，尤其是在产道干涩时，应向子宫内注入数升加热至 35～40 ℃ 消毒过的肥皂水或油水。

⑥当推回胎儿时，所有可能在子宫内变为不正的前置器官，必须用消毒的绷带卷系住。

⑦消毒药品最好不要使用具有强烈气味的消毒药，如碘仿、克辽林（臭药水）、来苏儿（煤酚皂溶液）、石炭酸等，可用度米芬或新洁尔等，以免在万不得已必须屠宰母畜时肉的品质变味。

⑧使用产科器械帮助矫正或切胎时，注意不要损伤子宫阴道。

⑨拉出胎儿时，必须先将胎儿前置部分推回子宫矫正姿势后进行，一般大家畜只要术者 1 人、助手 1～2 人即可，不可蛮干。

（2）常见的胎儿姿势异常及其助产术

①头颈侧弯：为难产中较为多见的一种。助产时，先推回胎儿，用手将弯曲的头颈拨正，然后再拉出胎儿，也可用手握住头部或眼眶，将胎头拨正。

②头向下弯：助产时，用手抓住胎儿下颌或鼻端，将两前肢推回子宫，再结合用力将胎头往上抬举入

骨盆中,必要时可用产科挺协助纠正。

③腕关节屈曲:助产时,先将胎儿推回子宫,用手握住屈曲肢的蹄尖,用力上抬牵拉,使其屈曲肢能拨正而进入骨盆,也可用绷带系住屈曲肢的系部,一面抓住蹄部牵拉,一面外面结合牵拉,以利拨正,必要时用产科挺协助牵拉推送。

④肩关节屈曲:可用产科挺顶住胎儿胸部与前肢肩端之间,并用手握住屈曲肢的腹部或前臂部远端,结合产科挺向里推胎儿的同时,向上向后拉屈曲肢的腕部,使其转为腕部前置,然后再按腕部前置处理以拨正拉出。

⑤若胎儿较小,肩部已进入骨盆腔,矫正有困难时,可强行拉出胎儿。

⑥在前置两前肢交叉低于骨盆口时,先推回胎头,矫正两前肢位置,然后拉出胎儿。

⑦跗关节屈曲:先推回胎儿,用绷带将两屈曲关节的系部系住,然后握住系部或蹄,内外用力向上牵拉,使后肢屈曲,将两后肢拉入骨盆腔中。

⑧臀部前置:先推回臀部,使跗部前置,然后再按跗部前置方法处理;若胎儿不大者,可不予矫正而强行拉出。

⑨胎儿横位:先摸清横位情况,然后用手或产科挺将胎儿向一个方向往回推送,接着用细带系住两前肢系部,再用手握住胎儿下倾,同时用力牵拉,或先拉出一肢,再用力拉另一肢,并使胎儿拨正进入骨盆,最后向外牵拉,于外拉中自然转位拉出。

⑩胎向不正:多发生为腹部前置竖向、腹部前置横向、背部前置竖向及背部前置横向等。助产时,先推回前置部分,拉住胎头及前肢(或后肢),并使胎儿在推送和牵拉过程中,变为正生或倒生,然后拉出。

⑪胎儿过大:是指胎向、胎位和胎势正常而胎儿过大,充塞于产道内,可先灌入油水,用绷带系住前肢(或后肢)的系部,助手拉住绷带,术者用手入骨盆中,拉住胎头(下倾或鼻唇部),合力向外牵拉,待胎头拉出后,术者用手帮助扩张阴门,助手再慢慢牵拉。必要时,可用产科钩住牵拉,或行切胎术。

3. 产门狭小

可在会阴中线切开会阴,或在中线旁作一切口。待分娩完毕后,缝合会阴的黏膜和皮肤。

4. 其他

如系产道狭小或子宫捻转而无法矫位时,以及其他原因不明引起的难产、无法使助产成功时,或使用药物无效时,应尽快采用剖宫取胎术,有时,因抢救及时,母畜和幼畜均可存活。但术后应加强护理,注意体温及全身症状,防止发生全身败血症。

• 本节小结 •

本节介绍了母畜难产的病因、病机;症状与辨证;辨证要点;难产的护理;难产的预防和治疗手段。通过理论结合案例学习,掌握母畜难产的诊断和辨证论治法则,熟悉适用于治疗不同型难产的中药组方、针灸和助产术,为临床上预防和治疗母畜难产提供方案。

本节概念网络图

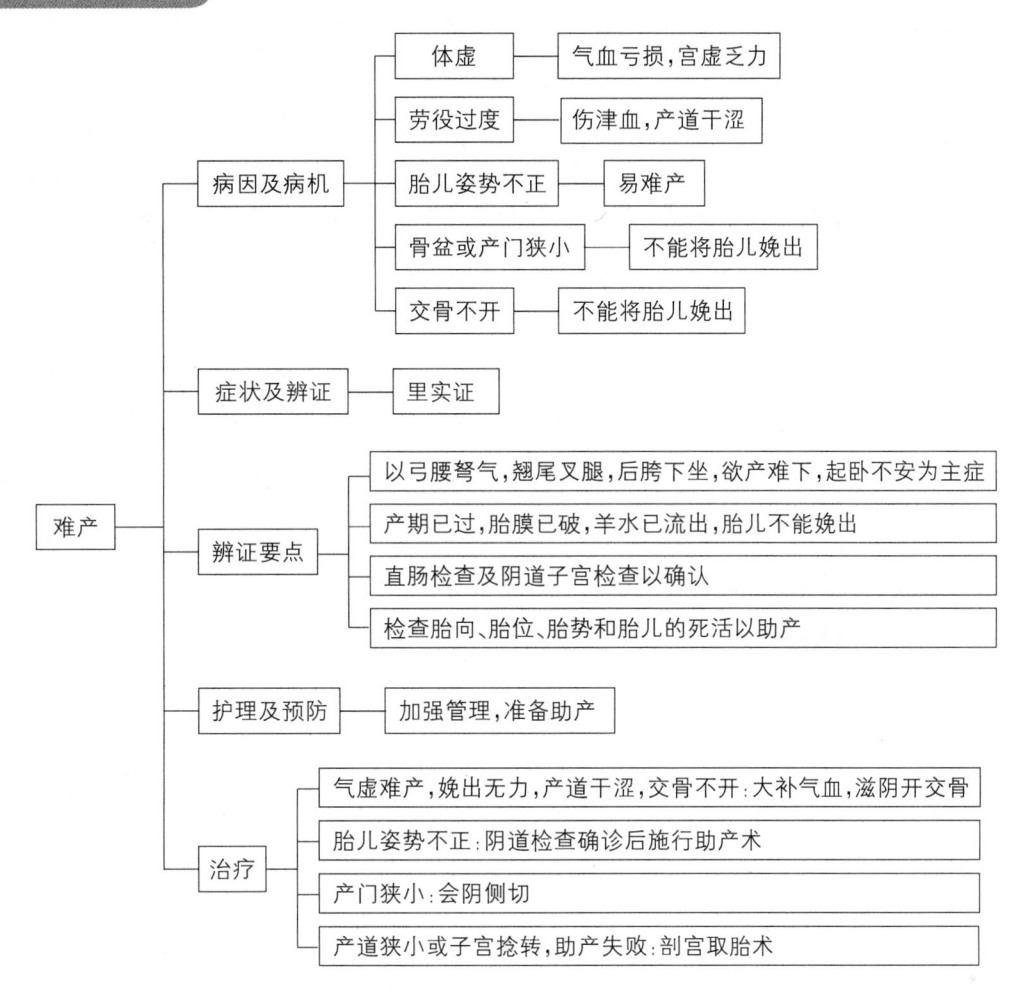

```
                    ┌─ 体虚 ─── 气血亏损，宫虚乏力
                    ├─ 劳役过度 ─── 伤津血，产道干涩
        ┌─ 病因及病机 ┼─ 胎儿姿势不正 ─── 易难产
        │           ├─ 骨盆或产门狭小 ─── 不能将胎儿娩出
        │           └─ 交骨不开 ─── 不能将胎儿娩出
        │
        ├─ 症状及辨证 ─── 里实证
        │
        │           ┌─ 以弓腰弩气，翘尾叉腿，后胯下坐，欲产难下，起卧不安为主症
  难产 ─┤           ├─ 产期已过，胎膜已破，羊水已流出，胎儿不能娩出
        ├─ 辨证要点 ─┤
        │           ├─ 直肠检查及阴道子宫检查以确认
        │           └─ 检查胎向、胎位、胎势和胎儿的死活以助产
        │
        ├─ 护理及预防 ─── 加强管理，准备助产
        │
        │       ┌─ 气虚难产，娩出无力，产道干涩，交骨不开：大补气血，滋阴开交骨
        │       ├─ 胎儿姿势不正：阴道检查确诊后施行助产术
        └─ 治疗 ┤
                ├─ 产门狭小：会阴侧切
                └─ 产道狭小或子宫捻转，助产失败：剖宫取胎术
```

思考与练习题

(1) 从母体和胎儿两方面分析造成动物难产的原因。

(2) 论述胎儿姿势异常的情况和采取的助产术。

(3) 请对以下病例进行分析及辨证论治，思考处方用药的特点及护理要点。

案例一：本地母水牛1头，7岁，役用，营养中下等，体重500 kg，于6月30日就诊。主诉：该牛多次发生阴道全脱，均经整复及内服补中益气汤（共8剂）后才愈。临证所见：口色粉红而狭青色，口津适中，口臭，精神及食欲正常，阴户（缝合处）肿胀，疼痛，且从针孔流出脓汁，胎衣垂吊于阴户外约尺许，有少量乳白色液体排出，气恶臭，撤除缝合线后有较多的脓性液体从阴道中流出，阴道检查发现宫颈已张开二寸左右，人工扩张无效，且胎儿一前肢伸出宫颈而入阴道，患牛不时努责。

案例二：本地母水牛1头，4岁，役用，营养下等，体重400 kg左右，于7月2日晚上8时30分就诊。主诉：该牛系初产，孕后呈习惯性直肠和阴道脱出，7月1日晚开始出现强烈呻吟，后阴道脱出，继则直肠脱出；7月2日中午采食少量青草，已不吃草，傍晚时羊膜破裂流出三大碗羊水。临证所见：卧地，强烈的努责，呻吟，直肠脱出约二尺[①]许，阴道全脱，宫颈微开，胎衣已下，角、耳温暖，鼻梁冷，眼结膜红润，鼻镜无

---
① 尺，长度单位，1尺≈33.3 cm。

汗,心跳64次/min,第二心音弱,口色红,口津黏腻。脱出的直肠黏膜已水肿,坏死,肛门周围水肿,左侧较右侧更甚。该案例是否为难产?如何辨证?采用什么组方进行治疗?

拓展阅读

母畜分娩过程是指从子宫开始出现阵缩到胎衣完全排出的整个过程。分娩过程(产程)可以分为:宫颈张开期、胎儿产出期、胎衣排出期。(1)宫颈张开期(开口期,第一产程):是从子宫开始阵缩算起,至子宫颈充分开大为止。这一期子宫颈变软扩张。一般仅有阵缩,没有努责。(2)胎儿产出期(第二产程):是从子宫颈充分开大,胎囊及胎儿的前置部分楔入阴道,母畜努责,到胎儿排出或完全排出为止。这一时期,阵缩(主)和努责共同发生作用。(3)胎衣排出期(第三产程):是从胎儿排出后算起,到胎衣完全排出为止。胎儿排出后产畜即安静下来,几分钟后再次阵缩排出胎衣。

难产:是指由于各种原因而使分娩的第一阶段(宫颈张开期),尤其是第二阶段(胎儿排出期)明显延长,如不进行人工助产,则母体很难或不能排出胎儿的产科疾病。

病案拓展

案例一:本地母水牛1头,6岁,役用,营养中等,体重500 kg,于5月8日午后7点就诊。主诉:4月29日前后于劳役后阴道脱出,经当地兽医整复,内服银翘散加减一剂;5月6日及7日阴道反复脱出,运动后自然恢复;5月8日午后两点左右胎衣脱出,三点左右排出羊水,经当地兽医检查,其认为胎儿已死。

临床检查:体温为39.4 ℃,心跳54次/min,呼吸24次/min,食欲尚可,粪尿不见异常,胎衣外露约尺许,尾高举,荐坐韧带已松弛,已无努责和阵缩,阴道子宫检查发现宫颈已开放,胎儿呈右侧横位,触摸胎儿口腔有轻度的吸吮力,拉扯胎儿的前肢时,有轻微的伸缩性。

中兽医辨证:由于"劳则气耗",气虚难以将胎儿转成正生体位,遂发胎儿右侧横位难产。

治疗处方:经拨正胎头和转位前肢后,用力拉出胎儿,约40 min,胎儿娩出后生活力很弱,给犊牛(公)皮下注射0.5%樟脑水10 mL,给母牛肌肉分别注射青霉素水剂200万IU及仙鹤草20 mL。母牛娩出后有食欲。

5月9日午前,体温38.3 ℃,食欲良好,胎衣未下,犊牛虚弱,乳汁很少。

中兽医辨证:由于气血亏虚,冲任二脉失养致乳汁缺乏,气虚乏力,宫缩和复归不全,致胎衣难下,属里虚证。

治疗处方:治当补气血,升阳缩宫,通乳下衣,方用加味补中益气汤。

处方:当归100 g、川芎50 g、熟地黄50 g、党参200 g、黄芪250 g、甲珠50 g、木通50 g、陈皮100 g、

柴胡150 g、升麻25 g、白术200 g、甘草25 g、香附100 g、炒蒲黄75 g。用法：煎水,6次内服,1日3次。为控制感染,继续肌肉注射青霉素200万IU,并嘱若服药后胎衣未下急来院就诊。后回访该患牛已得到治愈,说明该病例的辨证与治疗均准确。

第五节 流产

流产,是母畜孕期未满之前排出胚胎或胎儿的病证。各种家畜均可罹患。可以发生在妊娠的各个阶段,以妊娠早期多见。流产不仅会致使胎儿死亡,还会影响母畜健康,常由于流产引起母畜不孕或其他胎产病证。如反复流产而成习惯者,则为胎滑。

一、病因及病机

(一)饲养不良

多因长期饲养不良,饲料单一,营养低劣,致母体虚弱。由于脾气散精,胃潮百脉,精气不足,母体不能供给胎儿足够的营养,而胎系于脾,脾虚则带无所附,且胎儿发育后期又急需大量的营养物质,因冲任不固,胎儿发育中断而流产。

(二)劳役过度

由于役畜孕期长期使役,或重度劳役,加之饲料单一,营养缺乏,致母体亏虚。因"劳则气耗",肾气耗损,又得不到脾精的充养,则肾精亏耗,无以化气,肾气亏耗,无力系胎。加之劳伤心血,役伤肝阴,阴血亏损,血海不足,冲任空虚,血不养胎,致使胎儿不能正常发育,胎元不固而流产。

(三)损伤

由于跌扑损伤,诸如跌扑闪挫,惊跳奔跑,或肉满膘肥,卧于凹处,起卧不当,起之太急,或被踢伤腹部,或撞伤鼻头,或拉磨拉辗,或行过狭道,猛转回身,及误服破血坠胎药过量,致伤气动血,血瘀冲任及胞宫,遂发腹痛起卧,回头顾腹,阴道流出浊液或血水。

(四)热毒内侵

由于暑热炎天,使役过重,休息及饮水不足,致暑热伤津,血热内蕴,热毒扰乱胎元,或因急性热病,热毒内蕴,扰乱胎元,遂发流产。

(五)误食毒物

因过饥或急食,误食大量有毒植物;或误食毒物及霉败草料,料毒内聚于阳明胃经。由于脾胃为后天之本,气血津液化生之源,阳明胃经料毒内聚,通过"胃潮百脉"而输布全身,致胎元受损,遂发流产。

(六)气血亏虚

多见于体质素虚的羸畜,因脾肾亏损,无力系胎,或孕后失血过多,血海空乏,冲任空虚,无力系胎;或误服峻泻大热之剂过量,致阴津和气血亏耗过度,冲任虚耗而无力系胎,或因有痼疾,气血亏虚等而发生流产。

(七)其他

可继发于某些传染病,如布鲁氏菌病、钩端螺旋体病,以及体内寄生虫病等。

二、症状及辨证

流产,不仅会使胎儿死亡,还会影响母畜健康,流产常引起母畜不孕或其他胎产疾病。

(一)气血虚弱型

多发于体瘦形羸母畜的妊娠早期,阴道大量流血,血色淡红,肚腹稍痛,呈现胎动不安,慢性起卧,皮毛缺乏光泽,或有痂壳,精神倦怠,口色淡白,舌苔薄白,脉象虚弱无力。

属里虚证,病位在冲任及心经、肝经。

(二)肾气不足型

多发于重度劳役的母畜的妊娠早期,阴道充血,胎动不安,眼闭头低,反应迟钝,小便频数,四肢软弱无力,喜卧懒动;重者,腰部触压敏感,口色淡白,舌苔白滑,舌体绵软而见齿痕,脉象沉弱。

属里虚证,病位在肾经及肝经。

此种流产,常易导致习惯性流产(连续三次以上自然流产),应密切重视,积极地予以调治。

(三)血热阴亏型

多发于体壮母畜,因热毒内聚所致,常于妊娠早期发生阴道流出少量血液,色红质稠,体热,口渴,喜饮,尿少而黄,或有粪涩燥结者,口色红,舌苔厚,舌温高,舌津黏稠,脉象细数或细滑而数。

属里热证,病位主要在心经。

此种流产,若出血时间过长,胚胎组织排出不净或消毒不严,常导致流产后发生高热,腹痛起卧,分泌物有臭味,白细胞增高等症候,称为感染性流产,严重者,可发生感染性休克。

(四)血瘀气滞型

多见于跌扑损伤,误服药剂及采食霉毒草料和重度劳役者。病初,症状不明显,继而发生阵痛,精神不安,时时蹲腰,后肢张开,不断努责,频频举尾,阴门外翻,荐坐韧带松弛,不时流出浊液。肚腹微痛,回头顾腹。口色潮红,舌苔薄。脉象滑或弦。

若为误服泻剂者,兼见腹泻剧烈,起卧频繁症候。

属里实证,病位在冲任及胞宫,误服泻剂及采食霉败草料者,兼有脾胃经及大小肠经。

三、辨证要点

(1)根据流产的不同情况,应注意区分先兆流产、难免流产、不完全流产、完全流产及过期流产。

前述四型,胎儿未坠落者,均为先兆流产。而先兆流产与胎动的区分在于各型均有阴道流血症状。

凡出现阴道流血量增多,色鲜红而有血块,腹痛剧烈,起卧不安,子宫颈口开放,或胎膜破裂,阴道流出浊液者,为难免流产。

凡出现阴道流血不止,曾有胎儿或部分胎物排出,呈阵发性腹痛,子宫颈口开放,或有胎物堵塞在子宫颈口,子宫小于妊娠月份者,为不完全流产。

凡子宫出血减少或已止,胎物完全排出,无腹痛或轻微腹痛,子宫颈口由开放而关闭,子宫缩小而接近正常大小,为完全流产。

凡阴道有少量出血,或无阴道出血,有腹痛,或无腹痛,子宫颈关闭,胚胎停止发育二个月以上,子宫明显小于妊娠月份者,为过期流产,即胎死不下。

(2)宜注意各型之间的区分,除临证上应抓住其主要症状及结合病因予以区分外,尚可结合实验室诊断以辅助区分。

气血亏虚型的血红蛋白及红细胞总数均明显低于正常值,肾气不足型的24小时尿17-羟皮质类醇含量普遍低于正常值;血瘀气滞型的血沉明显减慢;血热津亏型的血沉明显减慢,白细胞总数明显高于正常值,且有体温升高。

(3)凡出现先兆流产的症状时,应及早治疗,以固胎元,防止流产;已流产者,应积极调治,以防备再次流产。

(4)肾气不足型的流产,若不及时调治,再次妊娠常可形成惯性流产,而失去繁殖能力;气血不足型及血瘀气滞型的流产,经及时调治,改善母畜的机能状况后,再次妊娠时可免于罹患;血热阴亏型流产,因是传染性的,处治不当,常可导致流产性休克,甚至导致死亡,预后宜慎。

四、护理及预防

病畜应饲养于安静、温暖的畜舍中,铺以软草,任其自由起卧,喂以有营养且易消化的饲料,每日饮以2~3次温米汤,切忌冷水冻料和霉败变质饲料。

预防本病的发生在于注意饲料管理及合理使役,让孕畜适当运动,给以有营养的饲料,饲料应注意多样化,寒冬勿喂冷冻饲料或饮冷水。此外,在孕期三个月左右时服安胎药数剂,如保胎安全散或固胎散之类。

五、治疗

治疗原则:安胎。气血虚弱型,宜补气养血;肾气不足型,宜补肾益肝;血热阴亏型,宜清热养阴;血瘀气滞型,宜化瘀生新。

(一)针灸治疗

凡属先兆流产者,应严忌针刺腹臀各处穴位;凡属不完全流产者,可电针、水针、白针或火针后海、雁翅、关元等穴,以促进子宫收缩。

(二)中药治疗

可酌情选用下列各方。

1.十全大补汤加减

适用于气血虚弱而不完全流产。

组成:

| 党参60 g | 当归身60 g | 黄芪60 g | 炙甘草40 g | 白芍60 g |
| 茯苓50 g | 威灵仙40 g | 川芎40 g | 香附子60 g | 白术60 g |

用法:水酒为引,煎水,牛2~4次内服。

方解:党参、黄芪、白术、炙甘草、茯苓补中益气为主药;当归身、川芎、白芍养血调血,益血敛阴为辅药;威灵仙、香附子理气,通经络,祛风湿,以治腰肢疼痛为佐药;水酒温通经脉,以协助药势为使药。

注:本方较中医的十全大补汤少肉桂、熟地黄,多香附子和威灵仙。临证运用时,可加肉桂、熟地黄,去威灵仙,则效果更佳。若为先兆流产的气血虚弱者,可用十全大补汤去肉桂,加阿胶、何首乌、桑寄生,以增强其养血保胎的作用。

2.保胎安全散

适用于肾气不足型的先兆流产。

组成:

全当归45 g	川芎15 g	菟丝子30 g	川贝母10 g	炒白芍10 g
黄芪30 g	羌活10 g	炙甘草10 g	续断30 g	补骨脂25 g
厚朴10 g	黑杜仲15 g	炒艾叶10 g	枳壳12 g	荆芥穗(炒黑)10 g

用法:共研细末,开水冲,候温灌服,马1日1剂。

方解:黑杜仲、续断、补骨脂补肾壮阳为主药;全当归、川芎、炒白芍养血敛阴,以养胎元为辅药;菟丝子、炒艾叶、荆芥穗、黄芪、炙甘草补气固中,暖宫安胎为佐药;川贝母、厚朴、枳壳、羌活理气健脾,祛风寒,化痰湿为使药。

3.固胎散

适用于肾气不足型及气血虚弱型的先兆流产。

组成：

全当归 60 g	炒白芍 25 g	炙甘草 45 g	炙黄芪 40 g	炒枳壳 10 g
胡芦巴 30 g	淡豆豉 60 g	熟地黄 30 g	阿胶 25 g	川贝母 15 g
黑艾叶 15 g	菟丝子 25 g	丝绸(炒黑) 12 g		

用法：共为末，开水调，候温，加糯米粥一碗，灌服，马1日1剂。

方解：全当归、熟地黄、炒白芍、阿胶养血调血，敛阴固胎元为主药；胡芦巴、菟丝子补肾壮阳，养阴固胎元为辅药；炙黄芪、炙甘草、炒枳壳、川贝母、淡豆豉、糯米粥补中气，理气健脾，化痰湿，散风寒为佐药；黑艾叶、丝绸暖胞止血，固胎元为使药。

4. 白术散

适用于血瘀气滞型及气血虚弱先兆流产。

组成：

白术 60 g	当归 60 g	川芎 30 g	党参 60 g	甘草 15 g
白芍 60 g	阿胶 30 g	陈皮 60 g	苏梗 30 g	砂仁 30 g
生姜 60 g	熟地黄 45 g	黄芩 60 g		

用法：煎水，牛3次内服，马5次内服。

方解：白术、党参、甘草补中益气以养胎为主药；当归、熟地黄、白芍、川芎生血和血，充盈冲任二脉以养血安胎为辅药；阿胶、陈皮、砂仁固肺理气，健脾开胃，运化水谷精微为营血以滋阴安胎为佐药；黄芩、生姜、苏梗清里发表，顺气安胎为使药。

5. 安胎散

适用于血热阴亏型先兆流产。

组成：

| 生地黄 30 g | 栀子 30 g | 黄芩 25 g | 黄芪 25 g | 阿胶 30 g |
| 白芍 21 g | 川芎 15 g | 当归 12 g | 白术 21 g | 苏梗 21 g |

用法：煎水，内服，牛1日1剂。

方解：生地黄、栀子、黄芩清热泻火，凉血滋阴为主药；阿胶、白芍、当归、川芎养血调血，敛阴固胎元为辅药；黄芪、白术补中益气，保胎固蒂为佐药；苏梗顺气安胎为使药。

6. 保胎无忧散

适用于气血虚弱之胎动不安。

组成：

当归 30 g	川芎 20 g	熟地黄 50 g	白芍 30 g	黄芪 30 g
党参 40 g	白术 60 g	枳壳 30 g	陈皮 30 g	黄芩 30 g
紫苏梗 30 g	艾叶 20 g	甘草 20 g		

用法：粉碎，混匀拌料或煎服。马、牛 200～300 g，羊、猪 30～60 g。

方解：当归、熟地黄补血，黄芪、党参补气为主药；川芎、白芍活血行气，使补而不瘀，白术补气健脾为辅药；枳壳、陈皮，行气使补而不滞，黄芩清热安胎、紫苏梗理气宽中，止痛安胎，艾叶温里安胎。甘草调和诸药共奏养血，补气，安胎作用。

7. 泰山磐石散

适用于气血两虚所致胎动不安，习惯性流产。

组成：

党参30 g	黄芪30 g	当归30 g	续断30 g	黄芩30 g
川芎15 g	白芍30 g	熟地黄45 g	白术30 g	砂仁15 g

炙甘草12 g

用法：粉碎，混匀拌料或煎服。马、牛250～350 g，羊、猪60～90 g，犬、猫5～15 g。

方解：本方证是由气血虚弱、胞宫不固、胎元失养所致。方中白术益气健脾安胎，为主药；党参、黄芪助白术益气健脾以固胎元，当归、熟地黄、白芍、川芎养血和血以养胎元，共为辅药；主辅相伍，双补气血以安胎元；佐以续断补肾安胎，黄芩清热安胎，砂仁理气安胎，且醒脾气，以防诸益气补血药滋腻碍胃为佐药；炙甘草益气和中，调和诸药，为使药。诸药合用共奏补气血、安胎之功。

8. 加味生化汤

适用于流产后瘀血内阻及不完全流产。

组成：

全当归60 g	制桃仁12 g	姜炭10 g	红花10 g	益母草30 g
泽兰叶25 g	川芎5 g	炙甘草6 g	黄酒60 mL	

用法：共研细末，开水冲调，候温，内服，加黄酒60 mL，童尿100 mL，马、骡1日1剂。

方解：全当归、川芎养血调血，行血中之气为主药；制桃仁、红花、泽兰叶活血散瘀，推陈致新为辅药；姜炭、益母草、黄酒暖胞止血，收缩子宫，改变血窦为佐药；炙甘草补益中气，调和诸药为使药。

据临床医师观察，以生化汤为基础方，治产后出血、气虚难产、产后寒、产后血虚、产后腹痛及胎衣不下等产后病证，皆可获效，且可作为产后病证的预防用药。

• **本节小结** •

本节介绍了母畜流产的病因、病机、症状与辨证要点，流产的护理、预防和治疗手段。通过理论结合案例学习，掌握母畜流产的诊断和辨证论治法则，熟悉适用于治疗不同型流产的中药组方，为临床上预防和治疗母畜流产提供方案。

本节概念网络图

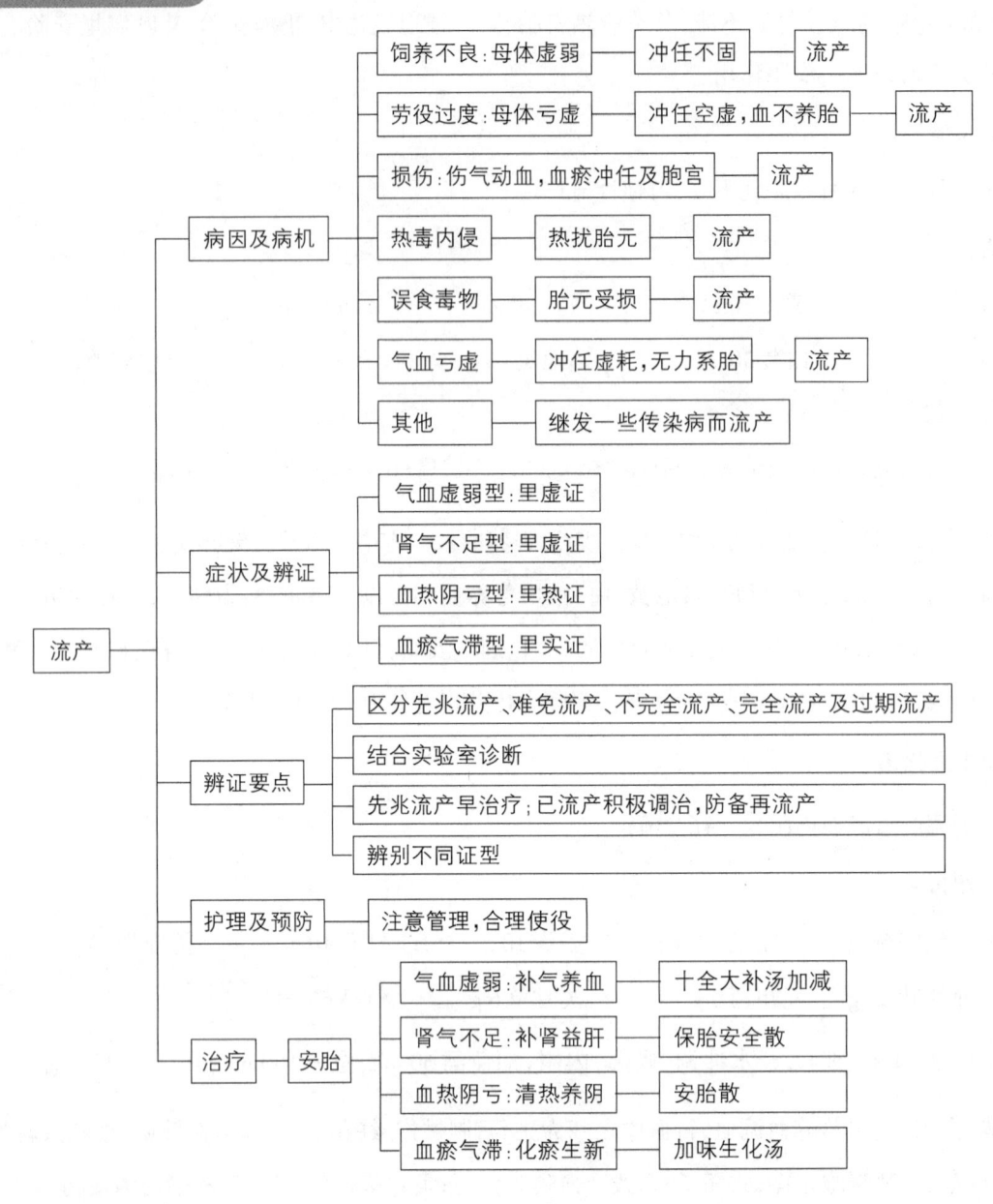

```
流产
├── 病因及病机
│   ├── 饲养不良：母体虚弱 → 冲任不固 → 流产
│   ├── 劳役过度：母体亏虚 → 冲任空虚，血不养胎 → 流产
│   ├── 损伤：伤气动血，血瘀冲任及胞宫 → 流产
│   ├── 热毒内侵 → 热扰胎元 → 流产
│   ├── 误食毒物 → 胎元受损 → 流产
│   ├── 气血亏虚 → 冲任虚耗，无力系胎 → 流产
│   └── 其他 → 继发一些传染病而流产
├── 症状及辨证
│   ├── 气血虚弱型：里虚证
│   ├── 肾气不足型：里虚证
│   ├── 血热阴亏型：里热证
│   └── 血瘀气滞型：里实证
├── 辨证要点
│   ├── 区分先兆流产、难免流产、不完全流产、完全流产及过期流产
│   ├── 结合实验室诊断
│   ├── 先兆流产早治疗；已流产积极调治，防备再流产
│   └── 辨别不同证型
├── 护理及预防
│   └── 注意管理，合理使役
└── 治疗 — 安胎
    ├── 气血虚弱：补气养血 → 十全大补汤加减
    ├── 肾气不足：补肾益肝 → 保胎安全散
    ├── 血热阴亏：清热养阴 → 安胎散
    └── 血瘀气滞：化瘀生新 → 加味生化汤
```

思考与练习题

(1) 试分析气血亏虚致母畜流产的原理。

(2) 肾气不足型和气血虚弱型流产的症状有什么异同？

(3) 请对以下病例进行分析及辨证论治，思考处方用药的特点及护理要点。

案例一：易某，因1头4岁母猪流产求诊。主诉：该母猪已产子5窝，且每窝都在10头以上，在第5窝仔猪断奶前母猪生病，经兽医用西药多次治疗后食欲转正常，发情后配种受孕，但怀孕2～3月发生流产，已连续流产了几窝。经检查：母猪精神沉郁，食欲减退，体温38.5℃，形体消瘦，阴道内仍有恶露流出，小便频数，脉沉细而弱。

案例二：李某家一只4岁母小尾寒羊发病。主诉：该羊已4次配种，3次怀孕，均在怀孕2个月左右流产。这次于配种后两月余表现骚动不安，阴道有少量鲜血流出。前3次出现流产症状时，曾多次肌注孕酮，灌服保胎中药无效。症见：该羊骚动不安，阴道排出稀薄、暗红色血液，淋漓不止，时多时少，毛焦体瘦，疲乏无力，体温正常，食欲不振，舌淡、苔薄白，脉细无力。

拓展阅读

流产是指由于胎儿或母体异常而导致妊娠的生理过程发生扰乱，或它们之间的正常关系受到破坏而导致妊娠中断。根据母畜流产的病因分为：(1)普通流产：自然性流产、症状性流产；(2)传染性流产：细菌性、病毒性；(3)寄生虫性流产。流产的一般治疗原则：保胎，抑制子宫收缩，减少运动和劳役。妊娠期有习惯性流产者可补充孕酮等。

病案拓展

案例一：新疆昭苏某马场的1匹英纯血母马，年龄12岁，怀孕10个月，中等膘情。该马在上午喂完草料后，其在圈舍内转圈、频频卧地等。

临床检查：观察外阴部有黏液。精神沉郁，食欲减退，眼结膜淡红，舌苔薄白，体温38.2 ℃，呼吸16次/min，脉搏37次/min，频频举尾，喜卧，外阴部有大量的分泌物流出，呈黄褐色稀薄黏腻水样，臀部肌肉松弛，阴门微张呈淡粉色。检查配种记录，该马预产期为6月15日，距预产期尚有29天，未达到预产期。该马曾经有流产史，并有多次腹痛，包括肠痉挛、肠梗阻等，并有异嗜行为，在发生外阴部分泌物增多前，曾出现打滚、刨地等腹痛现象。

中兽医辨证：气血虚弱兼气滞之先兆性流产。

治疗处方：为防止流产，保胎，故使用安胎散。白术、黄芪、党参、当归、熟地黄、白芍、续断、黄芩、砂仁、炙甘草等，粉碎，置于砂锅容器内倒入相当中药体积3倍的水，浸泡1 h，先武火煮沸，再用文火煮30 min并不断搅拌，将中药熬至糊状，与温水混合为稀糊状，用鼻饲管灌服。1 h后马匹精神好转，外阴部黏液分泌量减少，逐渐恢复食欲。为巩固治疗，将中药制成粉剂煎煮后与颗粒饲料混合，每日下午进行饲喂，保证药物全部采食，连喂5天。用药3天后，马匹精神恢复正常，食欲增加，臀部肌肉正常，翘尾动作减少，阴道外部干燥无分泌物流出，外阴部闭合；用药5天后完全恢复正常。

案例二：张某家一只6岁小尾母寒羊发病。主诉：该羊已2次怀孕，均在怀孕3个月左右流产。这次配种后已近3个月，发现该羊骚动不安，产道有少量鲜血流出。

临床检查：该羊骚动不安，前肢刨地，回头顾腹，阴道排出稀薄、暗红色血液，淋漓不止，时多时少，体温正常，食欲不振，舌淡、苔薄白，脉细无力。

中兽医辨证：为气血不足，肾亏血虚，胎失所养所致肾气不足型流产。

治疗处方：白术25 g,当归25 g,熟地黄30 g,黄芪25 g,党参35 g,杜仲20 g,续断20 g,阿胶25 g,菟丝子20 g,苏梗20 g,仙鹤草25 g,麦芽40 g,炒山楂40 g,神曲40 g,砂仁5 g。上药水煎3次,去渣留液500 mL,候温1次灌服。1剂/天,连服3剂。同时用青霉素钾160万IU,链霉素200万IU,肌肉注射；孕酮80 mg,肌肉注射,1次/天,连用3天；灌服维生素E 200 mg,2次/天。连用3天。后痊愈。

方中以白术、当归、熟地黄、黄芪、党参壮元益气,补血养血,使气血充足,胎有所养；杜仲、续断补肾安胎,使胎有所系；阿胶为血肉有情之品,补奇经固冲任；菟丝子补肝肾,益精髓；砂仁补气止痛,和胃安胎；麦芽、炒山楂、神曲活血化瘀；苏梗升胎气,强安胎之效；仙鹤草止血以辅之。全方能补肾安胎、壮元益气、补血安胎、益冲任、保胎治本；维生素E有类似孕酮的保胎作用,从而达到安胎、养胎、止血、去痛保胎的作用。

案例三：母水牛一头,6岁,营养下等,体重约300 kg,于5月13日发病,5月22日求诊。主诉：近因连续使役,发生拉稀,曾内服健脾止泻之药10余剂,效果不明显。已孕10月左右,现仍拉稀,精神不好,喜卧懒动,阴户红肿,流出黏液。

临床检查：精神萎靡不振,眼球内陷,体质瘦弱,右侧腹部膨大,皮毛无光泽,行走缓慢,粪溏,尿液短少,瘤胃蠕动3次/2min,食欲、反刍未见异常,心跳44次/min,呼吸17次/min,阴户红肿,哆开,流出少量黏液,右腹侧有胎儿蠕动,且胎位正常,听诊胎音明显,体温37 ℃,脉象细滑无力,口色淡白津少。

当日晚,胎儿娩出,但随即子宫全部脱出,母牛无奶,犊牛较弱。

中兽医辨证：由于产前连续使役,营养不足,致成劳伤泄泻,未能彻底治愈而使素体亏虚："劳则气耗",元气亏虚,难以系胎；加之,脾不化精,气血无以化生,气损血亏,血海不足,冲任空虚,血不养胎,胎儿得不到足够的营养,发育受阻,继而导致流产,由于中气虚陷,难以固摄脏腑,故子宫随胎儿全部脱出,形成早产,乳汁难下,故母牛无奶,属里虚证。病位在肾、脾及胞宫。治宜补气养血,整复胞宫,通经下乳。方用补中益气汤加味。

治疗处方：党参60 g、黄芪70 g、白术60 g、炙甘草30 g、升麻15 g、柴胡15 g、当归30 g、陈皮45 g、枳壳60 g、炮山甲30 g、通草45 g、漏芦35 g、王不留行50 g、瓜蒌45 g。用法：煎水,5次内服,1日2~3次,连服两剂。

同时,静脉注射5%葡萄糖生理盐水1 000 mL,10%安钠咖20 mL,维生素C 20 mL,肌肉注射青霉素320万IU,均连用3天。对脱出的子宫以0.1%的高锰酸钾液洗后并行马蹄形荷包缝合。

第六节 胎死不下

胎死不下,是胎儿因各种原因在母畜体内死亡,不能娩出之证。可见于各种家畜。

一、病因及病机

(一)气血虚弱

多见于体质素虚或病后的家畜,因妊娠气血更虚,不能将胎儿娩出,日久胎儿闷绝而死。

(二)劳役过度

多由于役畜使役无节,劳役过度,致津液亏损,血不养胎,冲任不通,而将胎儿憋死。

(三)血瘀

多由于孕畜跌扑损伤导致胎气不固,或产时护理不善,致瘀血阻滞,气机不畅,不能运胎下行。

(四)气滞

由于孕畜惊恐,导致气结不宣,胎气阻滞,不能将胎儿娩出。

(五)难产

因难产将胎儿闷绝而死。

二、症状及辨证

患畜多出现难产的症状,但口色青黑色,听诊胎儿心音消失,触诊无胎动。临证上常因时间过久而胎儿干尸化,或浸软,或腐败分解,故分为三型。

(一)胎儿干尸化型

母畜无性周期,眼观无明显异常,妊娠症状增强的现象停止,没有预期的分娩征候。直肠检查发现一侧卵巢中有很明显的黄体,子宫内有坚硬物体,子宫颈张开。

(二)胎儿浸软型

母畜妊娠症状停止,不出现预期的妊娠加强症候,直肠检查可触摸到子宫滚动。牛不能触摸到胎盘,一侧卵巢有黄体,子宫颈中排出有零星骨块的黏性物质,阴道及子宫颈黏膜充血,颈口稍张开;或从阴道中经常排出白色或褐色的物质。

(三)胎儿腐败型

母畜出气恶臭,阵缩微弱,精神沉郁,腹痛起卧,肚胀,阴道排出脓性物质;或阴道干燥;子宫颈张开,触诊胎儿可发现部分无毛及皮下有捻发音。

属里实急证,病位在子宫及冲任二脉。

三、辨证要点

(1)以临产不下,起卧不安,胎儿心音及胎动消失,且无妊娠增强症状,口色青黑色,宫颈张开,或阴道中不时流出白色、褐色物质,直肠或阴道子宫触诊,可发现已死的,或已腐败的胎儿为临证辨证依据。

(2)宜结合病期的长短及病势以判定证属何型,从而推断预后。

(3)胎儿干尸化者预后良好,如系母猪,多可顺利娩出;胎儿浸软者,如能及时预防感染和继发症,经过适当的处治,可望痊愈;胎儿腐败分解者,由于邪毒攻心,预后不良,多以死亡为转归。如遇此种患畜,术者应特别注意安全,以免发生感染。

四、护理及预防

病畜应注意全身症状,每天应测视体温、呼吸、心跳次数,观察食欲及神色,凡有异常者,兽医应及时处治。畜舍应清洁、凉爽或温暖,多给饮水和补给适当的精料,维持病畜适当的运动。平时,应有劳有逸,运动时不可跳沟越涧,或猛追猛赶,妊娠后期应适当补给精料。

五、治疗

治疗原则:补气血,祛瘀血,下死胎。

(一)针灸治疗

可选雁翅、归尾、尾归、后海、气门等穴,或电针,或火针,或白针。

(二)方药治疗

可酌情选用下方加减化裁治疗。

1.天花粉阴道塞入法

取天花粉60~120 g,研末,用消毒纱巾一层包好,塞入阴道,置于子宫颈口处,可扩张宫颈,将胎儿娩出,亦可用针剂注射,以引产。

2.参芪生化汤

适用于胎死不下。

组成

| 党参60 g | 炙黄芪60 g | 全当归60 g | 桃仁15 g | 血余炭30 g |
| 川芎30 g | 炙甘草15 g | 炮姜15 g | 醋炒龟板(为末)30 g |

用法:共为末,煎水,候温,加桃仁泥和龟板末,牛、马1次内服。

方解：党参、炙黄芪、炙甘草补益中气，以下死胎为主药。全当归、川芎、桃仁祛瘀生新，以下死胎为辅药；醋炒龟板、血余炭祛瘀生新，滋阴液，开交骨为佐药，炮姜暖胃止血为使药。

加减：若腹痛剧烈者，加陈皮21 g、炒乳香30 g。

3. 冲胎散

适用于牛应时不下已3~5日者。

组成：

枳壳60 g　　木香30 g　　香附子30 g　　大戟30 g　　甘草15 g
泽兰叶15 g　甜酒120 mL

用法：共为末，用烧红的铁秤锤一个放入清凉水2 500 mL中，取出铁秤锤，用水调药，和甜酒，候温1次内服。

方解：大戟、泽兰叶逐瘀血，峻下逐水以下死胎为主药；香附子、枳壳、木香行气散结，通经止痛，收缩胞宫以下死胎为辅药；甘草、铁秤锤淬水以重镇①下死胎，助大戟之增强腹腔平滑肌收缩以下死胎为佐药；甜酒温经活血，养气血助药势为使药。

4. 自拟方

适用于气虚血瘀之胎死不下。

组成：

龟板30 g　　鳖甲30 g　　牛膝90 g　　常山90 g　　红花60 g
泽兰15 g　　麝香10 g　　肉桂10 g

用法：先将前五味药煎水，去渣，再加后三味药的细末，调匀，候温，牛1次内服。

方解：龟板、鳖甲滋阴液，开交骨以下死胎为主药；牛膝、红花、泽兰逐瘀血以下死胎为辅药；肉桂、常山壮阳补火，除寒热往来，行水止痛，堕胎以助药势为佐药；麝香开窍辟秽，活血通络以助药势为使药。

5. 鳖甲汤加味

适用于气血亏虚的胎死不下。

组成：

焦荆芥35 g　木通35 g　　车前仁35 g　五灵脂35 g　天花粉35 g
黄芩35 g　　炒蒲黄40 g　赤芍40 g　　桃仁40 g　　红花30 g
鳖甲45 g　　当归20 g

用法：共为细末，分4次，连服2天。

方解：炒蒲黄、焦荆芥、五灵脂活血散瘀，止血下死胎为主药；当归、红花、鳖甲养血行血，逐瘀血以下死胎为辅药；木通、车前仁理气去滞，天花粉、黄芩清热以助下死胎为佐使药②。

加减：

(1)如胎衣或死胎溶化后腹痛显著者，加玄胡素（元胡）60 g、炙香附90 g、益母草90 g、童便为引，原

---

①铁秤锤淬水，作用强烈，故用重镇。秤锤：味辛，性温，无毒。治横生逆产，止产后血瘕腹痛。
②佐使药，指佐药与使药的合称。

方中去附子、干漆、猪油作为第二剂使用。

(2)若瘀血排得过多,机体虚弱者,加地榆60 g、棕榈皮30 g、禹余粮粉25 g、童便为引,原方中去附子、干膝、猪油作为第二剂使用。

(3)如胎衣或死胎溶化后,小便淋漓失调,是元气亏损,加熟地黄60 g、山茱萸60 g、淮山药90 g、益智仁30 g、枸杞子30 g,原方去附子、干漆、猪油、牡丹皮,作为第二剂使用。

(4)若用于猪,可将药物剂量减去三分之一即可。

(三)手术治疗

若胎儿刚死不久,尚未腐败及浸软者,用碎胎术将胎儿分为数块取出,诸如切下前肢,或胎头,或后肢,或切开腹腔,减小体积,以利取出。若胎儿姿势不正,可拨正姿势,牵引出产道,如不能牵引者,亦可用碎胎术。

本节小结

本节介绍了母畜胎死不下的病因、病机、症状与辨证要点;胎死不下的护理、预防和治疗手段。通过理论结合案例学习,掌握不同型胎死不下的诊断和辨证论治法则,熟悉适用于治疗胎死不下的中药组方和针灸穴位,为临床上预防和治疗胎死不下提供方案。

本节概念网络图

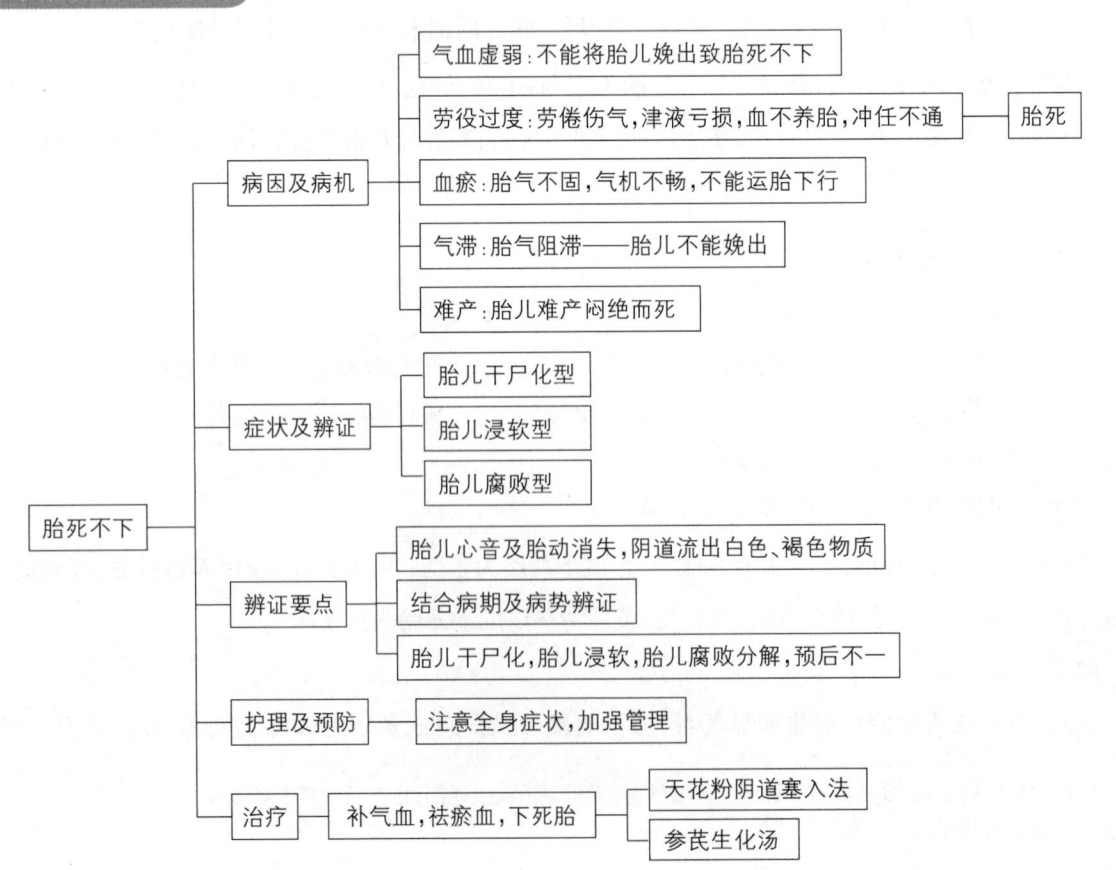

胎死不下
- 病因及病机
  - 气血虚弱:不能将胎儿娩出致胎死不下
  - 劳役过度:劳倦伤气,津液亏损,血不养胎,冲任不通 — 胎死
  - 血瘀:胎气不固,气机不畅,不能运胎下行
  - 气滞:胎气阻滞——胎儿不能娩出
  - 难产:胎儿难产闷绝而死
- 症状及辨证
  - 胎儿干尸化型
  - 胎儿浸软型
  - 胎儿腐败型
- 辨证要点
  - 胎儿心音及胎动消失,阴道流出白色、褐色物质
  - 结合病期及病势辨证
  - 胎儿干尸化,胎儿浸软,胎儿腐败分解,预后不一
- 护理及预防
  - 注意全身症状,加强管理
- 治疗
  - 补气血,祛瘀血,下死胎
    - 天花粉阴道塞入法
    - 参芪生化汤

思考与练习题

(1) 从养殖管理的角度谈谈如何避免胎死不下的发生。

(2) 试分析"冲胎散"的药物组成原理。

(3) 请对以下病例进行分析及辨证论治,思考处方用药的特点及护理要点。

案例一:易某,因1头2岁本地黑母猪配种受孕未产求诊。主诉:该母猪在4月前发情配种受孕,随着月龄增加肚腹逐渐膨大,在25天前还能摸到胎动,但至今已4月有余仍不见分娩。证见:患猪精神不振,食欲减退,体温38.5 ℃,用手触摸右下腹有块状物,患猪敏感,时现起卧不安,小便频数,大便干结,脉象沉涩。

案例二:一母水牛,12岁。主诉:曾产二胎,现怀孕已十个多月,昨日起表现不安,拱腰努责,回头顾腹,阴户肿胀,今早流出大量浆水(羊水),但胎儿至今不下。傍晚赴诊,见母牛精神不安,回头顾腹,努责。阴道检查,宫颈能过五指,胎儿头位,羊膜已破,胎音未闻及,母牛心跳12次/min,节律正常,音较弱,口色淡红,口涎稀,鼻汗成片状偏凉。

拓展阅读

难产时,若无法矫正拉出胎儿,又不能或不宜施行剖宫产,可将死胎儿的某些器官截断,分别取出或把胎儿的体积缩小后一同拉出。适用于胎儿已经死亡且产道尚未缩小者。碎胎术只用于大家畜,它需要备有齐全的器械和掌握熟练的技术。由于剖宫取胎术的推广与应用,较复杂的碎胎术现今已较少应用,但不十分复杂的某些碎胎术仍不失为优越的助产术。剖宫取胎虽可解脱各种难产,但此手术毕竟是大手术,处置不当会导致不良后果。

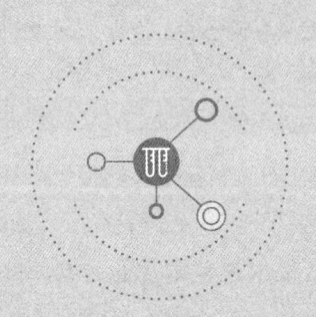

第五章

产后病

本章导读

　　母畜产后病证主要有哪些？产后风、产后寒、产后发热、产后气血虚、产后腹痛、产后出血、胎衣不下、垂脱症、缺乳、奶肿等病证主要有哪些症状？其主要病因与机理是什么？怎样辨证论治？本章将一一解答这些问题。

学习目标

　　(1)了解母畜产后疾病相关主要病证、病因、病机，熟悉辨证分型，掌握治疗原则与常用处方，掌握临床母畜产后疾病的辨证论治方法与技巧。

　　(2)培养对临床母畜产后疾病辨证论治和指导临床相关疾病诊治的能力。

　　(3)理解母畜产后疾病的复杂性，建立临床辨证论治的整体观，培养综合分析问题的能力，坚持实事求是的工作态度与作风。

产后家畜气血亏虚,容易发病,临证中常见的产后病包括产后风、产后寒、产后发热、产后气血虚、产后腹痛、产后出血、胎衣不下、垂脱症、缺乳、奶肿等。我们这里着重讨论产后疾病的发病原因、病机、症状与辨证、护理和治疗的一些问题。

第一节 产后风

产后风,亦称为胎风,是母畜产后腰腿疼痛之证,以前行后拽,胯痛胸疼,瘫痪难起等为主症。《元亨疗马集》:"产后腿痛者,谓之胎风。"各种家畜均可患病。

一、病因及病机

(一)久逸久立

多由于缺乏足够的运动,久逸伤肝,久立伤骨,致患畜筋骨软弱无力,卧地不起。

(二)饥伤

多发生于产乳量高的家畜,或是哺乳后期,或因饲料中含有较多的蛋白质,但糖分不足及钙盐缺乏的母畜,由于饥伤则肌肉软弱无力,站立不稳,卧地难起,或妊娠期限制饲喂,致母畜营养摄入不够,气血生成不足,分娩过程中亦出现出血过多,致血虚生风。

(三)感受风寒

多由于分娩时,风寒乘虚而入皮肤,传入肌肉及经络,致肌肉软弱无力,或风寒乘虚而入脏腑,伤及肝肾二经,致肝不主筋,筋软无力,瘫痪不起。

(四)肾虚

由于体质素虚,加上营养不良,而日积月累,发生肾精不固,不能生髓充骨和通于脑,则神气衰竭,共济失调,筋骨痿软,致瘫痪难起。

二、症状及辨证

（一）肝肾亏虚型

多见于体瘦形羸、气血亏虚的家畜。

患畜站立不稳，前行后拽，胯痛胸疼，腰瘫腿瘓，四肢拳拳，卧而不起，卧地昂头，全身肌肉颤栗，或部分骨肉抽搐，角、四肢和体表变冷，体温降至35～36 ℃，瞳孔扩大，目光呆滞，流泪，角膜变干且浑浊，头弯向胸侧，呈"S"弯曲，神色迟钝，口微张，舌脱出，舌体绵软，口色淡白，苔白，脉象沉迟而细弱，粪便溏泻。

严重者：不食不喝，肠蠕动音消失，肚腹逐渐胀大，直肠检查可发现直肠中有干硬粪便，膀胱充满，呈气贯尿闭状，呼吸缓慢而带啰音，舌头下垂，唾液积聚，乳静脉充血，无乳或少乳，四肢痉挛，卧地不起，耳鼻、四肢寒冷。

属里虚寒证，病位在肾、心和肝经。

（二）寒凝经脉型

多见于饲养管理不良，圈舍潮湿及地下水位较高之处久卧的家畜。

患畜拘行束步，前行后拽，腰胯疼痛，背弓头低，腰背紧硬，或四肢浮肿，起卧困难，食欲减退，重者，瘫卧不起，口色淡白挟青，舌体绵软，舌苔青白，脉象迟细。

属里虚寒证，病位在经脉及筋肉。

三、辨证要点

（1）肝肾亏虚者，以前行后拽，胯痛胸疼，卧地难起，卧地昂头，体温降低，肌肉颤栗，角、耳、四肢及皮肤发冷，神色迟钝，头弯向脑侧，呈"S"形，口微肿，口色淡白，舌体绵软，脉象迟细而紧等主症为临证辨证依据。

（2）寒凝经脉者，常因气候转暖及运动后症状缓解，结合临证上腰背紧硬，拘行束步，起卧困难，或瘫卧不起，局部喜触压按摩等主症为临证辨证依据。

可佐以0.9%水杨酸钠变态反应法以辅助判断。

（3）若经处治后，体温恢复常温，脉象好转，能够抬头，肠蠕动音恢复，为病情好转的指征。

四、护理及预防

对肝肾亏虚者，在分娩前数天或产后的最初3～4天，每天给糖200～300 g，在整个妊娠期间要加喂含有矿物质的补充饲料。

分娩后1～2周应使母牛每天定期地运动，特别是在干乳期内必须消除牛舍和产房中的贼风。

病后，应将患畜喂养于温暖的畜舍中，多铺垫草，增加熟料，饲喂青草，忌一切生料冷水，忌久立久卧。

五、治疗

治疗原则：补血活血消风。肝肾亏虚者，宜补肝益肾；寒凝经脉者，宜祛风胜湿；气血亏虚者，益气养血。

(一)针灸治疗

可采用补法，多用电针或火针治疗。穴位以百会、掠草、抢风(中脘)等穴为主穴，配穴可参考胎气一证的配穴。

(二)巧治

以乳房送风疗法获效较优，但须向乳房中输入消毒的空气，往往多在打气后 20～30 min 症状好转，血压变至正常，患畜站立起来，开始采食，多数仅一次即可，如经 6~8 h 还未好转时，可重复打气一次，亦可改打气为输入乳汁。

(三)方药治疗

可酌情采用下方加减治疗。

1. 补益当归散加减

组成：

全当归 45 g	补骨脂 10 g	血竭 30 g	骨碎补 45 g	昆布 45 g
红花 30 g	白芍 45 g	荷叶 60 g	益母草 45 g	没药 30 g
甜瓜子 30 g	龟板(酥) 30 g	漏芦 30 g	胡芦巴 45 g	连翘 30 g
黄酒 90 mL	自然铜(醋炙) 30 g			

用法：煎水，候温，牛 3 次内服。

方解：全当归、红花、血竭、没药、白芍、自然铜、益母草养血调血，活血止痛，以益冲任，养胞宫，固胎元为主药；骨碎补、补骨脂、龟板、胡芦巴补肝肾，壮阳养阴，强筋骨为辅药；荷叶、漏芦、昆布、甜瓜子、连翘散瘀消肿，清热散结，止痛为佐药；黄酒散瘀消肿，下气为使药。

注：《中兽医诊疗经验第一集》及《中兽医诊疗经验第二集》均用本方治本病。因野生动物保护政策，本方去除虎骨。

2. 麒麟竭散

适用于肝肾亏虚型产后风。

组成：

血竭 30 g	胡芦巴 60 g	当归 45 g	白术 60 g	木通 45 g
补骨脂 60 g	茴香 45 g	藁本 30 g	苦酒 60 mL	巴戟天 60 g
没药 45 g	川楝子 45 g	牵牛 30 g		

用法：煎水，牛 2～3 次内服，1 日 1 剂。

方解：血竭、当归、没药养血活血，散瘀止痛为主药；胡芦巴、巴戟天、补骨脂、川楝子、茴香暖腰肾，补命门,壮筋骨,除风止痛为辅药;白术、牵牛、木通补脾除湿,利二便为佐药;藁本、苦酒散瘀消肿,散风止痛为使药。

3. 血竭散

适用于寒凝经脉型产后风。

组成:

血竭 30 g	全当归 45 g	炒没药 30 g	胡芦巴 30 g	骨碎补 60 g
炒杜仲 45 g	柏子仁 15 g	巴戟天 30 g	千年健 30 g	生姜 30 g
秦艽 45 g	参须 15 g	盐牛膝 21 g	木瓜 21 g	

用法:共为末,开水冲调,候温加童便,马1~2次内服,1日1剂。

方解:血竭、全当归、炒没药补血活血散瘀,养血止痛为主药;秦艽、柏子仁、参须、千年健补气宁心,养血荣筋,充健四肢,生姜温中止痛为辅药;骨碎补、胡芦巴、炒杜仲、巴戟天补肾壮阳,除风止痛为佐药;盐牛膝、木瓜强筋壮骨,充健四肢为使药。

加减:气血虚弱的动物,加炙黄芪45 g、炙甘草15 g;风盛酌加红花15 g、防风30 g、羌活30 g、黄酒120 mL;前肢重的动物,加厚朴30 g、苍术20 g、葱根25 g、石斛45 g。

4. 独活寄生汤

适用于寒凝经脉型产后风。

组成:

羌活 60 g	独活 60 g	防风 60 g	防己 60 g	当归 30 g
桂枝 30 g	五加皮 60 g	杜仲 60 g	秦艽 60 g	续断 60 g
川芎 30 g	车前子 30 g	桑寄生 60 g	白酒 90 mL	

用法:煎水,水牛三次内服,猪用四分之一剂量。

方解:羌活、独活发表胜湿[①]为主药;五加皮、桑寄生、杜仲、续断补肝肾,壮筋骨,祛风湿为辅药;防风、桂枝、防己、秦艽、车前子祛风胜湿、祛邪透表为佐药;当归、川芎、白酒养血利气,理血通结以扶正祛邪,标本兼顾为使药。

5. 自拟方

适用于寒凝经脉型产后风。

组成:

红花 20 g	桃仁 20 g	玄胡 20 g	香附子 20 g	熟地黄 25 g
赤芍 20 g	当归 12 g	荆芥 20 g	防风 20 g	羌活 20 g
僵蚕 12 g	全蝎 12 g	天麻 12 g	肉桂 12 g	甘草 10 g
红糖 120 g				

用法:共为末,开水冲调加红糖,牛1次内服,1日1剂。

[①]发表胜湿,同解表化湿,指解除表证,化除湿邪。

方解：熟地黄、红花、桃仁、当归、赤芍、玄胡养血活血，散瘀止痛为主药；香附子、全蝎、僵蚕、天麻除风止痛，理气调血为辅药；肉桂、荆芥、防风、羌活壮阳补火，除寒湿，祛风止痛为佐药；甘草、红糖壮阳气，调和气血为使药。

● 本节小结 ●

本节介绍了母畜产后风的病因、病机、症状与辨证要点；产后风的护理、预防和治疗手段。通过理论结合案例学习，掌握肝肾亏虚和寒凝经脉型产后风的诊断和辨证论治法则，熟悉适用于治疗产后风的中药组方和针灸穴位，为临床上预防和治疗产后风提供方案。

本节概念网络图

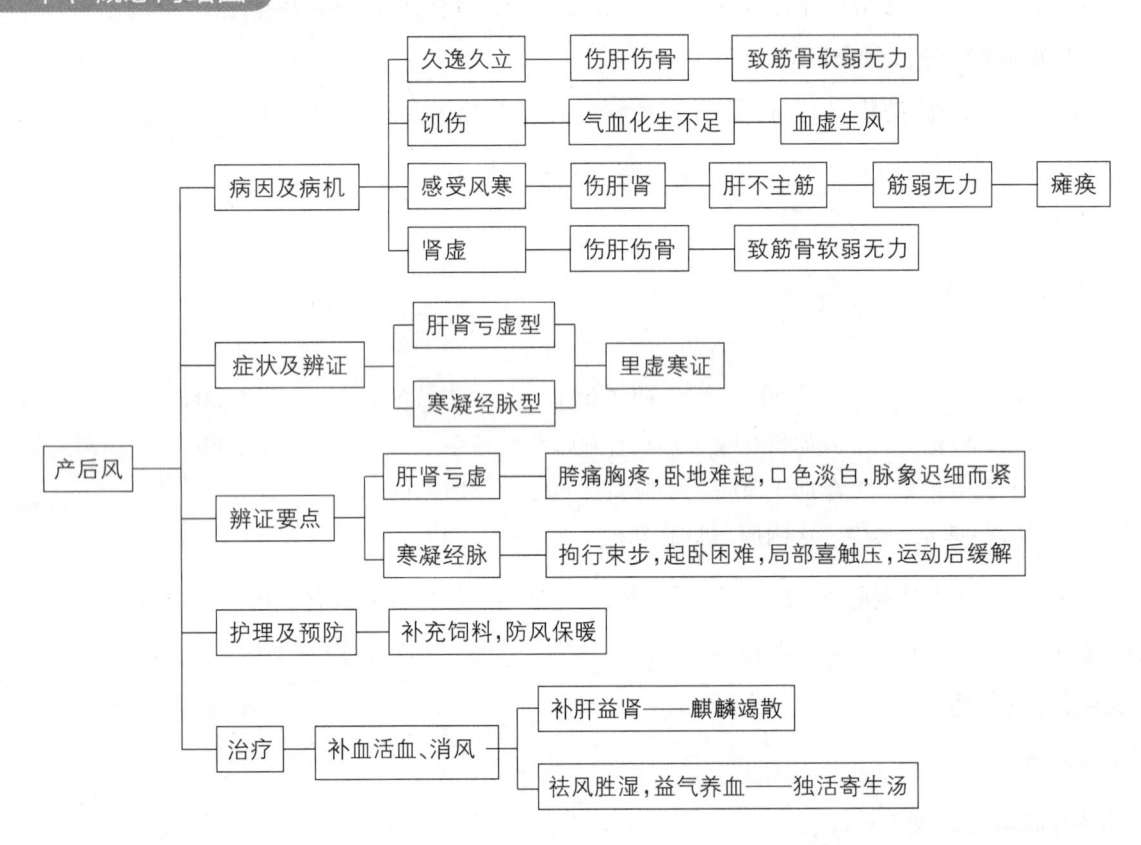

```
产后风
├── 病因及病机
│   ├── 久逸久立 ─ 伤肝伤骨 ─ 致筋骨软弱无力
│   ├── 饥伤 ─ 气血化生不足 ─ 血虚生风
│   ├── 感受风寒 ─ 伤肝肾 ─ 肝不主筋 ─ 筋弱无力 ─ 瘫痪
│   └── 肾虚 ─ 伤肝伤骨 ─ 致筋骨软弱无力
├── 症状及辨证
│   ├── 肝肾亏虚型
│   └── 寒凝经脉型 ─ 里虚寒证
├── 辨证要点
│   ├── 肝肾亏虚 ─ 胯痛胸疼，卧地难起，口色淡白，脉象迟细而紧
│   └── 寒凝经脉 ─ 拘行束步，起卧困难，局部喜触压，运动后缓解
├── 护理及预防 ─ 补充饲料，防风保暖
└── 治疗 ─ 补血活血、消风
    ├── 补肝益肾 ── 麒麟竭散
    └── 祛风胜湿，益气养血 ── 独活寄生汤
```

思考与练习题

(1) 从现代养殖场管理分析如何预防产后风的发生。

(2) 寒凝经脉型和肝肾亏虚型产后风在证候上有什么异同？

(3) "麒麟竭散"为何能治疗肝肾亏虚型产后风？

(4) 请对以下病例进行分析及辨证论治，思考处方用药的特点及护理要点。

案例一：某专业户1头3岁母猪怀胎103天时发病，畜主前来求诊。主诉：患猪发病已2天，起初行走步态不稳,后躯摇摆,食欲减退,今早则卧地不起。经调查母猪日粮搭配不合理,矿物质及维生素明显不足。临证见患猪精神倦怠,侧卧在地,强行扶起放手后又倒下,反应迟钝、无食欲;体温38.3 ℃,呼吸23次/min,脉搏68次/min,鼻镜干燥,耳朵及四肢末端较凉,四肢及关节未见外伤、肿胀等病变。

案例二:某猪场1头3.5岁母猪产仔后5天瘫卧于圈内。临证所见:患猪体重约210 kg,伏卧不让仔猪吮乳,驱赶不能站立,几乎无食欲,粪便少且干硬,精神沉郁,对刺激反应很弱,其余无明显症状,诊断为母猪产后瘫痪(产后风)。该案例如何辨证?怎样进行治疗?

拓展阅读

生产瘫痪(乳热症,低钙血症)是母畜分娩前后突然发生的一种严重的急性钙代谢障碍疾病。其特征(症状)是低血钙、全身肌肉无力、意识知觉丧失及四肢瘫痪,消化道麻痹,体温下降。此病常见于饲养良好的高产奶牛。

病案拓展

案例一:一病马产后发病已20日。

临床检查:症见背腰及四肢剧烈疼痛,运步极度困难,经常卧地,很少起立,食欲减少,畜体日趋瘦弱。

中兽医辨证:本病系产后受风寒侵袭所致寒凝经脉型产后风。但因发病时间较长,故其气血郁结,而发生腰腿疼病,即为郁结作痛。

治疗处方:延胡索、桃仁、赤芍、没药各45 g,红花、牛膝、白术(炒)、丹皮、当归、川芎各21 g。

用法:共为细末,开水冲调,候温,马、牛1次灌服。

连服下方5剂,经过10天,症状显著减轻,继服4剂,共22天痊愈。

案例二:一母水牛,14岁。主诉:曾产仔3胎,此次产仔时正下小雨,正产后,母牛还能站立,但后肢摇晃,伸腿不灵,行走无力,第二天喂草时发现牛不能起身,食欲减少而求诊。

临床检查:患牛精神沉郁,食欲减退,反刍减少,瘤胃蠕动3次/2 min,蠕动音弱,心肺无异常,口涎清稀,口色淡白;鼻汗不成珠,四肢拘挛,卧地不起,肢温偏凉,针刺痛觉反应尚存。

中兽医辨证:证属肾虚风袭所致的风瘫(产后风)。

治疗处方:治以暖肾祛寒,养血活血,舒筋通络;处方:熟地黄60 g、白芍45 g、当归60 g、川芎30 g、防风30 g、桂枝30 g、乳香15 g、没药15 g、补骨脂60 g、巴戟天60 g、木瓜45 g、吴茱萸45 g、香附30 g。

用法:水煎取汁,加白酒三两[①]灌服,每日1剂。

[①] 两,质量单位,1两=50 g。

3剂后患畜已能站立,但四肢仍无力,复投上方加黄芪60 g、白术45 g、伸筋草90 g连续服三剂获愈。

此例风瘫是因产后气血亏损,风寒乘虚侵入肌肤,继传经络与肾经,致气滞血瘀所致的风瘫,前人谓:"治风先治血,血行风自灭",故以四物补虚养血,补骨脂、巴戟天温肾壮阳,防风、桂枝解表祛风寒,横走四肢,吴茱萸、木瓜舒筋缓急解痉,香附疏肝气,乳香、没药辅助当归、川芎而活血祛瘀止痛,各药共奏补血活血,暖肾祛风舒筋之功。后三剂加补气健脾之黄芪、白术,促进脾气旺盛,肌肉肌腱得养;用伸筋草以加强舒筋通络之效,方证合拍,故奏效迅速。若日久不愈之重证,需酌情加入炙马钱和虫蛇类祛风药,如全僵蚕、地龙、乌梢蛇,并加强补肾活血之药,方可取效矣。

案例三:1只妊娠后期奶山羊后躯无法站立,精神状态良好,食欲、反刍均正常,心跳、体温、呼吸、脉搏皆正常。进行补钙治疗。22日晚,此羊产下4只羊羔,2只死胎,羔羊身体瘦小,营养不良。继续对病羊进行治疗,并加强产后护理。3月25日上午病羊能够站立。患畜后躯不能站立,体温、脉搏、呼吸、消化系统及排尿和生殖系统活动正常。

临床检查:局部不表现任何病理变化,痛觉反射正常。

中兽医辨证:根据临床症状,初步确诊为产前截瘫(产后风)。

治疗措施:静脉注射10%葡萄糖酸钙溶液50 mL,每日1次,速度不宜过快,以防心脏不能承受导致突然死亡。

药物治疗的同时,对病畜加强护理,多垫褥草,经常翻动畜体,以防继发褥疮。用草把擦腰荐部及后肢,以促进血液循环。

中药处方("当归散"加减):当归5 g,白芍3.5 g,熟地黄5 g,续断3.5 g,补骨脂3.5 g,川芎3 g,杜仲3 g,枳实2 g,青皮2 g,红花1.5 g,煎汤去渣,候温1次灌服,后痊愈。

案例四:王某,因1头3岁本地母猪产后瘫痪求诊。主诉:该母猪产子前行走不稳,疑为正常现象没有在意,产子后病情加重,请当地兽医用骨宁、维生素D_2肌注,加灌服钙糖片治疗3天未见好转,母猪瘫痪卧地。

临床检查:患猪精神沉郁,卧地不起,食欲大减,体质中等,圈舍阴冷潮湿,四肢皮温较低,喜触摸按捏,疼痛反应不明显,大便稍结,小便清长,脉象沉迟而涩。

中兽医辨证:诊为风湿瘫痪证(肝肾亏虚型产后风)。

治疗措施:祛风胜湿、温通血脉。

方选独活寄生汤加味:独活、苍术各45 g,桑寄生60 g,秦艽、防风各35 g,当归、白芍、川芎、熟地黄、杜仲、牛膝、木瓜、茯苓各30 g,党参、山楂、神曲各50 g,附子、干姜、薏苡仁各25 g,细辛、肉桂心各15 g,甘草20 g。煎水,候温灌服,3次/天,3天1剂,连服2剂。

针灸:用圆利针针刺百会穴3 cm、肾俞穴2 cm,用三棱小宽针针刺涌泉穴、滴水穴、蹄头穴、灯盏穴各1 cm,以适量出血为度,术前术后严格消毒,2天针灸1次,连用3次,嘱咐畜主每天按摩活动母猪脊背及四肢。

复诊,该猪已能自由起立,精神食欲明显好转,仍用上方加服1剂,随访痊愈。

第二节 产后寒

产后寒,是产后瘀血未尽,气血亏虚,风寒束表之证。各种家畜均可罹患,多见于猪和牛,以鼻寒耳冷,鼻镜无汗,皮温冷热不均,食欲、反刍减少等为主症。

一、病因及病机

本病多由于产后感受风寒湿邪而引起。

(一)外感风寒

多由于产时瘀血未尽,失血过多,体质虚弱,饲养管理不当,气候突然转变;或被贼风侵袭,致风寒伤于皮毛,内侵凝于腠理和肌肉之间,或是内传于肺经或伤及脾经,致使皮温冷热不均,恶寒耳冷,饮食不佳。

(二)寒湿内侵

多由于畜舍过于潮湿,清洁卫生差,加上产后体虚,突受寒冷及湿气之邪侵袭,则伤及肾阳和脾阳,遂发本病。

二、症状及辨证

患畜精神委顿,食欲、反刍减少,喜卧懒动,恶寒耳冷,耳鼻不温,鼻流清涕,鼻汗时有时无,鼻窍不通,阴道流出血红色浊液,皮温冷热不均,脚软无力,不愿站立,被毛粗乱,不时回顾腹部,肚腹微胀,体温正常,乳汁减少,口色淡白而挟有青色,舌苔白润,脉象浮缓而迟细。

重者,恶寒颤抖,食欲、反刍废绝,站立不起,体温略高。

属体虚表寒证,病位在肌肤及脾经。

三、辨证要点

(1)以鼻寒耳冷,鼻镜无汗,皮温冷热不均,食欲、反刍减少,口色淡白而挟青色,脉象浮而迟细等主症为临证辨证依据。

(2)宜结合病因、症状以分辨病势的轻重。

(3)本证预后良好,若继发其他疾病,则应视辨证的病情而定。

四、护理及预防

母畜临近分娩时,加强饲养管理,应喂养于暖和、干燥、通气良好的畜舍中,注意避免贼风侵袭,忌喂生冷和冰冻的饲料。

五、治疗

治疗原则:调经养血,祛风散寒。

(一)针灸治疗

针灸腰荐七穴、雁翅、百会、山根、后海、大椎等穴。

(二)方药治疗

可用下方加减进行治疗。

1.焦荆祛风薄黄汤

适用于牛产后寒。

组成:

焦荆芥 90 g	炒蒲黄 45 g	五灵脂 60 g	广藿香 60 g	广陈皮 60 g
当归 60 g	赤芍 30 g	桂枝 30 g	益母草 60 g	烧姜 120 g
川芎 30 g	延胡索 60 g			

用法:煎水,牛分3次内服。

方解:焦荆芥、广藿香、炒蒲黄止血驱风,散寒解表为主药;当归、川芎、赤芍调经养血,活血祛瘀,止痛为辅药;五灵脂、延胡索、益母草活血,逐瘀,止痛为佐药;广陈皮、桂枝、烧姜温中散寒,燥湿理气为使药。

临证加减:若产后流血过多,身体消瘦,不吃草料者,去蒲黄、五灵脂、赤芍,加砂仁25 g、厚朴60 g、枳壳30 g、炙香附90 g;若口腔舌红色,拉稀,下痢者,原方去桂枝、蒲黄、五灵脂,加黄连25 g、乌梅皮60 g、没食子30 g;如舌体排齿青白色,口色淡白,血虚,四肢无力者,原方去蒲黄、五灵脂、赤芍,加益智仁60 g、巴戟天60 g、阳起石45 g、大枣5枚。

2.自拟方1

适用于产后寒。

组成:

麻黄 12 g	桂枝 15 g	陈皮 30 g	当归 30 g	防风 30 g
木香 30 g	桃仁 30 g	香附 30 g	血通 30 g	炒益母草 30 g
白芍 30 g	川芎 30 g	红花 12 g	甘草 15 g	陈艾 30 g
荆芥炭 30 g				

用法:煎水,加童便,牛2~3次内服。

方解:麻黄、桂枝、防风辛温解表,除风散寒为主药;当归、白芍、川芎、血通、红花、桃仁养血活血,散瘀止痛为辅药;香附、陈皮、木香理气调血,除寒止痛为佐药;荆芥炭、炒益母草、陈艾、童便、甘草除寒湿,暖胞宫,引血归经,解毒止痛为使药。

3. 自拟方2

适用于产后寒。

组成:

川芎15 g	白芍20 g	厚朴15 g	半夏15 g	白芷20 g
当归20 g	桔梗20 g	桃仁20 g	陈皮20 g	枳壳20 g
苏梗20 g	红花6 g	对叶草15 g		

用法:煎水,猪2~4次内服,1日2~3次。

方解:当归、川芎、白芍养血调血,理气止痛为主药;桃仁、红花、对叶草活血散瘀,通经止痛为辅药;白芷、苏梗、桔梗、半夏宣通肺气,辛温解表,降气祛痰为佐药;枳壳、陈皮温中燥湿,宽中健脾,理气止痛为使药。

4. 四物汤合解表平胃散

适用于产后寒。

组成:

当归50 g	川芎40 g	熟地黄60 g	白芍40 g	苍术70 g
防风70 g	厚朴45 g	陈皮70 g	甘草30 g	柴胡40 g
白芷40 g	桂枝40 g			

用法:煎水,候温,牛3~4次内服,1日3次。

方解:当归、川芎、熟地黄、白芍养血调血,散瘀止痛为主药;防风、柴胡、桂枝、白芷辛温解表,发散风寒为辅药;苍术、厚朴、陈皮温中散寒,开胃健脾,解郁燥湿为佐药;甘草调和诸药为使药。

5. 加减独活寄生汤

主治肝肾两虚,气血不足证。

组成:

独活30 g	桑寄生40 g	秦艽20 g	防风20 g	细辛10 g
当归30 g	芍药30 g	熟地黄30 g	杜仲30 g	党参40 g
肉桂30 g	甘草20 g	牛膝30 g	黄柏30 g	川芎10 g
草乌10 g	炙马钱5 g			

用法:加水煎汁投服。

方解:本方证为痹证日久不愈,累及肝肾,耗伤气血所致。腰为肾之府,膝为筋之府,风寒湿邪痹阻关节,故腰膝关节疼痛,屈伸不利;气血受阻,不能濡养筋脉,则麻木不仁;寒湿均为阴邪,得温则减,故畏寒喜温;舌淡苔白,脉细弱,均为肝肾、气血不足之征。治宜祛邪与扶正兼顾,祛风湿,止痹痛,益肝肾,补气血。方中独活辛苦微温,长于除久痹,治伏风,祛下焦风寒湿邪以蠲痹止痛,为主药。秦艽、防风祛风湿,止痹痛;细辛辛温发散,祛寒止痛;肉桂温里散寒,温通经脉,共为辅药。桑寄生、牛膝、杜仲补肝肾而强筋骨,其中桑寄生兼能祛风湿,牛膝兼能活血利肢节;党参、甘草补气健脾;当归、芍药、熟地黄、川芎(四物汤)养血活血,黄柏清湿热,草乌祛风除湿,炙马钱舒筋活血,散寒通络均为佐药,甘草调和诸药为使药。综观全方,以祛风散寒除湿药为主,辅以补肝肾、养气血之品,邪正兼顾,能使风寒湿邪俱除,气血充足,肝肾强健,诸证自愈。

(三)草药治疗

可酌情试用下方进行治疗。

组成:

山当归 10 g	何首乌 10 g	山葡萄 10 g	地瓜藤 6 g	陈皮 10 g
紫苏 6 g	小茴香 10 g	马蹄草 6 g	陈艾 10 g	益母草 10 g
白酒 60 mL				

用法:白酒为引,煎水,猪 3 次内服。

● **本节小结** ●

本节介绍了母畜产后寒的病因、病机、症状与辨证要点;产后寒的护理、预防和治疗手段。通过理论结合案例学习,掌握产后寒的诊断和辨证论治法则,熟悉适用于治疗产后寒的中药组方和针灸穴位,为临床上预防和治疗产后寒提供方案。

本节概念网络图

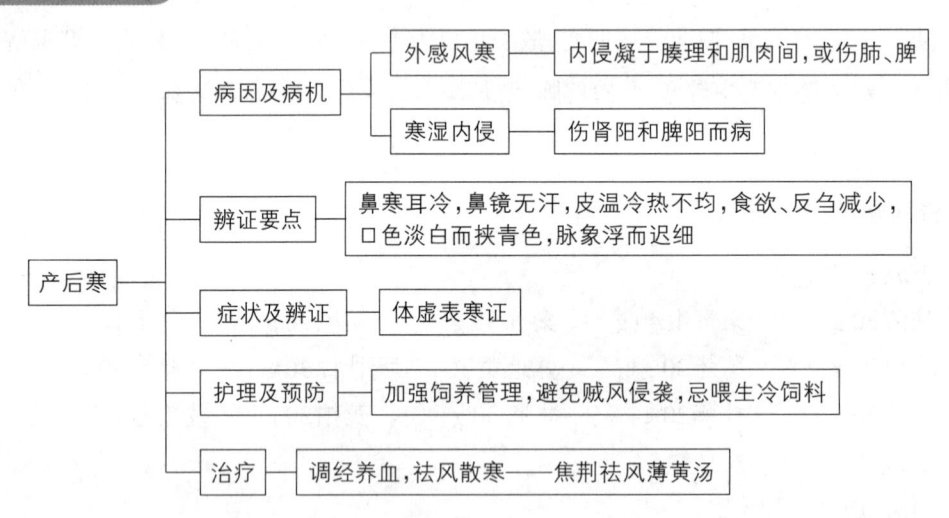

```
                    ┌─ 外感风寒 ── 内侵凝于腠理和肌肉间,或伤肺、脾
         ┌─ 病因及病机 ┤
         │          └─ 寒湿内侵 ── 伤肾阳和脾阳而病
         │
         │          ┌─ 鼻寒耳冷,鼻镜无汗,皮温冷热不均,食欲、反刍减少,
         ├─ 辨证要点 ┤  口色淡白而挟青色,脉象浮而迟细
         │
  产后寒 ─┤
         ├─ 症状及辨证 ── 体虚表寒证
         │
         ├─ 护理及预防 ── 加强饲养管理,避免贼风侵袭,忌喂生冷饲料
         │
         └─ 治疗 ── 调经养血,祛风散寒 ── 焦荆祛风薄黄汤
```

思考与练习题

(1)分析外感风寒和寒湿内侵的产后寒在证候上的异同。

(2)试述"焦荆祛风薄黄汤"治疗母畜产后寒的原理。

(3)请对以下病例进行分析及辨证论治,思考处方用药的特点及护理要点。

一母猪,2岁,营养中等,色黑,狮子头,于10月15日求诊。主诉:产仔10头,5天后,发现不吃食,卧地不起,不愿哺乳。临证所见:精神不振,眼色乏光,蜷曲卧地,不愿行走,鼻流清涕,流泪,吻突无汗,耳冷,皮温微冷,寒战,腹部触压稍显疼痛状,呼吸平和,粪稍稀,尿清,口色淡白挟青,脉象浮细。

拓展阅读

呼吸道感染是最常见的呼吸系统疾病。呼吸道感染从临床上分为上呼吸道感染和下呼吸道感染,上呼吸道感染最常见的是感冒,如鼻部炎症、咽部炎症属于感冒的范畴。下呼吸道感染如气管、支气管炎,部分会引起肺炎,肺炎往往是上呼吸道感染以后的继发感染。没有经过上呼吸道感染的肺炎临床上比较少见。

引起呼吸道感染的原因主要包括:(1)自身的原因,也就是内因,即自身的抵抗力和免疫力下降。(2)一定数量的细菌、病毒、真菌、支原体、衣原体以及寄生虫等入侵体内,到达呼吸道特定的部位就会引起呼吸道感染,从而出现临床症状。

病案拓展

案例一:一母猪,营养中等,体重约70 kg,色黑,于12月15日求诊。主诉:产仔已4天,于14日发病,精神不好,不愿站立,喜卧懒动,皮温不均,被毛粗乱,吃食少,乳汁较少。

临床检查:精神委顿,卧多立少,被毛粗乱,不愿行走,吻突干,口色淡白而青,食欲减少,粪稍结,呼吸增数,脉细数,体温40.1 ℃,皮温不均,乳汁较少,恶寒耳冷。

中兽医辨证:由于气温突变,患畜体虚,且产后感受风寒,风寒袭表,致恶寒耳冷,皮温不均,被毛粗乱,吻突干,喜卧懒动,精神委顿,食欲减少,纳食不佳,乳汁不足,属体虚表寒证,病位在肌肤和脾胃二经,宜祛风散寒,补气养血。

治疗处方:麻黄30 g、桂枝30 g、防风30 g、白芷25 g、党参40 g、黄芪50 g、当归25 g、川芎50 g、白术50 g、大枣50 g、陈皮40 g、红花25 g、桃仁25 g、甘草15 g。用法:煎水,候温,5次内服,1日3次,连服1剂。

并嘱把畜舍漏风处堵塞,不要喂冷食,病期补喂米浆若干。

12月20日,食欲恢复,诸证消除,惟乳汁仍不多。宜补气血,通经下乳以治之。

处方:当归25 g、白芍25 g、通草30 g、川芎25 g、熟地黄25 g、党参40 g、白术40 g、甲珠25 g。用法:煎水,候温,5次内服,1日2~3次。

12月22日复诊,乳汁已够仔猪吃,诸证全消。

案例二:李某饲养的一头奶牛,5岁,胎次2胎,产后第三天出现体温升高,食欲减退,肢体麻痹,走路摇摆,严重时甚至不能行走。经该村兽医按前胃疾病和产后感染综合治疗,用药3天仍不见明显效果,畜主前来求诊。

临床检查:患牛精神沉郁,食欲减退,反刍停止,开口困难,四肢出现运动障碍,肌肉强直,呈现角弓反张趋势,皮肤无弹性。病初体温升高,心跳加快,呼吸增速。后期体温基本正常,心音稍弱,呼吸正常,瘤胃蠕动音消失,排稀便,逐渐消瘦。病牛整体状态较差,食欲废绝,结膜苍白,消瘦,出现极度贫血,四肢强直,不能站立,卧地不起。

中兽医辨证:通过询问畜主了解该病牛的饲养管理尤其是日粮水平,结合该奶牛产后突然出现卧地不起的典型症状以及发病前3天的治疗情况进行综合评定,诊断该病为奶牛产后风寒。治宜祛风寒解表。

治疗措施:

(1)采用蝉蜕200 g,水煎候温,然后用胃管通过鼻腔投入胃中,1次/天,连用3天,显效。

(2)用麦麸10 kg、白酒500 mL、食醋1 000 mL,文火煸炒,待温度达到35~38 ℃时,将其装袋后平放在牛背部,保持好温度,每次最好放置3 h以上。

上述处理措施对该病的治疗有一定的效果。

案例三:一只2岁哈巴犬,体重4.5 kg。主诉:该犬3天前产仔3只,一直食欲不好,今天发现不吃食,不愿哺乳。

临床检查:病犬精神不振,鼻流清涕,鼻镜无汗,皮温冷,寒战,腹部触压稍显疼痛,粪稀尿清,口色淡白挟青,脉浮细。

中兽医辨证:产后寒。

治疗措施:以调经养血,祛风散寒为治则。(1)中药方:炒荆芥、炒蒲黄各5 g,赤芍、藿香各3 g,当归、陈皮各4 g,桂枝、玄胡、川芎、益母草各2 g,炮姜1 g,五灵脂5 g,研为细末,温开水调服,1日1剂,连用2~3剂。(2)西药:庆大霉素4~8万IU/次肌注,一天2次;维生素C 100~200 mg/次肌注;辅酶A 30~50 IU/次肌注。

产后不久,感受风寒,风寒束于肌肤,寒性收引,故显寒象,表邪里传,寒中胞宫,则子宫复旧不全,瘀血内阻,遂发腹痛,证属表里俱寒证,病位在冲、任、胞宫及肌肤之间,本方能养血通经,祛风散寒,行瘀止痛。

加减:若产后流血过多,身体消瘦,原方去蒲黄、五灵脂、赤芍,加砂仁5 g、厚朴6 g、枳壳4 g;若拉稀下痢,原方去桂枝、蒲黄、五灵脂,加黄连5 g、乌梅3 g;若口色淡白、血虚、四肢无力,原方去蒲黄、五灵脂、赤芍,加益智仁5 g、煅阳起石3 g、大枣2枚、巴戟天4 g。

第三节 产后发热

产后发热，是产后邪毒攻心而发热之证，以分娩后发热、肌肉颤抖、起卧困难、不时排出恶臭的恶露等为主症。各种家畜均可罹患，常见于牛、马。

一、病因及病机

（1）血瘀：多由于母畜产后恶露不止，瘀血内阻，营卫不和，邪毒攻心而发。

（2）阴血亏虚：多由于体质素虚，又加产后失血过多，阴血暴脱，阳气无所依附，浮散于外，邪火内盛，血为热炽。

（3）食滞：多由于产后劳役过早，劳役伤脾，不能运化水谷，或急食过多精料，停积于胃，日久蕴成料毒，攻注于血，遂发体热、肌肉颤抖之症。

（4）助产时消毒不严或产道损伤，以致邪毒内侵而发。

（5）也可继发于胎衣不下、阴道及子宫脱出，或由产后寒、产后腹痛等转变而成。

（6）其他：多继发于其他病证，主要是流产或分娩过程中产道受伤致病原微生物（溶血性链球菌、金黄色葡萄球菌和大肠杆菌等）袭入畜体而发生本证。

二、症状及辨证

病畜体温升高，持续不退（呈稽留热型），或是一昼夜间发生数次剧烈寒战，时寒时热（呈弛张热型），鼻镜干燥，拱背缩腰，时时努责，常作排尿姿势，时而排出恶臭的恶露，疼痛不安，不时回头顾腹，眼黏膜及巩膜发黄，呼吸喘粗，食欲及反刍停止，耳尖发冷，有时有腹痛起卧，关节肿胀，行走时步态僵硬，起卧困难，触诊阴门、阴道及子宫有的可发现捻发音，口色发红而挟黄，舌苔黄腻，舌体绵软，脉数而无力。

属里热虚证，病位在子宫、阴道及心经。

三、辨证要点

（1）以体热，持续不退（呈稽留热型），或时寒时热（呈弛张热型），肌颤抖，频频努责，不时排出恶臭的恶露，口色发红而挟黄，舌体绵软，眼黏膜发黄，脉象数而无力等主症为临证辨证依据。

（2）宜结合病因、病势、病期以判定预后。病程最短的仅两天，长者可达两周。如有产气及腐败的特征，多预后不良，大约2~3天内死亡。

（3）血液学检查，对本证的预后判定有一定意义。如红细胞数少、白细胞增多，为预后良好的指征，若白细胞减少，预示着畜体心力衰竭，此时，作尿蛋白检查，为阳性反应。

四、护理及预防

应喂养于清洁、通风良好的畜舍中，供给充分的饮水，定期清洗周围的污秽物质。如有食欲者，喂给新鲜的、柔嫩的青草和营养丰富的饲料。

平时应注意畜舍的卫生条件，定期消毒畜舍，配种及分娩时应加强管理，防止生殖器官损伤及污染物的侵入。如发生损伤，应立即处治，不能拖延不治。

五、治疗

治疗原则：清热解毒，凉血化瘀，养血缩宫。

（一）针灸治疗

针刺大椎、后海、尾本、尾尖、耳尖等穴。

（二）方药治疗

可用下方加减进行治疗。

1. 香连散

适用于母畜产后热。

组成：

香附 30 g	白术 20 g	当归 20 g	地黄 20 g	防风 20 g
地榆 12 g	荆芥 12 g	栀子 12 g	黄连 10 g	黄柏 12 g
苏梗 12 g	陈皮 12 g	桔梗 12 g	薄荷 12 g	白茯苓 12 g
白酒 30 mL				

用法：白酒为引，共为末，温水冲，候温，加酒，牛1次内服。

方解：香附、黄连、黄柏、栀子理气活血，清热燥湿为主药；当归、地黄、地榆养血调血，凉血滋阴为辅药；荆芥、苏梗、薄荷、桔梗、防风宜利肺气，清热疏表为佐药；白术、白茯苓、陈皮、白酒补中益气，理气调血为使药。

2. 自拟方1

适用于母畜产后热。

组成：

当归 25 g	没药 20 g	昆布 12 g	芦苇 15 g	荷叶 15 g
红花 12 g	煅自然铜[①] 15 g	龟板 15 g	益母草 15 g	骨碎补 15 g
连翘 15 g	甜瓜子 12 g	天花粉 12 g	血竭 15 g	赤芍 15 g
甘草 12 g				

用法：共为细末，开水调匀，候温，马1次内服。

[①] 煅自然铜是由自然铜经过加工而成。自然铜主要含二硫化铁，还含有少量的铜、镍、砷等矿物质杂质，其有化瘀止痛的功效。

方解：当归、没药、红花、血竭、赤芍、煅自然铜养血调血，活血化瘀为主药；连翘、天花粉、龟板、荷叶、芦苇清热养阴为辅药；昆布、骨碎补、益母草、甜瓜子软坚散结，益虚损，缩胞宫为佐药；甘草清热解毒，调和诸药为使药。

3. 自拟方2

适用于母畜产后热。

组成：

| 黄芩60 g | 知母15 g | 香樟子12 g | 柴胡45 g |

用法：煎水，候温，牛1~2次内服。

方解：黄芩清热，降火，燥湿为主药；知母清热滋阴为辅药；柴胡清热疏肝，调和营卫为佐药；香樟子安神救阳为使药。

4. 自拟方3

适用于母畜产后热。

组成：

| 当归尾30 g | 炒枳壳30 g | 焦栀子30 g | 红花25 g | 泽泻30 g |
| 木通30 g | 连翘仁30 g | 赤丹参30 g |

用法：加水2 500~3 500 mL，煎沸，分2次，牛早晚各1次灌服。

方解：焦栀子、连翘仁清热解毒为主药；当归尾、红花、赤丹参逐瘀，养血，调血为辅药；炒枳壳理气止痛为佐药；木通、泽泻除湿热，利水道为使药。

本方可促进恶露排出，可作为预防产后发热和胎衣不下的辅助疗法。

5. 补中益气汤加味

适用于母畜产后体质虚弱，正气不足，产时失血耗气；或劳役过度，饮喂失调，劳倦伤脾，气虚下陷，以致产后正气虚衰，冲任二脉不固，不能摄血，恶露不绝。

组成：

| 黄芪50 g | 党参50 g | 白术40 g | 升麻25 g | 柴胡25 g |
| 当归45 g | 白芍35 g | 益母草60 g | 艾叶25 g | 陈皮30 g |
| 炙甘草20 g |

用法：上述中药共为细末，开水冲调，候温灌服，1日1剂。

6. 四物散加味

适用于因母畜产后胞脉空虚，寒邪乘隙而入胞，与血相搏，寒凝血滞成瘀，瘀血内阻，冲任失畅，血不归经，恶露淋漓。有的胎衣滞留于胞宫，血瘀于内，血流量大，久下不绝。

组成：

| 当归40 g | 川芎30 g | 熟地黄35 g | 白芍30 g | 红花40 g |
| 桃仁40 g | 蒲黄35 g | 五灵脂35 g | 元胡40 g | 益母草60 g |

丹参 50 g　　　白术 35 g　　　三棱 35 g　　　炮姜 25 g　　　砂仁 25 g
黄酒 250 mL

用法：诸药共为细末，开水冲服，1 日 1 剂。

7. 保阴煎加减

适用于母畜平素阴虚，产时失血，阴血更亏，营阴耗损，阴虚内热，产后感受热邪化热，热扰冲任，迫血妄行，恶露不绝。

组成：

熟地黄 30 g　　生地黄 45 g　　黄芩 25 g　　牡丹皮 45 g　　黄柏 25 g
当归 45 g　　　白芍 35 g　　　阿胶 50 g　　连翘 30 g　　　天花粉 30 g
败酱 40 g　　　甘草 20 g　　　砂仁 25 g

用法：诸药共为末，开水冲服，1 日 1 剂。

• 本节小结 •

本节介绍了母畜产后发热的病因、病机，症状与辨证，辨证要点，产后发热的护理，产后发热的预防和治疗手段。通过理论结合案例学习，掌握产后发热的诊断和辨证论治法则，熟悉适用于治疗产后发热的中药组方和针灸穴位，为临床上预防和治疗产后发热提供方案。

本节概念网络图

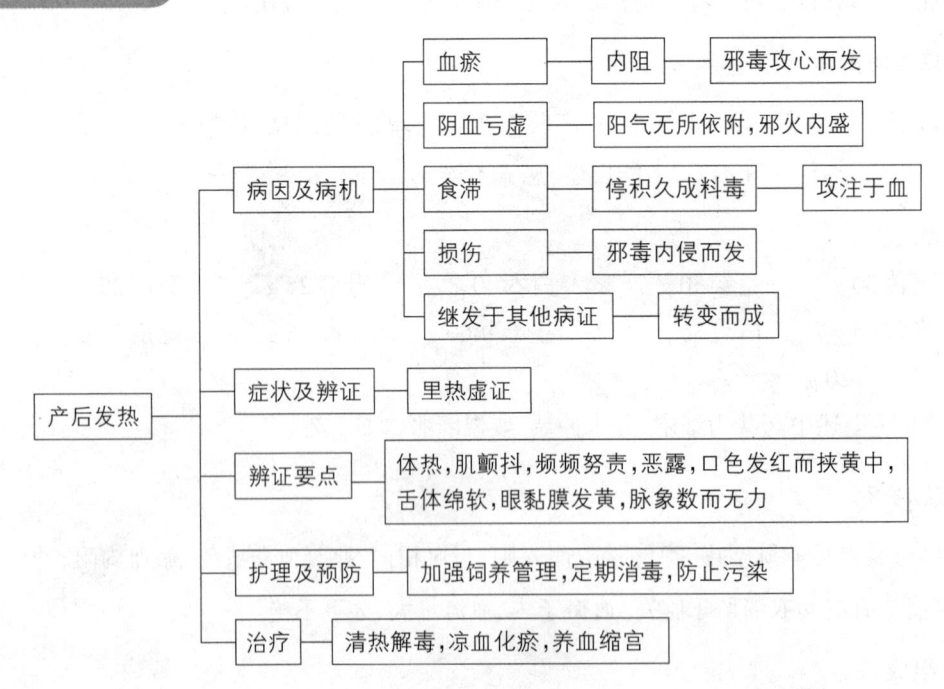

```
                    ┌─ 血瘀 ──── 内阻 ──── 邪毒攻心而发
                    │
                    ├─ 阴血亏虚 ─ 阳气无所依附，邪火内盛
         ┌─病因及病机┤
         │          ├─ 食滞 ──── 停积久成料毒 ── 攻注于血
         │          │
         │          ├─ 损伤 ──── 邪毒内侵而发
         │          │
         │          └─ 继发于其他病证 ── 转变而成
         │
产后发热 ─┤─ 症状及辨证 ── 里热虚证
         │
         ├─ 辨证要点 ── 体热，肌颤抖，频频努责，恶露，口色发红而挟黄中，
         │              舌体绵软，眼黏膜发黄，脉象数而无力
         │
         ├─ 护理及预防 ── 加强饲养管理，定期消毒，防止污染
         │
         └─ 治疗 ────── 清热解毒，凉血化瘀，养血缩宫
```

思考与练习题

(1)试分析阴血亏虚导致产后发热的病机。
(2)试述"香连散"治疗母畜产后发热的原理。
(3)请对以下病例进行分析及辨证论治,思考处方用药的特点及护理要点。

田某携带8岁黄色京巴母犬(体重3.2 kg)前来就诊,主诉病犬3天前因难产经手术剖宫取出胎儿,近日见从阴门经常流出污红色和带有淡黄色恶露。病犬全身发抖,鼻镜干,精神沉郁,气喘,呼吸音加重;不吃、体温升至40.3 ℃。烦渴贪饮并出现拱腰等腹痛症状,母犬努责排尿,活动及躺下时排出污红色恶露更多。

拓展阅读

产后败血症的特点是细菌进入血液并产生毒素。产后脓毒血症的特点是静脉中有血栓形成,以后血栓受到感染,化脓软化,并随血流进入其他器官,发生迁徙性脓性病灶或脓肿。

病案拓展

案例一:一母黄牛,14岁。畜主主诉:五日前当地兽医用助产术产出仔牛后,精神、食欲一直不正常,近两日见阴道内流出较多污红色恶臭液体。

临床检查:家畜体温40.3 ℃,精神沉郁,食欲废绝,反刍停止,鼻镜无汗,尿短赤,大便干硬量少,口涎少而粘,口温高,口色红。阴道黏膜流血,有恶臭红棕色液,宫颈仍可通过两指,从直肠内压迫子宫体,则阴道内流出较多恶臭液。证属产道损伤、瘀血内阻、营卫不和、恶露未尽、瘀血化热所致的产后发热证,治以清热凉血、解毒祛瘀为法。

治疗处方:生地黄45 g、赤芍45 g、川芎15 g、盐知母45 g、盐黄柏45 g、蒲公英45 g、五灵脂25 g、生蒲黄25 g、泽泻30 g、天花粉45 g、大黄60 g、枳实30 g、甘草15 g。用法:水煎取汁,1日1剂。

通过阴道先用生理盐水冲洗子宫,让污液尽量排出后,再用黄矾液(黄柏30 g、姜黄15 g,煎水,取汁2 000 mL,待温,加入白矾50 g溶解后用)灌注子宫内,保留时间越久越好,上、下午各1次。经治两日,病畜体温恢复正常,食欲、反刍开始恢复,阴道仍有少量分泌物,稍带臭味,鼻镜湿润仍不成珠,投上方赤芍改用白芍30 g,去五灵脂、蒲黄,加山药30 g、麦芽30 g,阴道冲洗停止。先后共服药四剂,诸证消失,唯食欲仍差些,畜主要求治疗。

治疗处方:熟地黄30 g、白芍30 g、当归30 g、川芎15 g、党参45 g、白术30 g、茯苓21 g、砂仁30 g、香附25 g、艾叶21 g。用法:水煎取汁,1日1剂。随访痊愈。

中兽医辨证:产后发热多由血瘀内阻引起,亦有因产后气血亏虚,外感风邪乘虚侵袭而发者,此宜养血祛风、清热解毒为主,仍可用四物汤加祛风解毒药等治之。

案例二：畜主赖某，家养3头母猪，其中1头母猪产仔后体温升高，阴道流出赤褐色带臭味的黏液，部分哺乳仔猪下痢。曾请当地兽医用氨基比林20 mL、青霉素240万IU/次肌注，亦用0.05%的高锰酸钾水溶液清洗子宫，1天2次，治疗5天，阴道仍流出赤褐色黏液，哺乳仔猪仍然下痢，效果不理想。

中兽医辨证：产后发热。

治疗处方：用生地黄、赤芍、枝子、大黄各30 g，桃仁12 g，归尾、地肤子、车前子、猪苓、泽泻各15 g，甘草12 g，地丁10 g，加水1.5 kg煎至水剩0.6 kg，上午直接拌料饲喂，药渣加水1.5 kg煎至水剩0.5 kg，下午直接拌料饲喂，1天1剂，连服2剂。结果在第2剂服过后几个小时，该母猪排出2头木乃伊胎，阴道停止流出赤褐色黏液，恶露不尽得到医治，母猪康复，哺乳仔猪灌服止痢药很快痊愈。

案例三：畜主何某，饲养5头母猪，其中有1头3胎次的母猪产仔后出现产后热，体温升高至40.1 ℃，精神不振，食欲减退，阴道流出红褐色恶臭黏液，曾请本地兽医治疗3天，治疗效果不理想。

中兽医辨证：产后发热。

治疗处方：生地黄、赤芍、益母草、枝子、大黄各30 g，枳壳20 g，红花10 g，归尾、地肤子、前仁、木通、泽泻、猪苓各15 g、甘草12 g，加水1.5 kg煎至水剩0.6 kg，上午直接拌料饲喂，药渣加水1.5 kg煎至水剩0.5 kg，下午直接拌料饲喂，1天1剂，连服2剂。该头母猪只服1剂就排出一大块腐烂恶臭的胎衣，第2天下午体温下降、食欲恢复正常，原恶露不尽也没有了。

案例四：本地黄母牛一头，4岁，役用，体重约260 kg，于8月2日求诊。主诉：7月29日生产，8月1日出现高热，呼吸紧迫，食欲大大下降。

临床检查：精神不振，卧地不起，体形正常，皮毛干燥，略带光泽，食欲下降，偶见痉挛，反刍25次/min，瘤胃蠕动2次/3 min，心跳57次/min，呼吸20次/min。

中兽医辨证：此乃母牛产时耗伤气血，正气虚弱，邪毒易内入胞宫，毒瘀互结，邪正相交导致的产后高热。治宜清热解毒化瘀，补气养血扶正，方用小柴胡汤加减。

治疗处方：柴胡45 g、黄芩45 g、党参45 g、制半夏30 g、炙甘草15 g、生姜20 g、大枣4枚，当归20 g、白芍30 g、麻仁30 g、石膏15 g、知母30 g。

用法：小柴胡汤加当归、白芍、麻仁，煮开后盛出，后加石膏、知母，候温，内服，1日2次，连用4剂。

预后：8月10日电话回访，发热症状缓解，食欲恢复，能行走。

案例五：经产母猪一头，4岁，种用，体重约200 kg，于9月1日求诊。主诉：8月30日产后出现高热，不食不饮，无乳，粪便干燥，常做排粪动作。

临床检查：精神沉郁，测得体温40 ℃，不食不饮，耳脉怒张，卧立不安；肠音减弱，脉弦细，小便短赤,粪便干硬呈球状,常做拱背排粪动作,奶水清少。

中兽医辨证:基于六经辨证,此乃母猪阳明经受热邪,循经入阳明腑(胃、大肠),燥热耗伤大肠津液,导致肠胃燥结成实,正气郁滞不通,大便秘结,干硬难以排出。治则以和解少阳、益气生津、活血祛瘀、润便通肠为主,方用小柴胡汤加减。

治疗处方:柴胡30 g、黄芩30 g、党参30 g、大枣30 g、制半夏25 g、炙甘草10 g、生姜15 g、当归30 g、川芎30 g、穿山甲20 g、王不留行20 g、路路通20 g。用法:水煎,煮开后过滤药渣,候温,内服,1日3次,连用3剂。

预后:9月6日电话回访,食欲恢复,排便正常,高热症状消除,泌乳正常。为巩固疗效,嘱其再服一剂。

第四节 产后气血虚

产后气血虚，是母畜产后气血两虚，体质衰弱之证。以产后精神短少，食欲及反刍减少，日益消瘦，口色淡红，脉象浮而无力等为主症。各种动物均可见，尤以高产乳牛，过劳和体质衰弱者为最。

一、病因及病机

(一)重度劳役

多由于母畜使役无节，劳役过重，致劳伤心血，役伤肝阴，阴血亏损，故少气无力，脉虚色淡。一脏受损可累及它脏和劳役过甚可伤及脾土，令阴血亏虚，加之分娩时损耗一些血液，则气血不足，脾胃无气血的充养，则中气不足，故喜卧懒动，食欲和反刍减少。

(二)饮喂失调

多由于对母畜饲养管理不善，饮喂无节，时饱时饥，或长期营养供给不足，尤其是在妊娠后期营养不良，由于胎儿生长发育从血液中夺去母畜大量的营养物质，加之分娩时损耗一些血液，致气血不足，脾胃气血不充，则少气无力，脉虚舌淡，喜卧懒动，食欲降低，反刍减少。

(三)临产时间过长

多由于母体虚弱，加之使役太过，或饮喂失宜，或乳牛停乳过晚，气血不足，若分娩时经过很长时间，疲劳过度，出血太多，致元气亏损，阴血亏虚，遂发本证。

(四)哺乳

在产后至断奶期间，仔猪不会自己采食，主要靠吸食母猪的乳汁来维持生长发育。而乳汁也是由母体的气血转化而来。成群的后代与母体争夺气血，必然还会导致母体的气血亏虚。气虚则肠蠕动减慢，血虚则津亏肠燥，必然会在临床上表现为便秘。血虚则肝血不足，血不养筋，筋爪失养，蹄壳干裂。皮肤需要肝血滋养，母猪肝血亏虚，皮肤失养，会生斑(妊娠斑)。肝之液固摄失常，极易形成泪斑。

(五)其他

多继发于其他病证，如虫积等。

二、症状及辨证

患畜精神倦怠，耳耷头低，两目少神或无神，四肢无力，行动迟缓，喜卧懒动，食欲渐减，日益消瘦，被毛焦躁,便秘,泌乳量减少,蹄裂,泪斑,母猪皮肤生斑,口色淡白,有时稍带淡黄色,脉象浮而无力。重者,心动过速,脉象虚数,气息喘粗,动则尤甚。

属里虚证。病位在脾经、心经。

三、辨证要点

(1)以产后精神短少,食欲减退、反刍减少、日益消瘦、口色红、脉象浮而无力等主症为临证辨证的依据。

(2)宜结合病因、病势、病期以综合辨识之。

(3)血液学的检查可作为判断本证的佐证。如系血虚,多有红细胞数减少及血红素减少和血沉加快等。

(4)本证的预后一般良好,经过调养与治疗后,多可痊愈。

四、护理及预防

应立即停止使役,按时饮喂,增加草料,忌喂冰冻饲料,寒夜不可外拴。平时应注意改善饲养管理,适当运动,孕期宜增加营养丰富的饲料及钙盐。

五、治疗

治疗原则:补气健脾,补血生津。

(一)针灸治疗

可采用补法[①],选用百会、关元俞、山根、脾俞、六脉、后三里等穴。

(二)方药治疗

1. 八珍汤

适用于母畜产后气血两虚证。

组成:

| 当归30 g | 川芎20 g | 党参30 g | 茯苓30 g | 白术30 g |
| 熟地黄30 g | 甘草15 g | 白芍25 g | | |

用法:共为细末,开水冲调,候温,马、牛1次内服,羊、猪减半。

方解:党参补气,以从阳引阴为主药;当归、熟地黄、白芍、川芎养血调血,理气除滞为辅药;白术、茯苓补中益气,健脾运水为佐药;甘草补气解毒,调和诸药为使药。注:《抱犊集》中载八珍汤加砂仁、香附、延胡索和水酒以治本证。

---

①补法,中医八大治法之一。中医八大治法包括汗法、吐法、下法、和法、温法、清法、补法、消法。

2. 内补散

适用于产后失血过多,虚乏羸困的产后气血虚。

组成:

酒当归15 g	牡丹皮15 g	五加皮15 g	苍术15 g	白芍15 g
酒续断15 g	甘草6 g	赤芍15 g	白酒30 g	蒲黄15 g
乌豆60 g				

用法:共为细末,开水冲调,候温,马、牛1次内服,羊、猪减半。

方解:酒当归、白芍温经养血为主药;酒续断、牡丹皮、赤芍、蒲黄行血散瘀,益虚损为辅药;五加皮、苍术燥湿健脾,解郁益损为佐药;甘草、乌豆、白酒补气温经,解毒以助药势为使药。

3. 补血平胃散

适用于母畜产后气血亏虚。

组成:

| 当归45 g | 陈皮30 g | 厚朴60 g | 甘草15 g | 黄芪90 g |
| 苍术90 g | | | | |

用法:煎水,牛三次内服。

方解:当归、黄芪大补气血为主药;苍术燥湿补脾,解郁除滞为辅药;陈皮、厚朴理气宽中,燥湿健脾为佐药;甘草补气解毒,调和诸药为使药。

4. 自拟方

适用于母畜产后气血亏虚。

组成:

当归30 g	熟地黄30 g	黄芪30 g	茯苓60 g	大枣10个
何首乌60 g	泡参60 g	牡丹皮30 g	白术30 g	肉桂15 g
甘草10 g				

用法:粉碎拌料或开水冲调,或煎水,候温,马、牛一次内服,羊、猪减半。

方解:黄芪、泡参大补元气,以从阳引阴为主药;当归、熟地黄、牡丹皮养血调血,行血散瘀为辅药;肉桂、何首乌补肾壮阳,温经除寒为佐药;白术、茯苓、甘草、大枣补中益气,健脾运水为使药。

• 本节小结 •

本节介绍了母畜产后气血虚的病因、病机、症状与辨证要点;产后气血虚的护理、预防和治疗手段。通过理论结合案例学习,掌握产后气血虚的诊断和辨证论治法则,熟悉适用于治疗产后气血虚的中药组方和针灸穴位,为临床上预防和治疗产后气血虚提供方案。

本节概念网络图

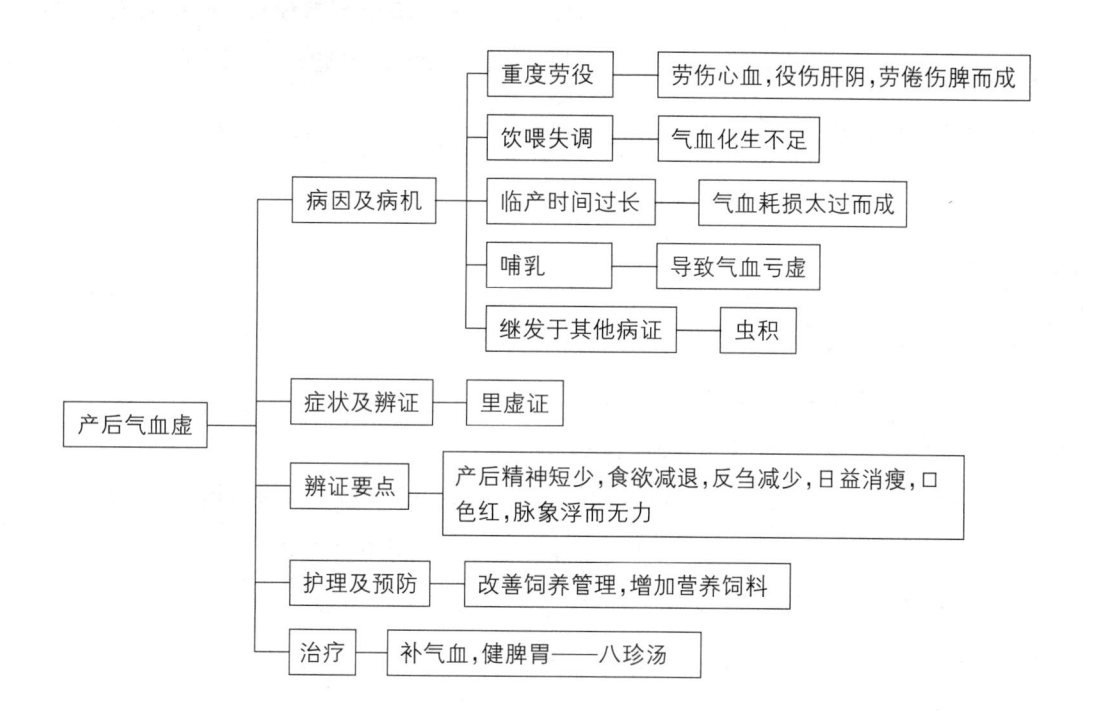

```
                    ┌─ 重度劳役 ─── 劳伤心血,役伤肝阴,劳倦伤脾而成
                    ├─ 饮喂失调 ─── 气血化生不足
         ┌─ 病因及病机 ─┼─ 临产时间过长 ─ 气血耗损太过而成
         │          ├─ 哺乳 ────── 导致气血亏虚
         │          └─ 继发于其他病证 ─ 虫积
         │
产后气血虚 ─┼─ 症状及辨证 ── 里虚证
         │
         ├─ 辨证要点 ── 产后精神短少,食欲减退,反刍减少,日益消瘦,口
         │              色红,脉象浮而无力
         │
         ├─ 护理及预防 ── 改善饲养管理,增加营养饲料
         │
         └─ 治疗 ── 补气血,健脾胃——八珍汤
```

思考与练习题

(1) 从预防产后气血虚的角度谈谈帮助现代养殖场提高母畜繁殖力的建议。

(2) 分析"补血平胃散"治疗产后气血虚的原理。

(3) 请对以下病例进行分析及辨证论治,思考处方用药的特点及护理要点。

案例一:一只7岁龄德国牧羊犬春季产仔6头,产后母犬比较疲惫,无食欲,安静休息。第二日喂以鸡肉汤水及饲料,量较少,体温39.1 ℃,阴道口有恶露排出,下午发现母犬呕吐,呕吐物为上午喂食的鸡肉及饲料,母犬仍有食欲。次日清晨发现母犬在犬舍中有数处稀糊样的水泻,中间有消化吸收不全的鸡肉及饲料。

案例二:曾某一9岁体重250 kg奶牛生病,于7月16日求诊。主诉:该牛于7月15日产一牛犊,产前因不食请当地兽医用药2次,效果不佳。生产后喜卧懒动,现食欲、反刍停止。检查:该牛营养差,精神委顿,反应迟钝,喜卧懒动,强行牵拉行走无力,消瘦,双目无神,可视黏膜苍白,鼻汗较少,呼吸27次/min,体温37.5 ℃,瘤胃蠕动音3次/2 min、无力,肠蠕动音弱,脉浮而无力,口色淡红。

拓展阅读

贫血(anemia)是指机体外周血红细胞容量减少,低于正常范围下限的一种常见的临床症状。产后贫血的原因,大多数是一种缺铁性的贫血,产生的原因有以下两种:第一种,由于生产时流血过多,未能及时地止血,导致产后造成缺铁性的贫血;第二种,产后由于哺乳等原因,导致母畜摄入不足引起的红细胞生成障碍,导致贫血。

病案拓展

案例一:母牛产后头低耳垂,行动无力缓慢,食欲减退,被毛无光。

临床检查:病牛头低耳垂,行动无力缓慢,食欲减退,被毛无光,眼结膜苍白。口色淡而红,脉数浮而无力,重症者心率过快,喘气粗而大。

中兽医辨证:因大量产奶或重度使役,致使母牛阴血亏损,加上产时消耗体力,造成气血不足,中气虚弱而发病。有些母牛产程过长或者哺乳期过长也可导致本病。

治疗原则:补气固脱,强脾健胃。

治疗处方:八珍汤加减,重用当归、白术和茯苓等,煎熬候温,灌服,每日1剂。

案例二:3岁龄母犬产小犬8头,产后第二日食欲不旺,粪稀糊状,上下颌、唇沿殷红,体温39.2 ℃,以抗生素治疗两日无效果。

中兽医辨证:母犬产后气血亏虚,胃肠虚弱,脾失健运,水湿下注而为溏泻,证以脾土亏虚为主,脾虚不运化,导致水谷不能化生精微物质,从而气血亏虚加重,血虚发热。治当补气血,旺脾土,方用参苓白术散。

治疗处方:人参、茯苓、白术(炒)、山药、白扁豆(炒)、莲子、薏苡仁(炒)、砂仁、桔梗、甘草。市售的现药每包6 g装,两次用两包,每日3次,上、下午另加十全大补丸口服两次,每次3 g连用两日而诸证皆平。

案例三:母水牛一头,10岁,营养下等,体重260 kg,于6月10日求诊。主诉:该牛于9日产一犊牛;孕期曾发生过两次食欲废绝、精神委顿的病,经兽医用补血药之类治疗而愈;分娩后精神不振,喜卧懒动,食欲减退,反刍减少,精神短少,行走无力。

临床检查:精神委顿,反应迟钝,喜卧懒动,两目神少,头低耳聋,不愿行走,消瘦,皮毛干燥而缺乏光泽,行走缓慢,四肢无力,鼻汗少而鼻镜上部有龟裂,食欲和反刍次数减少,二便无异常,心音微弱,56次/min,微发喘息,声音低弱,瘤胃蠕动3次/2 min,蠕动乏力,持续期短,肠蠕动音弱,体温37.5 ℃,脉浮而乏力,口色淡红。

中兽医辨证:由于体质素虚,营养不足,致胎后屡发食少神乏之症,临产气血亏耗,冲任空虚,血海不足,遂发产后血虚之证。治则补气生血,方用八珍汤加味。

治疗处方:白术70 g、茯苓70 g、党参80 g、当归70 g、熟地黄80 g、黄芪80 g、川芎70 g、白芍70 g、甘草20 g、红花60 g、阿胶80 g。用法:煎水,候温,3次内服,1日3次。

为增加营养和改善畜体的抗病能力,同时静脉注射25%葡萄糖2 000 mL,10%安钠咖20 mL,维生素C 30 mL,10%葡萄糖酸钙20 mL。

6月14日,精神好转,食欲增加,四肢有力,起卧正常,脉象有力,心音增强。

治疗处方:党参80 g、茯苓70 g、白术80 g、川芎60 g、当归60 g、熟地黄80 g、陈皮70 g、厚朴60 g、山楂60 g、麦芽10 g、健曲40 g、甘草20 g。用法:煎水,候温,5次内服,1日3次。

同时,静脉注射25%葡萄糖1 000 mL,安钠咖10 mL,维生素C 30 mL。

6月18日,诸证已除。为巩固疗效,又给下方两剂以调理。

治疗处方:党参70 g、茯苓60 g、白术70 g、当归70 g、陈皮60 g、厚朴60 g、山楂50 g、麦芽45 g、建曲60 g、甘草20 g、黄芪90 g。用法:煎水,候温,5次内服,1日3次。

案例四:本地母猪一头,1.5岁,营养中等,体重65 kg,色黑,于1月5日求诊。主诉:前几天有减食现象,现已产仔3天,产后缺乳,食欲减半,前胎曾娩出一个双头的畸形胎儿,后曾发生过脚软的症状。

临床检查:精神不振,被毛粗乱,行走正常,食欲不振,二便无异常,心跳65次/min,呼吸25次/min,胃肠蠕动音弱,皮温正常,体温38 ℃,口色淡白。

中兽医辨证:产前已减食,临产气血亏损,则脾胃更虚,血生化无源,乳汁由气血化生,故缺乳。属里虚证(气血亏虚),宜补气血,健脾胃,下乳汁。

治疗处方:党参40 g、黄芪25 g、当归40 g、川芎75 g、红花40 g、通草50 g、桃仁25 g、苍术25 g、厚朴20 g、健曲50 g、王不留行40 g、苓叶榕50 g、羊乳30 g、甘草15 g。用法:煎水,候温,5次内服,1日3次,连服两剂。

1月14日复诊,主诉连服两剂后于9日已获痊愈。

案例五:实验牧场羊舍,一头细毛羊,母,体重30 kg,于1月9日求诊。饲养员反映:1月8日发病,体温39.5 ℃,食欲不振,采食缓慢,拉稀,曾由兽医门诊部给予人工盐60 g(3次),磺胺脒10 g(2次),小苏打10 g(2次)。

临床检查:体温39 ℃,瘤胃蠕动音消失,仅有瘤胃噪声,肝区触压敏感,粪检有肝片形吸虫虫卵,眼结膜淡白挟青,鼻流清涕,食欲和反刍废绝,但有食欲反射,不吃东西,行走缓慢,精神不振,粪便较干而成饼状,带有羔羊。

中兽医辨证:本证乃虫积泄泻(肝片形吸虫病)为本,致气血亏虚,产后复受风寒侵袭,致成脾虚不磨之表里俱病之候,治宜补气血,祛风寒,杀虫。方用贯仲煎合当归补血汤及加减四君子汤。

治疗处方:槟榔15 g、贯仲15 g、木香10 g、白术15 g、党参15 g、炙甘草15 g、黄芪15 g、当归10 g、陈皮15 g、升麻5 g、柴胡5 g、白芷5 g、荆芥5 g。用法:煎水,候温,5次内服,1日3次。

同时，内服稀盐酸、苦味酊各100 mL，分5次内服，1日3次。

1月10日午后4时30分，有食欲，瘤胃蠕动2次/2 min，持续时间10 s/次，仍服上方一剂，但槟榔改为20 g。

1月11日，食欲增进。仍服上方一剂。1月12日，食欲恢复正常。

案例六：纯血母马，5岁，9月25日产后三四天开始发热，马主自己给它注射头孢、磺胺嘧啶钠、鱼腥草注射液，肌肉注射安乃近注射液，七八天不见好转，气温变化剧烈，始终处于低热状态（39~39.5 ℃），布病检测阴性，10月10日电话求诊。

临床检查：经过诊断当时体温39.3 ℃、鼻塞呼吸不畅、眼结膜口色淡白、青稠鼻液，脉细数，食欲不佳，肺部听诊正常，消瘦。

中兽医辨证：气虚血瘀+外感风寒。

治疗方法如下。

白针：腰间七穴、雁翅、关元、大肠、肺俞、降温

血针：蹄头、分水、通关

方剂：生脉饮+生化散加减，3剂，每天1剂

3日后复诊恢复正常。

第五节 产后腹痛

产后腹痛,是产后腹痛起卧之症,各种动物均可见。多发于产后1~3日,尤以产后不久及第二天发病的较为多见。以不时起卧,水草迟细①,肚胀气喘为主症。

一、病因及病机

（一）寒凝

多由于母畜产前饲养不良,或劳役过度,或畜体衰弱,气血亏损,临产时外感风寒,邪气乘虚而凝于毛窍,传入腠理与肌肉之间。由于体质虚弱,不能驱邪外出,则凝注于脾经,以致脾胃寒冷,阴气过盛而发生腹痛起卧之证。

亦可由于产后空肠过饮冷水,或过食冷冻饲料,致冷热相击,清气不升,浊气不降,清浊不分,寒气凝结,逐发腹痛起卧,水草迟细,肚胀气喘之证。

（二）血瘀

多由于母畜产后恶露未尽,元气未复,又失于调养,瘀血停于腹内,血瘀则气滞,遂发腹痛起卧之证。

（三）其他

诸如产后失血过多,血虚气弱,气血运行迟涩,遂发腹痛起卧之证,或由于产后气血两虚,脾胃亦弱,草料停滞于肠胃,遂发腹痛起卧之证。

二、症状及辨证

（一）寒凝血瘀型

患畜不时起卧,回顾腹部,蹲腰踏地,立卧不安,间歇期短,肚胀,气喘,水草迟细或停止,形寒腹冷,耳鼻寒冷,口色青黄或暗淡,脉象迟细,或迟涩,或沉紧。

属里虚寒证,病位在脾经或心经。

（二）气血亏损型

患畜呈间歇性腹痛。起卧不安,回头顾腹,蹲腰踏地,行走无力,食欲不振,精神减退,口色淡白,脉象细弱。

若仅起卧不安,而二便通者,乃寒凝气滞之证;若二便不利者,为水草停滞之证。病变在脾胃及大小肠。

属里虚证,病位在心、肝及脾经。

---

①水草泛指草料;迟即迟缓,不想进食;细,少的意思。水草迟细,即没有食欲,进食很少。出自《元亨疗马集》。

三、辨证要点

(1)以不时起卧,食少,水草迟细,肚胀,气喘等为临床辨证的依据。

(2)宜结合病因、病期、病状以辨别病势的轻重及分型。

(3)本证若调养得当,治疗及时,则预后良好,若继发肠绞痛,则视继发症是否处治恰当而定。

四、护理及预防

孕畜产前应喂养于暖和的畜舍中,加强饲养管理,增加草料,防止风寒侵袭,忌饮冷水,或采食冰冻的饲料。

孕畜临产时应在暖和的畜舍中加铺垫草,并喂给营养丰富的饲料,产后给予热米汤自饮,每日2次。

病畜应派专人护理,注意防止急起急卧,注重保暖。

五、治疗

治疗原则:温中散寒,益气养血。

(一)针灸治疗

可用补法,选用百会、关元俞、气海俞、三江、分水、蹄头、缠腕等穴,若用血针注意放血要适度,不可过多。

(二)方药治疗

1.十全大补汤加减

适用于气血亏虚型腹痛。

可选用以下方药加减治疗。

组成:

| 人参12 g | 白术25 g | 甘草12 g | 当归20 g | 白芍20 g |
| 黄芪25 g | 肉桂12 g | 茯苓25 g | 川芎15 g | 熟地黄15 g |

用法:研细末,开水冲服,候温,1次内服。

方解:人参、黄芪补气以生血为主药;当归、川芎、熟地黄、白芍养血调血,理气除滞,为辅药;肉桂补肾壮阳,温中散寒为佐药;白术、茯苓、甘草补中益气,助脾运水,调和诸药为使药。

注:人参价昂,兽医临证上不多用,可用大剂量的党参代替。再者,若以十全大补汤作峻补剂[1],注意须得大剂量作煎剂方能取效。

2.酒芪当归散

适用于瘀血内阻型腹痛。

---
[1]补益剂有峻补剂、平补剂之分。峻补剂仅用于病势急迫,如气血暴脱,急救危亡时。

组成：

| 酒黄芪12 g | 酒当归12 g | 玄胡10 g | 赤芍10 g | 苏木10 g |
| 山药10 g | 红花10 g | 桃仁10 g | | |

用法：研为细末，开水冲调，候温，马1次内服。

方解：酒黄芪、酒当归补气生血，温经调血为主药；玄胡、赤芍通经活血，逐瘀止痛为辅药；红花、桃仁、苏木破血祛瘀，软坚止痛为佐药；山药补脾养胃为使药。

加减原则：若大便不通者，加酒大黄30 g、麻仁30 g、五灵脂10 g、生地黄10 g、延胡索12 g、黄酒一盅、童便一盅，若继发结症，再加菜油250 mL。

3. 自拟方1

适用于寒凝血瘀型。

组成：

当归30 g	川芎30 g	桃仁15 g	茴香25 g	香附15 g
五灵脂30 g	炮姜25 g	厚朴30 g	肉桂25 g	砂仁30 g
枳壳30 g	陈皮30 g	延胡索30 g	黄酒60 mL	

用法：煎水，候温加酒和童便，牛1~2次内服。

方解：肉桂、茴香补肾壮阳，温中开胃，理气止痛为主药；当归、川芎、桃仁、五灵脂、延胡索活血散瘀，养血调血，理气止痛为辅药；香附、厚朴、砂仁、枳壳、陈皮温中散寒，理气止痛，燥湿健脾为佐药；炮姜、黄酒、童便温中散寒，活血散瘀，引药归经以助药势为使药。

4. 自拟方2

适用于寒凝血瘀型腹痛。

组成：

| 益母草30 g | 红花10 g | 红糖30 g | 黑豆60 g | 黄酒60 mL |
| 车前子30 g | 地肤子30 g | | | |

用法：研为细末，开水冲调，候温，马1次内服。

方解：益母草、红花活血散瘀，收缩胞宫为主药；红糖、黑豆散寒邪为辅药；地肤子、车前子祛风、利湿止痛为佐药；黄酒温经散寒，活血以助药势为使药。

5. 益母生化散

适用于产后恶露不行，血瘀腹痛。

组成：

| 益母草120 g | 当归75 g | 川芎30 g | 桃仁30 g | 炮姜15 g |
| 炙甘草15 g | | | | |

用法：粉碎，混匀。马、牛250~350 g，羊、猪60~90 g。

方解：方中益母草活血调经为主药；当归、川芎活血祛瘀，桃仁破血行瘀为辅药；炮姜温中散寒、回阳通脉为佐药；炙甘草调和诸药为使药。诸药合用共奏活血祛瘀，温经止痛之功。

6. 小柴胡汤

适用于产后便秘及少阳阳明合并证[①]。

组成：

| 柴胡50 g | 黄芩40 g | 制半夏30 g | 党参35 g | 炙甘草10 g |
| 生姜25 g | 大枣20 g | | | |

用法：煎水，母猪3次内服。

方解：柴胡、黄芩具调和少阳阳明之功，升阳驱邪外出，长于退热解郁，泻大肠下焦蕴热为主药；党参、炙甘草、大枣益气调中，扶正祛邪为辅药；制半夏降气化痰止呕，和胃下气，以制黄芩之苦寒为佐药；生姜和胃止呕，助主药以透邪为使药。

加减：粪涩难下者，加大黄、枳实；初产恶露未尽者，去党参，加当归、川芎、桃仁；腹痛者，加香附、延胡索；小便不利者，加茯苓、泽泻；喜饮水者，加天花粉、玄参、生地黄、麦冬；乳少，乳房皮肤发红者，加通草、蒲公英、漏芦；兼有表热证者，加金银花、连翘；外有微热，恶寒发抖者，加桂枝、白芍；不食不饮，腹痛不安者，去半夏，加砂仁、山楂、陈皮；气促喘粗，顽强不灵者，加桔梗、葛根。据朱兆荣观察，以本方为基础方对猪产后大便难下获效较优；据王凤和杨文才观察，以本方为基础方，用治猪产后便秘，猪少阳证和少阳证兼太阳证获效亦佳；据山西省文水县畜牧局等报告，本方对猪少阳病疗效甚佳。

（三）草药治疗

可用下方试治。

(1) 鸡矢藤60 g、香附60 g、水菖蒲60 g、对叶草60 g、益母草60 g，煎水，牛2次内服。

功效：理气止痛，活血散瘀。

(2) 自拟方

益母草、红糖各125～250 g。煎水，牛2次内服。

功效：温里散寒，活血止痛。

• **本节小结** •

本节介绍了母畜产后腹痛的病因、病机、症状与辨证要点；产后腹痛的护理、预防和治疗手段。通过结合案例学习，掌握产后腹痛的诊断和辨证法则，熟悉适用于治疗产后腹痛的中药组方和针灸穴位，为临床预防和治疗产后腹痛提供方案。

[①] 出自《伤寒论·辨阳明病证并治》。阳明与少阳两经合病，既出现阳明病的身热、不恶寒反恶热、自汗、腹满，又出现少阳病的口苦、咽干、目眩。

本节概念网络图

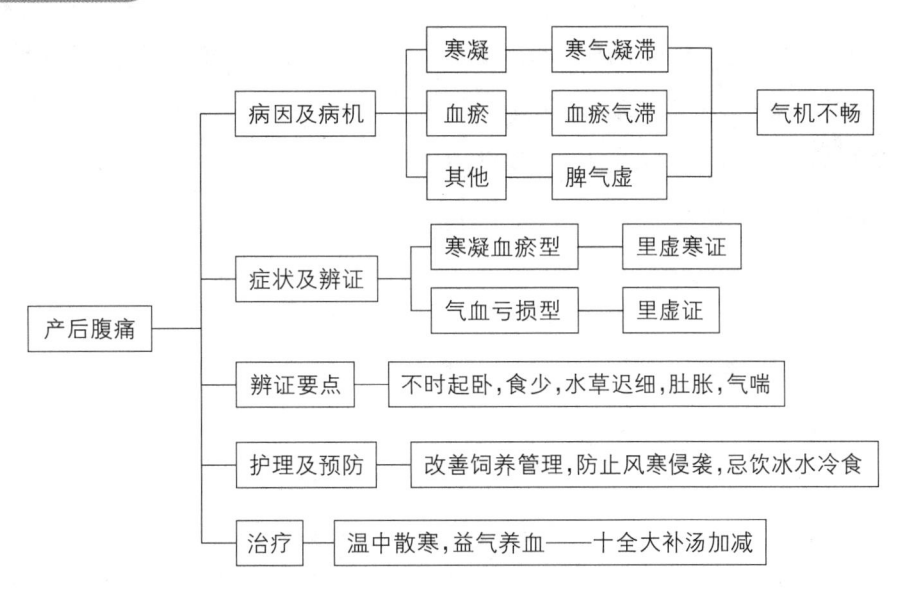

```
                    ┌─ 病因及病机 ─┬─ 寒凝 ─── 寒气凝滞
                    │              ├─ 血瘀 ─── 血瘀气滞 ─── 气机不畅
                    │              └─ 其他 ─── 脾气虚
                    │
                    ├─ 症状及辨证 ─┬─ 寒凝血瘀型 ─── 里虚寒证
                    │              └─ 气血亏损型 ─── 里虚证
产后腹痛 ──────────┤
                    ├─ 辨证要点 ─── 不时起卧,食少,水草迟细,肚胀,气喘
                    │
                    ├─ 护理及预防 ── 改善饲养管理,防止风寒侵袭,忌饮冰水冷食
                    │
                    └─ 治疗 ─── 温中散寒,益气养血——十全大补汤加减
```

思考与练习题

(1) 比较寒凝血瘀和气血亏损型产后腹痛证候的异同。

(2) 从饲养管理的角度提出预防产后腹痛的方案。

(3) 请对以下病例进行分析及辨证论治,思考处方用药的特点及护理要点。

一母猪,毛黑色,6岁,体重50 kg。主诉:该猪于3月26日产仔猪18只,到4月3日存活13只,母猪产后多睡少起,常卧地采食,食量已减少三分之二左右。临证:吻突少汗,出气声粗,耳脉怒张,手握猪耳根,四指感热,不喜饮水,不愿睡于垫草上,嘴筒上挂有垫草,默默不欲食,粪便干燥呈珠状,且彼此粘连呈筒状,体温38.3 ℃,心跳80次/min,呼吸21次/min。

拓展阅读

母牛产犊后,胎衣未能在12 h内排出即称为胎衣不下。牛胎衣不下经药物治疗效果欠佳时,需用手术剥离法治疗。胎衣手术剥离是利用手指强制性地使密切嵌接的母子胎盘在不借助药物的辅助作用下而使之脱离。临床中因剥离胎衣时操作不当,可造成患牛子宫阜大面积损伤,子宫内翻、子宫脱出、术后感染,引发子宫内膜炎、子宫蓄脓,甚至败血症、不孕不育等严重并发症而被迫淘汰。

在给牛剥离胎衣的时候,需要在胎盘与带交界的地方,捏住胎盘的边缘,轻轻地把其从母体胎盘上撕开。然后再把手伸进胎儿和母体之间,逐渐地把胎盘分开,在剥离胎衣的时候,剥离得越完整越好。手术剥离取出胎衣后,用生理盐水冲洗,给予子宫收缩药、葡萄糖生理盐水输液、抗生素、维生素C连续用3~5天(奶牛剥离后70%感染)。

如果在剥离胎盘的时候,不能一次性剥离完的话,就需要在母牛的子宫中放入抗菌防腐的药剂,等待1~3天的时间再剥离或者让其自行脱落就可以了。

病案拓展

案例一：一黄牛，母，7岁，6月16日中午初诊。主诉：该母牛已产仔第四天，于6月15日母牛与其生下的小牛同大群牛放牧，当日无异常症状，到半夜4时黄母牛惊叫不安，吼声震地，母牛的吼叫声惊醒了正夜睡的放牧员，当时放牧员认为是野兽吼声，便起身仔细观察了牛舍及舍宿四周，并未发现其他野兽。最后才到牛舍去看，是产后第四天的黄母牛正在狂叫不安，直至清早，狂叫方才停止。

临床检查：患牛不食，反刍停止，嗳气酸臭，鼻镜无汗，卧地不能起立，便血，粪便干燥，左肷胀大，用手按压瘤胃有坚实感，蠕动减弱，体温38.1 ℃，心跳78次/min，呼吸32次/min，用手挤母牛乳房未见奶汁流出。

中兽医辨证：气滞腹痛。

治疗处方：用行气散加减，大戟30 g、黄芪30 g、槐花30 g、通草30 g、木瓜90 g、牵牛子30 g、党参60 g、熟地黄90 g、淮山药45 g、狼毒30 g、大黄60 g、黄芩30 g、甘草30 g。每日一剂，煎水灌服，连服三剂。

治疗经过：于当日下午灌服一剂，17日清早母牛已能自行站立，能吃草料，下午再服一剂，20日复诊痊愈。

案例二：一头产后母牛，分娩正常，胎衣也下了，但是经常努责，据主人说该牛表现出腹痛症状已经3天，疼痛严重时会伏卧在地，且四肢乱蹬。

临床检查：检查后发现，该牛的鼻镜比较干燥，体温还算正常，瘤胃中有微弱的蠕动声音，经过诊断，判断该牛是子宫气血瘀滞导致的腹痛，并且伴随瘤胃迟缓。

中兽医辨证：气滞血瘀腹痛。

治疗措施：补血补气、活血化瘀、健脾理气、消食清热。处方：玉竹30 g、枳壳30 g、厚朴30 g、二丑30 g、麦芽30 g、三棱30 g、莪术30 g、黄柏30 g、黄芪30 g、陈皮24 g、桃仁24 g、甘草18 g、红花18 g、当归45 g、神曲45 g、黄芪45 g。

经过3天的治疗后，该牛排出了恶露，腹痛症状消失。

第六节 产后出血

产后出血,是分娩后从阴门流血不止之证,多由于产道损伤所致,各种家畜均可罹患。

一、病因及病机

(一)产道损伤

多由于分娩时,因胎儿过大,母畜娩出时用力过猛损伤血络;或处于难产时,手术不慎,损伤血络;或由于助产时,助产器械损伤血络;或强力牵引扯拉损伤血络;或由于胎衣不下手术剥离时,方法不对,损伤血络,而没有及时处治以止血,致出血不止,久则血虚,导致死亡。

(二)瘀血内阻

由于产后多虚,若寒邪侵袭胞脉,寒与血搏,则结而成瘀;或由于产后体虚,气血不足,胞宫收缩乏力,致瘀血内阻,血中之纤维蛋白原减少,导致凝血障碍而出血。

(三)正气虚弱

由于体质素虚,或产前劳役过度,正气亏耗过大,致产前宫缩乏力延续,或冲任二脉不固,难以系胞,发生胎盘前置,早期胎盘剥离,由于胞宫肌纤维收缩乏力,复旧不全,不能将血窦关闭,血栓不能迅速形成,遂发产后出血不止。

(四)其他

多继发于其他疾病,如胎衣不下等。

二、症状及辨证

以产后从阴门不时流出紫红色的血液为本证特征。若胎衣不下者,直肠检查尚可见胞宫收缩乏力,阴道持续性地流出鲜红色血液,有时伴有血块。

(一)损伤出血

常见胎儿娩出时或娩出后,或胎衣剥离后,若助产时,即有活动性出血,色泽鲜红,直肠检查可见子宫收缩良好,阴道检查有时可见创伤及撕裂伤。

属里实证,病位在胞宫。

（二）血虚出血

常见胎衣已下，阴道有持续性出血，而无血块形成，多为凝血机能障碍(纤维蛋白原减少)。

属里虚证，病位在胞宫。

（三）气虚出血

常为胞宫乏力，一般为胎衣排除后，阴道呈阵发性出血，并伴有血块，直肠检查可见子宫柔软有波动感，乃血液蓄积胞宫所致。若时间稍久，则患畜精神倦怠，头低耳耷，脉象沉细无力，口色苍白而舌体绵软。

属里虚证，病位在胞宫及心、肾二经。

三、辨证要点

（1）以产后从阴门不时流出紫红色血液为本证临证辨证的依据。

（2）宜结合病因、病机、病势及病期，分辨它属何型，以判定预后。临证上往往相互夹杂，呈综合性出血，辨证时宜全面观察，抓住主要矛盾，及时进行处理。

（3）实验室血常规检查(测定凝血时间及纤维蛋白原)可辅助判断是否因血凝障碍所致。

（4）若出血时间不长，流血不多，及时地采取措施予以止血，则预后良好；若出血急迫，止血不及时，多导致血晕或死亡。

四、护理及预防

患畜宜喂养在清净的畜舍，忌饮冷水，给以充分的休息，喂给营养丰富的饲料、草料。

产后宜注意产畜的全身状况，应特别注意观察子宫收缩情况及出血量，生产中应注意孕畜的各种急慢性疾病，给予及时的治疗；助产及难产手术时，动作不要粗暴，操作宜轻柔，剥离胎衣时不宜乱扯乱拉乱撕；死胎及胎衣不下应予积极处理；产前体质素虚者，宜早补给营养丰富的饲料。

五、治疗

治疗原则：补血、止血。气虚者，宜补气；血瘀者，宜调血通经；兼有寒邪内侵者，宜温里散寒。

（一）针灸治疗

以断血(天平、后丹田)穴为主穴，配以雁翅、百会、后海、开风等穴。可采用电针疗法、水针疗法，或先针后灸等方式予以处治。

（二）方药治疗

可酌情选用下方加减治疗。

1.加味四物汤

适用于产后血虚出血。

组成：

当归90 g　　　百草霜30 g　　　川芎30 g　　　白芍15 g　　　熟地黄15 g

用法：共为细末，开水冲，候温，马1次内服，1日1剂，连用数剂。

方解：百草霜收涩止血为主药；当归、熟地黄养血调血，固本止血为佐药；川芎理气行滞，活血散瘀为佐药；白芍养血止痛，调和营血，和脾胃为使药。

加减：如口色或可视黏膜微红，尿液赤者，加酒知母10 g、酒黄柏10 g；有腹痛者，加益母草15 g、红花10 g，若方中加阿胶30 g、陈艾25 g、甘草10 g，则止血作用更好；气虚者，加党参30 g、黄芪30 g；瘀血内阻者，加五灵脂25 g、炒蒲黄25 g；反应迟钝，神乏气衰者，加附片15 g、党参30 g、茯神12 g、远志12 g、菖蒲12 g。

2.归芪益母汤

适用于产后气血亏虚，出血。

组成：

生黄芪90 g　　　益母草60 g　　　当归30 g

用法：煎水，牛3次内服。

方解：生黄芪补气以从阳引阴为主药；当归滋阴养血为辅药；益母草散瘀生新，利尿退肿，缩胞宫而止血为佐使药。

3.自拟方

适用于产后出血。

组成：

地榆炭30 g　　　阿胶30 g　　　棕榈炭30 g　　　杜仲炭30 g　　　艾叶30 g

用法：煎水，候温，马两次内服，1日2次，连服3剂。

方解：地榆炭、棕榈炭收敛止血为主药；阿胶滋阴养血，增加血中胶体、促进血凝为辅药；杜仲炭补肾阳，益虚损以止血为佐药；艾叶温经散寒，止胞宫出血为使药。

(三)草药治疗

可试用下方进行治疗。

(1)仙鹤草60 g、茜草60 g、大蓟60 g、小蓟60 g、益母草60 g

用法：煎水，候温，牛1日3次内服，一日1剂。

功能：活血散瘀，收缩子宫，止血。

(2)地锦草60 g、水蜡烛60 g、益母草60 g、红孩儿60 g

用法：煎水，候温，牛1日3次内服，一日1剂。

功能：活血散瘀，止血。

本节小结

本节介绍了母畜产后出血的病因、病机、症状与辨证要点；产后出血的护理、预防和治疗手段。通过理论结合案例学习，掌握产后出血的诊断和辨证论治法则，熟悉适用于治疗产后出血的中药组方和针灸穴位，为临床上预防和治疗产后出血提供方案。

本节概念网络图

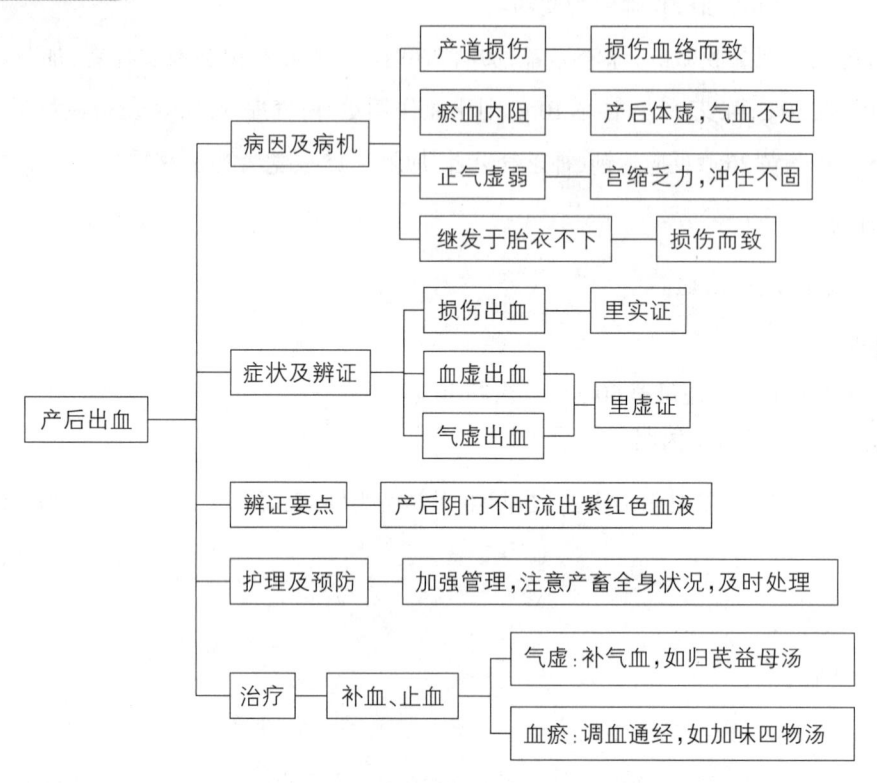

```
                   ┌─ 产道损伤 ── 损伤血络而致
                   ├─ 瘀血内阻 ── 产后体虚，气血不足
         病因及病机 ┤
                   ├─ 正气虚弱 ── 宫缩乏力，冲任不固
                   └─ 继发于胎衣不下 ── 损伤而致

                   ┌─ 损伤出血 ── 里实证
         症状及辨证 ├─ 血虚出血 ┐
产后出血─┤          └─ 气虚出血 ┴ 里虚证

         辨证要点 ── 产后阴门不时流出紫红色血液

         护理及预防 ── 加强管理，注意产畜全身状况，及时处理

                         ┌─ 气虚：补气血，如归芪益母汤
         治疗 ── 补血、止血 ┤
                         └─ 血瘀：调血通经，如加味四物汤
```

思考与练习题

（1）查找文献回答现代兽医学如何检查和诊断产后出血。

（2）血虚出血和气虚出血的证候和治疗原则有什么区别？

（3）试述"加味四物汤"治疗产后出血的原理。

（4）请对以下病例进行分析及辨证论治，思考处方用药的特色及护理要点。

案例一：本地水母牛一头，8岁，役用，营养中等，体重约320 kg，于2月25日求诊。主诉：2月16日顺产一犊，产后无异；24日母牛排尿时阴户流血，阴户有腥臭味，精神不振，眼光乏光，体瘦形羸，皮毛干燥而缺乏光泽，行走缓慢，食欲稍减，反刍35次/min，瘤胃蠕动2次/2 min，心跳56次/min，呼吸18次/min。

案例二：一小白花荷兰杂交乳牛，母，乳用，体重约350 kg，黑白花，营养中等，于8月20日就诊。主诉：去年曾用本地黄牛配种，当时阴道出血，孕后4月诊治，确诊已孕，并患输卵管炎和阴道炎，仅用消毒药水冲洗，后曾产犊一头，每当发情时则阴户流出鲜血，平时常流桃花样脓汁，食欲减少，肚腹缩小。临证所见：体温38.4 ℃，口色淡白，脉象迟而微弱，阴户流出鲜红色的血液，凝固良好，扩开阴道较紧张，色泽污红,右侧壁上部有一脓洞,不断地流脓,宫颈松弛较大,直肠检查宫颈、子宫角无异常,左侧输卵管坚硬、弯曲,右侧卵巢有一个黄体(前天发情),输卵管较坚硬,但比左侧稍小,食欲不振,肚腹缩小。

拓展阅读

母畜生产时可由于多种原因引起产道及子宫损伤,出现子宫内液体流失,腹痛,触摸子宫有破口,或有大出血症状。产道损伤治疗时冲洗消毒,涂抹抗生素;子宫损伤治疗时如果创口小,用促进子宫收缩药物(剂量加倍)、止血药;如果创口大则手术缝合后对症治疗。

病案拓展

案例一:某养殖户求助,反映其养殖的1头母牛在生产后持续努责,流出红色脓性分泌物。该头母牛正常分娩,胎衣排出后出现该情况。发病初期由于症状不明显,影响相对较小,养殖户没有足够重视,随后病情逐渐加重。病情严重时,患病牛疼痛难忍,卧地不起,四肢乱蹬。

临床检查:通过对该头患病牛进行检查,发现鼻镜干燥,体温逐渐升高,全身肌肉震颤,采食停止。仔细观察,从阴道中流出脓性分泌物,呈暗红色或灰红色,患病牛频繁做排尿姿势。结合养殖场的养殖现状及该头母牛的具体生产情况,初步判定为产后损伤出血。

临床对养殖场的患病牛进行进一步检查,发现患病牛全身发热,肌肉正常,精神状态逐渐变差,四肢末端发凉,采食欲望下降,直到停止采食,反刍能力减弱,直至停止。患病牛行走困难;卧地时,从阴道中会流出大量脓性分泌物或者灰红色的液体。强迫患病牛行走,腰背弓起,不断做努责动作,肚子胀大,从阴道中持续流出血水,恶臭难闻。子宫中存在炎症病变,造成生殖器官出现肿胀发炎,阴道黏膜呈现暗红色或者潮红色,患病牛频繁做排尿动作。临床症状出现2~3天后,患病牛子宫炎症反应进一步加重,从阴道中持续流出脓性分泌物,在分泌物中通常夹杂少量的血丝,呈现猩红色或黄红色。

中兽医辨证:损伤出血。

治疗原则:活血化瘀,并加强子宫内容物排出。

治疗处方:当归90 g、红花18 g、槟榔24 g、桃仁24 g、车前子30 g、枳壳30 g、香附30 g、白芍30 g、三棱30 g、莪术30 g、党参30 g、连翘30 g、蒲公英30 g、金银花30 g、黄芪30 g。

将上述中药共研粉末开水冲服,温度适宜后,每天使用1剂,连续使用3天为1个疗程。

在上述中药处方中,白芍、当归、红花、桃仁具有活血化瘀、补血补气的作用,党参、槟榔、黄芪、枳壳等具有补气健脾、调理气血的作用,车前子具有清热利湿、利尿通淋的作用,香附具有调经止痛、活血化瘀的作用。金银花、连翘、蒲公英具有清热解毒、抗菌消炎的功效。将上述中药组方进行科学搭配,能起到活血化瘀、加速恶露排出的功效,患病牛在短时间内恢复健康。

通过采用上述方法连续防控3天后,患病牛阴道分泌物逐渐变得清澈,从阴道中排出分泌物的量逐渐减少,继续用药5天后,患病牛阴道中不再继续出现分泌物,牛恢复正常站立,体温逐渐下降到正常,采食正常,于下一个发情期正常配种,正常受胎,没有影响母牛的繁殖性能。

案例二:一4岁雪纳瑞犬,7.2 kg。8月10日生产第三胎,直到9月11日依然还有恶露流出。主诉:该犬平均一年生产1次,此次生产过程较长,总时间达到近10 h,共产子7只。产后1周该犬表现出体质虚弱、食欲不振、奶水不足等现象,后通过营养调节各项机能有所改善,但阴道内一直有黑褐色分泌物流出。

临床检查:该犬阴门处见明显淡褐色分泌物流出,质地稀薄不稠,脉象缓弱,鼻镜温热不润,口色淡白,食欲及精神状态尚可。

基础生理指标及影像检查:患犬呼吸41次/min,体温38.1 ℃,心率105次/min,血常规检查见白细胞数为$18.9×10^9$/L[参考范围:$(6.0\sim17.0)×10^9$/L]、红细胞数为$5.1×10^{12}$/L[参考范围:$(5.50\sim8.50)×10^{12}$/L]、血红蛋白浓度为101 g/L(参考范围:110~190 g/L),C反应蛋白浓度:19 μg/L(参考范围:0~10 μg/L),提示该犬存在轻度炎症及贫血等病理现象。B超检查见子宫腔轻度扩张,腔内有液态物质聚集,子宫内壁黏膜轻度增厚,提示该犬存在炎症、贫血、子宫复旧不全及积液等病证,应抗菌消炎、止血、促进宫缩等。

中兽医辨证:由于该犬为经产母犬,本次生产时其元气本已不足,元气不足易致宫缩乏力,导致产程过长、生产无力,加之此次产子过多致使素体正气与营血消耗过大而伤及脾气,产后出现体质虚弱、食欲不振、奶水不足等证。由于气虚不能固摄血脉,宫血瘀久于宫腔致使宫腔复旧不全及恶露不尽。治则为健脾益气,活血化瘀等。

治疗措施:

(1)恩诺沙星注射液1 mg/kg,皮下注射,1天1次,连用3天。

(2)益母草30 g、川芎30 g、桃仁15 g、黄芪15 g、当归5 g、炮姜5 g,混合研磨成粉装于胶囊内口服,一天2次,分10天服完。

预后:9月19日电话回访,饲主描述该犬于治疗后第3天恶露量开始减少,治疗后第7天恶露基本消失,治疗期间其精神及食欲状态均较治疗前明显改善。

第七节 胎衣不下

胎衣不下,是家畜分娩后胎衣不能应时而下之证。各种家畜都是按照其特有的时间排出胎衣而完成分娩。牛在生产出胎儿后,须经过 12~18 h;马须经过 30~90 min;羊须经过 5 h;猪、狗、猫和家兔须经过 3 h,如胎衣不排出,则为胎衣不下。此证常多见于母牛,且多在流产之后伴发。据调查,奶牛发病率为 17.97%,夏季多于冬季,且多发于老弱家畜。

一、病因与病机

本病多因气虚、寒凝、血瘀及久逸等所致。

(一)气虚

多因畜体元气亏损,体质素虚;或产前劳役过度,饮喂失调,致营养不良,体质虚弱,元气不足;或胎儿发育过大及双胎;或分娩时产程过长,用力过度,致产后子宫阵缩和子宫复旧无力,不能将胎衣排出。

(二)寒凝

多由于产时外感寒邪,致气血凝滞,胎衣不能应时而下。

(三)血瘀

多由于分娩时,瘀血流入胎衣,致胎衣胀满,胎儿胎盘与母体胎盘粘连不能应时排出。

(四)久逸

因长期舍饲,缺乏运动,久逸伤肝,肝主筋,藏血,致筋肉软弱无力,不能排出胎衣,且多发生于冬、春二季。

二、症状及辨证

母牛胎衣不下时,可在外生殖器官中看到有相当大的胎膜突出,并下垂到飞节或以下,天气炎热时,易腐败,有恶臭,子宫内排出腐败、带血的黏液,如被吸收,则使母畜发生邪毒攻心。

(一)气血亏虚型

胎衣部分垂露于阴门外,初呈红色,后变暗红色,阴道溺血,色淡,有时努责,躁动不安,日久体温升高,胎衣腐烂,阴道溺浊,臭腐难闻,或排出脓血及胎衣碎片,口色淡白,脉象虚数。

属里虚证,病位在胞宫、冲任二脉。

(二)寒凝气滞型

胎衣不下,恶露较少,色暗红,寒战腹痛,耳及四肢寒冷,口色淡白挟青,脉象沉涩。

属里寒实证,病位在胞宫及肾经。

(三)瘀血内阻型

胎衣不下,阴道溺血,血色暗红,间有血块,努责不安,回头顾腹,口色瘀红或青紫,舌津滑利,脉象沉弦或沉涩。

属里实证,病位在胞宫及冲任二脉。

(四)热毒攻心型

体温升高,精神不振,食欲减退,腹痛不安,呻吟,挣扎,乳量下降,或有腹泻,口色发红或紫红,舌津黏稠,舌苔黄燥,脉象洪数或虚数。

属里热实证,病位在心经和胞宫。

三、辨证要点

(1)以胎衣不能应时而下为临床辨证依据。

(2)宜结合病因、病机、病势、病期及肾气的盛衰等以推断预后,凡体温升高,胎衣腐烂,邪毒攻心时,多预后不良;若能早期治疗,经过适当处理后,可望痊愈。

四、护理及预防

应将患畜喂养于温暖的畜舍中,增加饲料或草料,忌喂冷水生料。有人以重物坠于胎衣上,易致子宫翻出,此法不宜推广。

平时,孕畜应适当地运动,妊娠后期应增加营养物质,节制使役,以免气血亏损过甚,分娩时的助产,切勿鲁莽。

五、治疗

治疗原则:下胎衣,扶正气。气血亏虚者,宜大补气血,收缩胞宫;寒凝气滞者,宜散寒除滞,理气缩胞;瘀血内阻者,宜散瘀理气,缩胞下衣;邪毒攻心者,宜清热解毒,护心缩胞。

(一)方药治疗

可酌情选用下方进行治疗。

1.神圣散

适用于瘀血内阻所致胎衣不下。

组成：

桃仁30 g　　　大戟18 g　　　滑石30 g　　　海金沙30 g　　　猪油250 g

用法：煎水，马2次内服，牛1次内服。

方解：桃仁通经破血，下胎衣为主药；大戟逐水下胎衣以助主药之药势为辅药；滑石、海金沙利水除湿，有助于下胎衣为佐药；猪油润下，调和诸药为使药。

注：滑胎行气散，较本方多益母草、枳壳和甜酒，并将猪油送入阴道及子宫中，强迫患牛站立1～2 h。

2.参灵汤

适用于气血亏虚及血瘀所致的胎衣不下。

组成：

党参60 g　　　五灵脂30 g　　　当归60 g　　　川芎30 g　　　益母草30 g

生蒲黄30 g

用法：研末，调童便，马1次内服。

方解：党参补中益气为主药；五灵脂、当归、川芎养血调经，散瘀止痛为辅药；生蒲黄、益母草破血调经，下胎衣为佐药；童便清热，引药入肾经为使药。

3.赤滑车瞿散

适用于瘀血内阻所致的胎衣不下。

组成：

赤石脂60 g　　　滑石60 g　　　车前子60 g　　　瞿麦45 g

用法：共为末，马1次冲服。

方解：瞿麦清热利水，破血下衣为主药；赤石脂固肠下衣为辅药；车前子清热利水，有助于下衣为佐药；滑石渗湿利水，清热止渴为使药。

4.十全大补汤加减

适用于气血亏虚及寒凝气滞型的胎衣不下。

组成：

西洋参20 g　　　当归身20 g　　　黄芪20 g　　　川芎20 g　　　炙甘草20 g

白芍25 g　　　白术20 g　　　香附子20 g　　　茯苓25 g　　　灵仙12 g

用法：水酒为引；煎水，牛1次内服。

方解：西洋参、黄芪大补元气为主药；当归身、川芎、白芍养血调血，凉脾和营为辅药；炙甘草、白术、茯苓补中益气，健脾利水为佐药；灵仙、香附子、水酒通经活血，暖脾肾，下胎衣为使药。

注：本方较中医的十全大补汤少熟地黄、肉桂。

5.益母生化汤

适用于血瘀内阻所致的胎衣不下。

组成:

益母草45 g　　葛根30 g　　当归90 g　　桃仁泥15~25 g

炮黑姜15 g　　川芎25 g　　血余炭30 g　　炙甘草15~25 g

用法:共为末,水煎,马2~3次内服。

方解:益母草、葛根祛瘀生新,别清浊,下胎衣为主药;炮黑姜、炙甘草补中益气,温中健脾为辅药;当归、川芎养血、活血、止痛为佐药;桃仁泥、血余炭破瘀活血为使药。

体弱气虚者,可加党参45 g、炙黄芪60 g;恶露不尽者加黑芥穗20 g、熟地炭30 g;有寒者,加紫苏60 g、桂枝30 g。

6.牛膝散

适用于寒凝气滞型胎衣不下。

组成:

红花30 g　　牛膝30 g　　当归60 g　　肉桂15 g

用法:共研为末,开水冲,候温,马1次内服。

方解:牛膝活血祛瘀,下胎衣,缩胞宫为主药;当归养血调血,缩胞宫以下衣为辅药;肉桂补肾壮阳,逐寒邪,下胎衣为佐药;红花散瘀血以助药势为使药。

加减:寒邪较重者,加制附子25 g、炮姜30 g,重用肉桂;瘀血腹痛较重者,加桃仁25 g、制香附25 g、枳壳30 g。

7.破血散加味

适用于胎衣不下所致的热毒攻心型。

组成:

黄芩30 g　　桃仁20 g　　赤芍30 g　　当归30 g　　川芎30 g

蒲公英30 g　　红花30 g　　黄连20 g　　益母草12 g　　栀子30 g

金银花30 g　　木通20 g　　连翘30 g　　甘草12 g

用法:煎水,候温,马2~3次内服。

方解:黄连、黄芩、栀子清热泻火为主药;蒲公英、金银花、连翘清热解毒为辅药;桃仁、赤芍、益母草、当归、川芎、红花养血调血,化瘀缩胞宫以下胎衣为佐药;木通、甘草清心利水,调和诸药,导热毒下行为使药。

(二)草药治疗

可酌情试用下方进行治疗。

(1)车前草30 g、陈艾15 g、黄糖60 g、白酒60 mL

用法:煎水,猪两次服完。

功能:暖胞除寒,活血下衣。

(2)大葱捣烂,再加蜂蜜适量,外敷肚脐,15 min即可见效。

此外,可灌服羊水,能收到良好的效果,亦具有预防本病发生的作用。

(三)手术疗法

若服药无效时,可采用胎衣剥离术进行治疗。

(四)西药治疗

为促进胎衣剥离,可注射脑下垂体后叶素,牛10~16 mL。

体温升高者,可用抗生素及磺胺类药物,且可酌加抗菌增效剂,同时,静脉注射5%葡萄糖盐水1 000~2 000 mL。

为提升畜体的抵抗力,可静脉注射维生素C 5~10 mL。

为促进胎衣剥离,可用5%氧化钠液灌注子宫,并行直肠按摩子宫,以激发宫缩,加快胎衣的排出。

本节小结

本节介绍了母畜胎衣不下的病因、病机、症状与辨证要点;胎衣不下的护理、预防和治疗手段。通过理论结合案例学习,掌握胎衣不下的诊断和辨证论治法则,熟悉适用于治疗胎衣不下的中药组方和针灸穴位,为临床上预防和治疗胎衣不下提供方案。

本节概念网络图

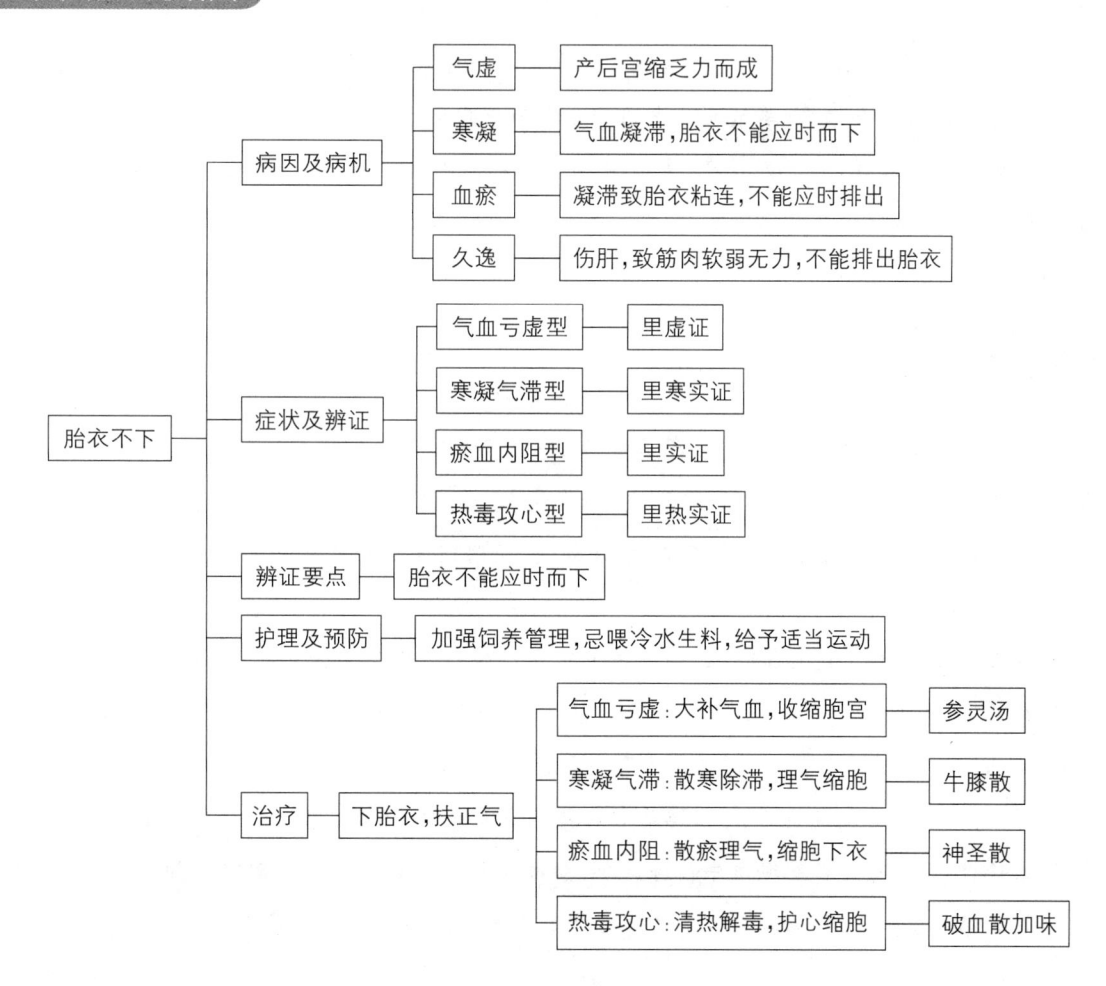

胎衣不下
- 病因及病机
  - 气虚——产后宫缩乏力而成
  - 寒凝——气血凝滞,胎衣不能应时而下
  - 血瘀——凝滞致胎衣粘连,不能应时排出
  - 久逸——伤肝,致筋肉软弱无力,不能排出胎衣
- 症状及辨证
  - 气血亏虚型——里虚证
  - 寒凝气滞型——里寒实证
  - 瘀血内阻型——里实证
  - 热毒攻心型——里热实证
- 辨证要点——胎衣不能应时而下
- 护理及预防——加强饲养管理,忌喂冷水生料,给予适当运动
- 治疗——下胎衣,扶正气
  - 气血亏虚:大补气血,收缩胞宫——参灵汤
  - 寒凝气滞:散寒除滞,理气缩胞——牛膝散
  - 瘀血内阻:散瘀理气,缩胞下衣——神圣散
  - 热毒攻心:清热解毒,护心缩胞——破血散加味

思考与练习题

(1)对胎衣不下的不同证型和对应治疗原则进行归纳。

(2)试分析"牛膝散"的组方原理。

(3)请对以下病例进行分析及辨证论治,思考处方用药的特点及护理要点。

案例一:陈某,因1头年龄4岁的经产母猪胎衣不下求诊。主诉:该母猪早上9点就产下14头仔猪,已经过了3 h仍未见胎衣排出。证见母猪精神不振,站立不安,不时弓腰努责,时有腹痛,阴门有黏性分泌物悬附,脉象沉迟。

案例二:红马一匹,9岁,产一骡驹,产后两天,胎衣不下,经检查,不但胎衣不下,而且乳汁不多,精神迟钝,食量减少,舌色淡红有白黏沫。

拓展阅读

母畜娩出胎儿后,胎衣在第三产程的生理时限内未能排出,称为胎衣不下或胎膜滞留。主要病因是产后子宫收缩无力及胎盘未成熟或老化、充血、水肿、发炎,饲养管理不当,缺乏维生素和微量元素等,胎衣不下分为全部不下和部分不下两种。(1)胎衣全部不下:未见胎衣排出,阴道检查,摸到脐带、胎盘;(2)胎衣部分不下:单胎动物,牛、羊多见,部分掉在外面能见到子叶或囊状物,根据牛子叶个数(80~120个)可判断是否全部排出胎衣;多胎动物:根据脐带的断端数量,判断是否全部排出胎衣。牛、羊胎衣脱出的部分常为尿膜绒毛膜,呈土黄色,表面有子叶。马脱出的部分主要是尿膜羊膜,呈灰白色,表面光滑。治疗原则:尽早采取措施防止胎衣腐败吸收,促进子宫收缩,局部和全身抗菌消炎,在条件适合时可剥离胎衣。

病案拓展

案例一:某饲养户饲养的一头经产母猪产了8头仔猪,仔猪全部产出后2 h不见胎衣排出。母猪卧地不起,不断努责,精神不振,食欲减少,喜饮水。畜主又等待了1 h后电话求救。

临床检查:检查发现,母猪表现不安,呼吸加快,从阴门流出暗红色带有恶臭的排泄物,内混有分解的胎衣碎片。

中兽医辨证:根据上述临床症状,确诊该母猪患产后瘀血内阻型胎衣不下证。

治疗处方:当归120 g,川芎、桃仁各45 g,炮姜、炙甘草各10 g。或者当归15 g,香附13 g,川芎10 g,红花、桃仁、甘草各6 g,水煎1次内服或研细粉2次喂服。

案例二:一奶牛场李某某的1头4胎龄黑白花奶牛发生难产,产后34 h胎衣仍未完全排出。

临床检查:第3天检查发现该牛精神沉郁,食欲不振,体温39.8 ℃,不时努责做排尿状,垂附于阴门外的胎衣,有剧烈的难闻腐败臭味。经诊断为气血衰弱型胎衣不下。

中兽医辨证：中兽医认为胎衣不下是气虚、气血凝滞的结果。治疗以补气益血为主，佐以行滞化瘀，利水消肿。

治疗处方：当归50 g、川芎45 g、炮姜45 g、黄芪30 g、党参30 g、炙甘草25 g、桃仁35 g、红花30 g、陈皮55 g；水煎服，1剂/天，连服3剂。

结果在第2剂服过后几个小时，该奶牛排出胎衣，体温降到38.8 ℃，精神好转，仍有少许恶露。

再用栓剂宫颈康1支，一次性注入子宫内，一周后随访，恶露消失，一切恢复正常。

案例三：母绵羊一头，第三胎产羔后胎衣不下，一天半来院就诊。

临床检查：子宫颈仅容二指通过，无法进行手术剥离。由畜主将羊站立保定，术者弓腰立于病羊侧后方，两手自腹壁两侧靠近盆腔方向合拢（估计子宫在其中为度）进行不同轻重、不同方向的按揉。用力大小以羊不躲闪、不呻吟忍受为宜，以此反复按揉15 min后，胎衣即自行脱离，检查胎衣完整。

案例四：一头水母牛，约13岁，于7月一天上午使役后生一小母牛，隔日中午还未见胎衣排出。

临床检查：牛常弓背努责，作分娩状，从阴户流出恶露，不时头向后望腹，似有腹痛，体温、食欲正常。

中兽医辨证：为气虚产后胎衣不下。

治疗措施：采用益母草100 g、红糖250 g、水1 000 mL，煎至500 mL，凉后灌服。第二天上午胎衣即自行排出，其他症状消失。

案例五：6岁雌性布偶猫，4.8 kg，1月11日生产，生产后出现胎衣滞留。主诉：该猫为繁育种猫，此次为第7次生产，共产子7只，生产后期出现宫缩无力，最后一只仔猫通过人工牵拉方式助产才勉强生出，但其胎衣未随胎儿排出。生产后母猫出现发热、腹痛、流恶臭恶露、精神沉郁、食欲不振等现象。

临床检查：该猫表现精神沉郁，食欲不振，脉象细数，鼻镜不润，呼吸浅表，口色淡白，皮温增高，小便深黄，阴门处见有黑褐色黏稠恶臭恶露，触诊腹部患猫表现出明显不适感。

基础生理指标及影像检查：患猫呼吸38次/min，体温39.6 ℃，心率121次/min。血常规检查见白细胞数为$21.5×10^9$/L[参考范围：$(5.5～19.5)×10^9$/L]、红细胞数为$4.9×10^{12}$/L[参考范围：$(5.0～10.0)×10^{12}$/L]、血红蛋白浓度为80 g/L(参考范围：80～150 g/L)、S-AA浓度：58 μg/L(参考范围：<2 mg/L)。B超检查见子宫宫腔扩张，宫腔内有强回声影像，提示该猫存在轻度发热、贫血及重度感染与炎症等病理现象。治则为抗感染、消炎，改善贫血等。

中兽医辨证：该猫为繁育种猫，因具有经产及多产史，其素体正气亏虚，本元耗损，致使生产时宫缩乏力，造成胎衣不下。同时胎衣作为一种外邪留滞于胞宫，易致宫内经脉气血瘀阻，淤久化热，引发内生热邪，所以患猫出现发热、腹痛、流恶臭恶露等现象。治则为扶正祛邪，固本培元，健脾益气,活血化瘀等。

治疗措施如下。

(1)缩宫素注射液0.5 mL,皮下注射,1天1次,连用3天。

(2)头孢噻呋钠50 mg,皮下注射,1天1次,连用5天。

(3)益母草20 g、桃仁15 g、红花15 g、川芎15 g、黄芪5 g、当归5 g、生地黄5 g、丹皮3 g、田七3 g,混合研磨成粉装于胶囊内口服,1天2次,分10天服完。

预后:用药3天后该猫鼻镜表现润滑,食欲增强,精神状态明显改善;用药6天后滞留于胞宫内的胎衣被排出;用药10天后恶露逐渐消失。

第八节 垂脱症

垂脱症,是中气虚陷,直肠、阴道或子宫从肛门或阴门垂出,不能缩回之证。母畜妊娠期间胎儿与母体大量争夺气血,造成脾气严重虚弱,固脱无力,易致垂脱症。多见于老弱家畜,常见于牛和猪,且以冬、春二季发生较多。

一、病因及病机

本病多由于久逸、元气不足、津液干涩等所致。

(一)久逸

多由于母畜缺乏运动,久逸伤肝,肝不能藏血以养筋,致筋肉无力,中气下陷,子宫、阴道或肛门肌肉松弛而发生垂脱症。

(二)元气不足

多见于体质素虚的家畜,由于气血虚弱,或是劳役过度,营养不良,肾气不足,冲任不固或是产前用力过大,或由于胎水过多,或由于多胎妊娠,耗伤中气,脾不主肉,元气下陷,冲任不固,无力收摄,致子宫、阴道或直肠肌肉过度伸长,无力复旧,遂发垂脱症。

(三)津液亏损

多由于劳役过度或饲养管理不当,津液亏损,大便秘结,中气不足,脾不主肉,由于排便时努责过度,元气下陷,直肠遂随粪便而出,不能收回,或是由于分娩时产道干燥,由子宫中的负压及胎儿与子宫黏膜的粘连,使子宫随着胎儿的娩出而脱出。

(四)其他

多继发于其他病证,如继发于胎衣不下时,以重物系于胎衣上,将子宫坠出,或于分娩时,助产用力过猛过快,将子宫拉出等。

二、症状及辨证

(一)按脱出部位分类

按脱出部位的不同,可分为以下几种。

1.直肠脱出

患畜直肠或肛头脱出于肛门外边,色泽鲜红,频频排便,不断努责,愈脱愈大,时久,则色泽瘀色、发紫,形成风膜(黏膜坏死)或溃烂,气味恶臭,局部肿胀,疼痛,拱背缩腰,排便困难。

属里虚证,病位在直肠和脾经。

2.子宫脱出

子宫不完全脱出而呈叠在阴道中时,家畜起卧不安,努责,直肠检查可发现宫壁所形成的套叠。子宫完全脱出时,马的子宫表面是光滑的,或略呈天鹅绒状,牛和羊有成串下垂的、多液的,有时具易出血的宫阜(子叶);猪的子宫似肠蹄系。

日久,则黏膜坏死,其特征是纤维素沉着,有污秽的褐色痂皮,胎盘分解,分泌大量软的和残渣样的污秽物质。恶化后,子宫组织发生坏疽,导致邪毒攻心之证。

属里虚证,病位在子宫、冲任二脉及脾经。

3.阴道脱出

阴道不完全脱出时,往往在卧下时脱出部分,起立后又还纳于阴道中。

阴道完全脱出时,呈球状脱出于阴户外面,且有一个收缩很紧的子宫颈外口。脱出的初期为玫瑰色或红色,后变蓝色、深灰色,黏膜肿胀,质地变为冻肉状,且易损伤、出血,在变干时易于裂开。

属里虚证,病位在阴道及脾经。

(二)按证候分类

按证候的不同,可分为以下几种。

1.气虚垂脱型

直肠、阴道或子宫脱垂于肛门或阴门外,黏膜淡粉红色,久则瘀红,体弱乏力,食欲不振,精神短少,行走无力,尿频或粪干,口色淡,脉象虚弱。

属里虚证,病位在脾胃经和直肠、阴道或子宫。

2.肾虚垂脱型

直肠、阴道或子宫脱垂于肛门或阴门外,黏膜淡粉红色,久则瘀血,四肢不温,腰膝无力,尿不利或失禁,口色淡红,舌体软绵,脉象沉弱。

属里虚证,病位在肾经和直肠、阴道或子宫。

3.血瘀垂脱型

直肠、阴道或子宫垂脱于肛门或阴门外时间过长,黏膜瘀红、肿胀、坏死、发冷。重者,体温升高,口色瘀红或青紫,脉象沉涩。

属里虚血瘀证,病位在胞宫或直肠。

若心阳虚脱,则多归死亡,且多见于子宫全脱日久者。

三、辨证要点

(1)以直肠、子宫或阴道翻出,不能收回,不时努责等主症为临证辨证依据。

(2)宜结合病状分辨属阴道脱出,还是子宫脱出,抑或直肠脱出,并应分辨是全脱还是半脱。同时,尚宜注意分辨病性及病势。

(3)若能及时整复,给予适当的处治,多可痊愈;若拖延日久,黏膜坏死、溶解,常因邪毒攻心或心阳耗脱而导致死亡。

四、护理及预防

应立即停止使役,加强管理,将母畜喂养于温暖、清洁、通风良好、前低后高的畜舍中,以利于子宫、阴道或直肠的回收,每天应给予适当的运动,直肠脱出者应给予更多运动,以利直肠的回收。

五、治疗

治疗原则:整复垂脱部分,佐以补中益气之品,或补肾壮阳之品,或活血散瘀之品,或清热解毒类药。

(一)手术疗法

用温消毒水洗揉整复,并缝合以固定垂脱部分不致脱出。

1. 直肠脱出

病畜行站立保定,用温水或0.1%的温高锰酸钾液,或度米芬,或新洁尔灭水灌肠,然后洗净脱出的肠头;亦可用防风汤冲洗,或2%～3%温明矾水冲洗,如有水肿或坏死,可用三棱针点刺水肿部分,以去坏死,一边洗涤,一边揉搓脱出部,至脱出部变软变湿,再慢慢送入肛门即可,术后于平地牵行1～2 h。

为防止脱出,于肛门外可行烟包缝合,缝合的大家畜的肛门常留二指,小家畜留一指,以利排便。

若努责剧烈者,可后海穴注入1%普鲁卡因液30～50 mL。

也可用1%的普鲁卡因液10～30 mL注射于肛门周围边缘约1～2 cm皮下,使其发炎水肿,以防脱出。

2. 阴道脱出

方法与直肠脱出基本相同。但最好站立于前低后高的地方进行整复,既出部位送入阴道后,应尽量推入骨盆腔中,直至脱出部从术者手上向前摆伸而感受到"扑"的一声,则阴道摆顺。然后填入广谱抗生素(青霉素粉剂)。为防止努责时脱出,阴门可行马蹄形烟包缝合加纽扣状缝合,以压定。努责剧烈者,可后海穴封闭。

3. 子宫脱出

方法与阴道脱出基本相同,但整复时应从子宫角尖端翻入,同时塞入广谱抗生素粉剂以抗菌。

4. 防风汤

整复手术后可用防风汤冲洗。

组成:
防风9 g　　荆芥9 g　　艾叶9 g　　川椒9 g　　蛇床子9 g
白矾9 g　　五倍子9 g

用法:煎汤,候温,冲洗。

方解:防风、荆芥祛风消肿为主药;艾叶、川椒祛寒止痛,消肿杀虫为辅药;白矾、五倍子收敛止血,固涩止脱为佐药;蛇床子杀虫止痒为使药。

(二)针灸疗法

可根据"虚则补之,热则疾之"及"盛者泻之"的原则,选后海、百会、雁翅、尾本、尾尖、尾根、尾节、尾干等穴,或电针,或留针,或水针,或血针。

(三)方药治疗

可酌情选用下方进行治疗。

1.十全大补汤加减

适用于气血虚弱而不完全流产。

组成:

| 党参 60 g | 当归身 60 g | 黄芪 60 g | 炙甘草 40 g | 白芍 60 g |
| 茯苓 50 g | 威灵仙 40 g | 川芎 40 g | 香附子 60 g | 白术 60 g |

用法:水酒为引,煎水,牛 2~4 次内服。

方解:党参、黄芪、白术、炙甘草、茯苓补中益气为主药;当归身、川芎、白芍养血调血,益血敛阴为辅药;威灵仙、香附理气,通经络,祛风湿,以治腰肢疼痛为佐药;水酒温通经脉,以协助药势为使药。

注:本方较中医的十全大补汤少肉桂、熟地黄,多香附和威灵仙。临证运用时,可加肉桂、熟地黄,去威灵仙,则效果更佳。若为先兆流产的气血虚弱者,可用十全大补汤去肉桂,加阿胶、何首乌、桑寄生,以增强其养血保胎的作用。

2.补中益气散

适用于脾胃气虚、久泻,中气下陷的垂脱症(脱肛、子宫脱垂)。

组成:

| 炙黄芪 75 g | 党参 60 g | 白术 60 g | 炙甘草 30 g |
| 当归 30 g | 陈皮 20 g | 升麻 20 g | 柴胡 20 g |

用法:以上 8 味粉碎,过筛,混匀。马、牛 250~350 g,羊、猪 60~90 g。

方解:炙黄芪甘温,补益阳气为主药;党参、炙甘草、白术补中益气,健脾燥湿为辅药;当归、陈皮养血理气,燥湿导滞为佐药;升麻、柴胡升举清阳为使药。

加减原则:肾阳虚者,加附子 40 g,肉桂 50 g;血瘀者,加赤芍 50 g、郁金 50 g、枳壳 80 g;兼有热候者,加黄芩 60 g、黄连 40 g、金银花 60 g、连翘 60 g、枳实 80 g。

用本方加补骨脂、杜仲和车前子以防止子宫脱出整复后之复脱。

3.肾气丸加味

适用于肾虚垂脱症。

组成:

| 附子 50 g | 肉桂 50 g | 熟地黄 60 g | 山药 60 g | 山萸肉 50 g |
| 茯苓 50 g | 牡丹皮 50 g | 升麻 25 g | 枳壳 80 g | 泽泻 50 g |

用法:煎水,候温,牛 3~5 次内服,1 日 3 次,连服 3 剂。

方解：附子、肉桂补肾壮阳，祛寒益脱为主药；熟地黄、山萸肉、山药养阴补肾，益中气以固脱为辅药；泽泻、茯苓祛湿利水，以消肿为佐药；牡丹皮、升麻、枳壳理气散瘀，消肿止痛，升提清阳而固脱为使药。

（四）简易疗法

可试用下方进行治疗。

(1) 枳实或枳壳 400～500 g，煎水，牛1日内服。

(2) 金樱子1 kg，煎浓汁，加红糖为引，给猪内服，以治子宫脱出。

• **本节小结** •

本节介绍了母畜垂脱症的病因、病机、症状与辨证要点；垂脱症的护理、预防和治疗手段。通过理论结合案例学习，掌握垂脱症的诊断和辨证论治法则，熟悉适用于治疗垂脱症的中药组方和针灸穴位，为临床上预防和治疗垂脱症提供方案。

本节概念网络图

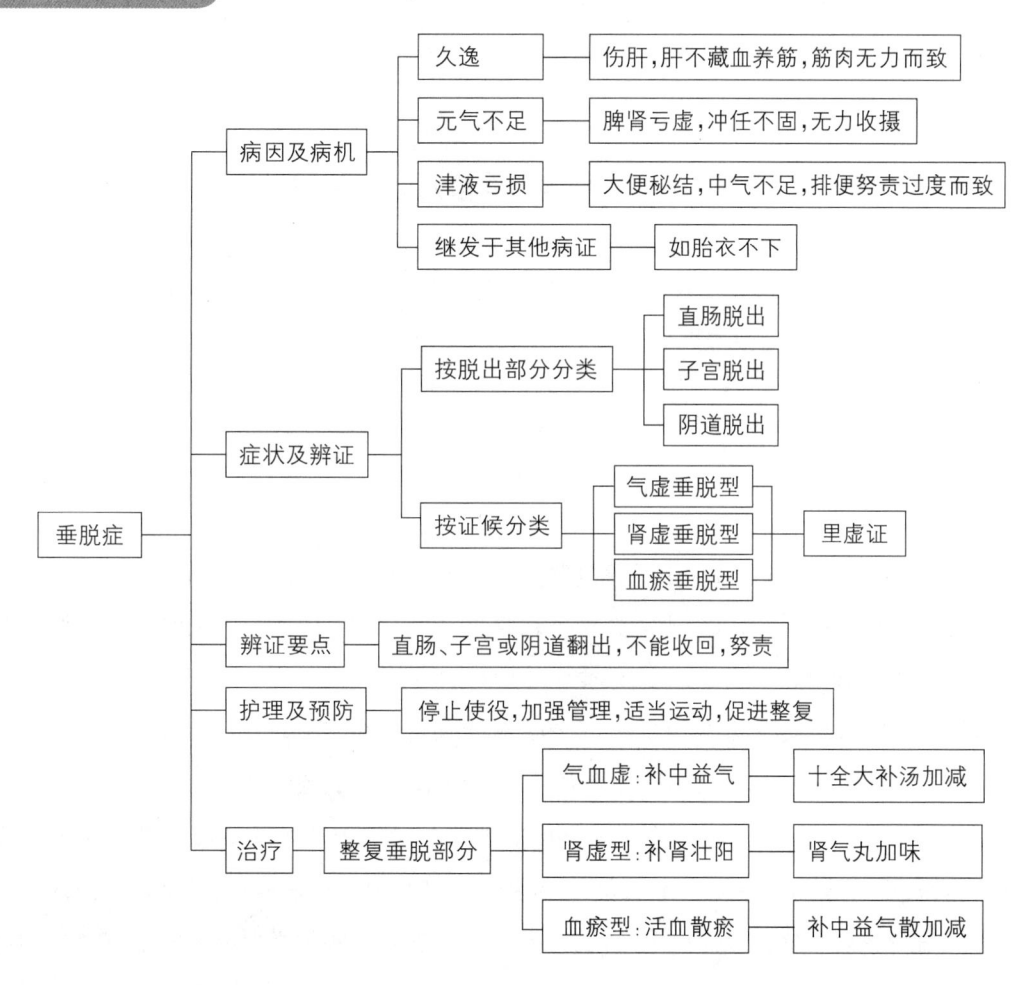

```
                    ┌─ 久逸 ─── 伤肝，肝不藏血养筋，筋肉无力而致
                    ├─ 元气不足 ─ 脾肾亏虚，冲任不固，无力收摄
        病因及病机 ──┤
                    ├─ 津液亏损 ─ 大便秘结，中气不足，排便努责过度而致
                    └─ 继发于其他病证 ─ 如胎衣不下

                                    ┌─ 直肠脱出
                    ┌─ 按脱出部分分类 ┼─ 子宫脱出
                    │                └─ 阴道脱出
        症状及辨证 ──┤
                    │                ┌─ 气虚垂脱型
                    └─ 按证候分类 ────┼─ 肾虚垂脱型 ── 里虚证
垂脱症 ─┤                              └─ 血瘀垂脱型

        辨证要点 ── 直肠、子宫或阴道翻出，不能收回，努责

        护理及预防 ── 停止使役，加强管理，适当运动，促进整复

                                    ┌─ 气血虚：补中益气 ── 十全大补汤加减
        治疗 ── 整复垂脱部分 ────────┼─ 肾虚型：补肾壮阳 ── 肾气丸加味
                                    └─ 血瘀型：活血散瘀 ── 补中益气散加减
```

思考与练习题

(1)从脏腑功能的角度分析引起垂脱症的病因和病机。

(2)比较针灸、中药以及手术治疗垂脱症的优缺点。

(3)请对以下病例进行辨证论治,思考处方用药的特点及护理要点。

案例一:张某饲养的一只母藏獒外阴部突出一红色长椭圆球状物,不能自行还纳。该藏獒13月龄,体重约60 kg,未曾生产过,已发情1次,但未配种,近日又处发情期,准备施配,发现其外阴肿胀严重,并有一物脱出。该藏獒自幼一直以犬粮为主饲养,院内自由活动,偶尔牵遛,随着体型的不断增大,攻击性和体力也大为增加。为避免对人员造成威胁,故用铁笼圈养,很少再牵遛。近4个月来,一直饲喂猪场冷冻的病死带骨整体猪肉或分割肉,未经熟化和解冻,自由饮水,近日食欲明显下降。体温39.6 ℃,心率109次/min,呼吸29次/min,精神倦怠,粪溏稀,外阴部突出一长15 cm,直径约8 cm鲜红棒状物,中度肿胀,端面由于与外物摩擦而出血。

案例二:一经产母牛,体重450 kg,分娩后子宫脱出体外,由于饲养人员处置方法不当,导致子宫壁破裂,子宫壁创口约15 cm,腹腔内肠管漏出体外。病牛呈左侧卧姿势,不断努责,周围有大量的血凝块,脱出部位水肿,表面粘有草末,胎衣未脱离,覆盖在胎盘的子叶上。

拓展阅读

阴道脱出:阴道壁肌肉和固定组织松弛,使阴道部分或全部外翻于阴门之外。牛多见,其次是猪、羊。常发生于妊娠末期。

子宫脱垂(uterine prolapse)是指子宫从正常位置沿阴道下降,甚至子宫全部脱出于阴道口以外,多见于多产、营养不良的孕畜。

病案拓展

案例一:养牛户马某饲养的母牛产犊后胎衣一直未能排出,马某将其胎衣绑在一条绳子上,绳子下端绑扎一块石头,将胎衣拉出。在这个过程中,胎衣脱下,但也造成子宫脱出。该母牛的年龄在4岁左右,生活习惯以圈养为主,饮食中精饲料相对较少。

临床检查:母牛的子宫发生较大脱出,表面黏膜上面有清晰可见的各种瘀血、红肿状态,此外还有血水渗出。母牛有明显的烦躁感,难以静卧。牛的体温状况、呼吸状况基本正常。

中兽医辨证:经过现场诊断,母牛发生产后子宫脱出,属气虚子宫垂脱症。其原因主要是该牛长期圈养,缺乏运动,营养状况不够理想,造成生产过程中引发体能不足,所以无法保持足够的子宫闭合收缩力将胎衣排出,后绳索对胎衣的牵拉引发子宫脱出。病牛精神不振,弓腰努责,外脱出的子宫形如葫芦,黏膜和子叶呈玫瑰红或暗红色,子宫脱出后出现水肿、温度降低、容积增大,并可能发生破裂、伪膜性炎症和外脱组织坏死。

治疗措施:以手术整复为主,配合灌服补中益气汤。

补中益气汤:党参30 g、白术15 g、黄芪30 g、当归25 g、甘草25 g、陈皮25 g、升麻15 g、柴胡10 g、五味子20 g,水煎取液,或共研细末,温开水灌服。本方为治疗脾胃虚弱及气虚下陷诸证的常用方,具有补中益气、升阳举陷的功能,主治脾胃气虚及气虚下陷诸证,证见精神倦怠,草料减少,发热,汗自出,口渴喜饮,粪便稀溏,舌质淡,苔薄白或久泻脱肛、子宫脱出等。中气不足,气虚下陷,泻痢脱肛,子宫脱出或气虚发热自汗,倦怠无力等均可使用。

案例二:10岁雌性京巴犬,8.1 kg,因意外受孕于8月26日生产,产后第二天发生子宫脱垂症。主诉:该犬已进入老龄阶段,今年发情期因饲养管理疏漏导致其意外受孕,产后第二天见外阴处凸出一圆形红润物体,该物体出现后患犬频繁出现上厕所姿势,但无法排出大小便。

临床外观体征检查:该犬脉象细弱,舌苔淡薄,会阴部皮肤及肌肉松弛收缩无力,鼻镜不润,表现神情焦虑不安,阴门处凸出一红润肿大物体,患犬不断用舌头对该物体进行舔舐,并频繁表现出里急后重行为,但无法排出大小便。

基础生理指标及影像检查:患犬呼吸37次/min,体温38.8 ℃,心率109次/min,血常规检查不见异常,C反应蛋白浓度:23 μg/L(参考范围:0～10 μg/L),提示该犬存在轻度炎症等病理现象。X线检查见一部分子宫向骨盆底部后移并突出于外阴,会阴部肌肉及皮肤变薄向后凸出。提示阴道半脱垂,治则为抗菌消炎、还原子宫到解剖生理位置等。

中兽医辨证施治:子宫脱垂在中兽医学中又称为阴挺,中兽医学认为本病的发生多由中气不足,脾气下陷,肾气不固所致。该犬属于老年犬,其先天之元气正处衰减状态,此次生育必损耗其正气及营血,导致其脾气下陷,肾气不固,最终造成子宫脱垂症。治则为固本培元、补中益气等。

外科处置:采用氯己定溶液对凸出的红润肿大物体进行冲洗消毒,然后将其还原至解剖位置,在留置导尿管的基础上对阴道内壁实施短暂荷包缝合,防止子宫再次脱出。

处方:

(1)恩诺沙星注射液1 mg/kg,皮下注射,1天1次,连用3天。

(2)补骨脂60 g、黄芪45 g、党参45 g、白术30 g、当归15 g、陈皮15 g、柴胡12、升麻12 g、炙甘草12 g,混合研磨成粉装于胶囊内口服,1天2次,分1个月服完。

预后:该犬治疗后一周拆除缝合线及导尿管,其食欲、精神正常,大便形状偏软,小便正常,治疗后一个月其口色红润,大便形态恢复正常,会阴部肌肉收缩有力。治疗半年后电话回访,饲主描述,该犬各项生理机能状态较佳,体质均较以前增强,子宫无再次脱出现象。

案例三:经产母猪一头,种用,体重约240 kg,于1月28日求诊。主诉:母猪难产,强力努责后产出胎儿,产后约2 h,发现外阴部可见凸出鲜红的球状物,未及时处理;第二天,发现母猪脱出全部子宫,且拖地,不吃。

临床检查：母猪阴户外可见红色、灌肠样内翻子宫，黏膜破损，并且发生水肿、瘀血，表面黏附碎草、粪便。

中兽医辨证：此乃母猪脾气不升，中气下陷，导致母猪产仔强烈努责，出现子宫脱出。治则以补中益气固表，健脾养血和中为要，方用补中益气汤加味。

治疗措施如下。

(1)外科手术复位子宫脱出。

(2)药物治疗。

①头孢噻呋钠200万IU、链霉素1 g，肌注，连用3天；醋酸氯己定栓2枚，每日1次；

②党参20 g、白术20 g、升麻20 g、陈皮20 g、甘草20 g、柴胡10 g、黄芪30 g、当归30 g。用法：水煎，过滤药渣后候温，内服，1日3次，连用2剂。

预后：2月4日电话回访，食欲恢复，子宫未见脱出，状态良好。为巩固疗效，嘱其饲喂营养丰富的日粮，加强术后护理和饲养管理。

第九节 缺乳

缺乳,是产后气血不足或气滞血瘀而致母畜产后无乳或少乳之证。以乳房缩小、无乳或少乳为主症。各种家畜均可发生。

一、病因及病机

本病多由于气血虚弱、饥饱不匀、饲养管理不当等所致。

(一)气血虚弱

平时体质较弱的老龄母畜,脾肾素虚;或使役过度、饲养失调、气血不足,或产时失血过多,或分娩时间过长、气血均虚的母畜,不能将水谷精微化生为血与乳汁。

(二)饥饱不匀

多由于饲料供应不足,饮水不足,或是微量元素缺乏,致饥伤肌、饱伤脏、元气虚弱,不能将水谷精微化生为血与乳汁,或因饲养太盛,运动较少,致气血壅滞经脉,经络不畅,致成其患。

(三)饲养管理不当

挤乳不净,或停乳过久,违反挤乳时间,惊恐,更换挤奶员,改变环境及突然改变饲料,过度兴奋、产房温度过低等,均可引起乳汁减少。

(四)其他

如产后惊恐,致经脉壅滞,气血不通,不能将水谷精微化生为乳汁,或是由于过早配种,发育不良及早产或怀孕期间感染了某些传染性的疾病、乳腺炎、子宫内膜炎等使得母猪的内分泌失调,导致母猪的泌乳机能受到破坏。

二、症状及辨证

患畜乳房及乳头缩小,皮肤上发生皱裂,腺体组织松软,乳汁无变化;或偶有变浓或变稀者,乳量显著减少;或无乳。

(一)气血虚弱型

乳少或无乳,乳房缩小而柔软,外皮皱褶,触摸无热无痛,幼畜吸吮有声,不见下咽,体瘦毛焦,精神沉郁,口色淡白,舌体绵软,脉象细弱。

属里虚证,病位在脾胃和心经。

(二)气血瘀滞型

乳汁流淌不畅,乳房胀硬,触摸稍痛而可感知肿块。不愿哺乳,用手挤压乳房可挤出少量乳汁,食欲减退,舌苔薄黄,脉象弦数。

属里实证,病位在脾胃和肝经。

三、辨证要点

(1)以乳房缩小、乳少或无乳为临证辨证依据。气血虚弱者伴发气虚的一系列虚象,若兼有畏怯寒冷现象,脉象迟细而无力,舌滑无苔,口色淡白挟青或青白。气血瘀滞者则出现乳房胀硬,疼痛,有肿块,苔薄黄,脉象弦数等实象。

(2)宜结合病因、病期以推断预后。凡体质虚弱,迁延日久者,预后不良。若能及时处治,改善饲养管理,常可恢复健康。

四、护理及预防

为了恢复产乳量或下乳,必须供给母畜以富含营养的补充饲料,以及易消化的饲料,如麦粉粥、麸皮、适量的麦芽、油饼、饲用甜菜、红萝卜和其他多汁饲料,以及青草和品质优良的干草。

同时,应建立一定的饲料管理制度,挤乳前应充分按摩乳房,让犊牛与母牛在一起,挤乳要做到定时、手法要正确,不要经常更换饲养员,畜舍应安静、清洁、空气流通。

五、治疗

治疗原则:补气血,通经络,下乳汁。气血亏虚者以补气养血为主,气滞血瘀者以理气活血为主。

(一)针灸治疗

应采用补法予以针治。可选阳明穴等穴。

(二)方药治疗

可酌情选用下方进行治疗。

1.通乳四物汤

适用于猪的血虚所致乳汁不足证。

组成:

| 王不留行 15 g | 桃仁 10 g | 当归 15 g | 熟地黄 15 g | 白芍 12 g |
| 通草 12 g | 川芎 10 g |

用法:煎水,猪3次内服。

方解：熟地黄、当归、白芍养血调血，通经活络为主药；王不留行、桃仁通经活络，下乳汁为辅药；川芎理气行血为佐药；通草理气下乳为使药。

临证应用时，可酌情加减。若中气不足者，可加党参、白术、炙甘草以补中益气；食欲不振者，可加消食平胃散以进食；肾虚者，可加杜仲、补骨脂、肉苁蓉以补肾壮阳；热滞经脉者，可加漏芦、玄参、花粉以清热下乳。

2.八珍汤加味

适用于气血虚弱型缺乳症。

组成：

党参60 g	白术60 g	茯苓30 g	炙甘草30 g	当归50 g
赤芍50 g	川芎45 g	黄芪60 g	王不留行60 g	通草40 g
炮山甲50 g	熟地黄60 g

用法：煎水，候温，牛3~5次内服，1日3次，连用3剂。

方解：党参、黄芪、白术、炙甘草补气益脾，调补元气为主药；熟地黄、当归养血调血，合以调补元气之品以固本益源为辅药；赤芍、川芎、王不留行、炮山甲行血中之气，活血下乳汁为佐药；通草、茯苓益脾运水，下乳汁为使药。

3.通乳平胃散

适用于气血虚弱所致的缺乳症。

组成：

| 当归40 g | 黄芪80 g | 炮山甲50 g | 王不留行50 g | 苍术60 g |
| 厚朴45 g | 陈皮60 g | 甘草30 g | 山楂60 g | 槟榔60 g |

用法：煎水，候温，牛3~5次内服，连服2~3剂，1日3次。

方解：当归、黄芪补气血为主药；槟榔、山楂、苍术、厚朴、陈皮理气消食，健脾燥湿，合以归芪则脾胃健，生化有源为辅药；王不留行、炮山甲活血下乳为佐药；甘草调和诸药，益脾胃为使药。

4.自拟方

适用于气血瘀滞型缺乳症。

组成：

| 当归25 g | 红花20 g | 赤芍25 g | 王不留行30 g | 紫草20 g |
| 益母草30 g | 党参30 g | 穿山甲30 g | 路路通20 g | 甘草12 g |
| 黄酒250 mL |

用法：煎水，候温，加黄酒，马1~2次内服，连用2~3剂，1日1剂。

方解：当归、红花养血调血为主药；赤芍、穿山甲、王不留行、路路通、益母草、紫草凉血散瘀，活血通乳，行血中之气为辅药；党参、甘草益气补中，以固本生源为佐药；黄酒活血散瘀，以助药势为使药。

5.下乳涌泉散

适用于气血瘀滞型缺乳症。

组成：

当归30 g	白芍25 g	生地黄25 g	柴胡25 g	天花粉25 g
川芎25 g	炮山甲25 g	漏芦15 g	桔梗15 g	通草15 g
甘草15 g	青皮20 g	木通10 g	白芷15 g	王不留行60 g

用法：共研末，开水冲，候温，马2~3次内服，1日1剂。

方解：当归、川芎、生地黄、白芍养血调血，凉血清热为主药；王不留行、炮山甲、漏芦、天花粉、通草、木通清热下乳，活血通经，散瘀消肿为辅药；柴胡、桔梗、白芷提升中气，宜通经脉以止痛下乳为佐药；青皮、甘草疏肝理气，调和诸药为使药。

6.通乳散

适用于产后乳少，乳汁不下。

组成：

当归30 g	王不留行30 g	黄芪60 g	路路通25 g	红花25 g
通草20 g	漏芦20 g	瓜蒌25 g	桔梗15 g	泽兰20 g
丹参20 g				

用法：粉碎，混匀拌料或煎服。马、牛250~350 g，羊、猪60~90 g。

方解：当归、黄芪补气血，王不留行通乳为主药；路路通、通草、漏芦、瓜蒌通乳为辅药；红花、丹参、泽兰活血，桔梗宣肺为佐药。诸药合用共奏通经下乳之功。

7.催奶灵散

适用于产后乳少，乳汁不下。

组成：

| 王不留行20 g | 黄芪10 g | 皂角刺10 g | 当归20 g | 党参10 g |
| 川芎20 g | 漏芦5 g | 路路通5 g | | |

用法：粉碎，混匀拌料或煎服。

方解：王不留行通乳，黄芪、党参、当归补气血为主药；皂角刺、川芎活血为辅药；漏芦、路路通通乳为佐使药。诸药合用共奏补气血，通经下乳之功。

(三)草药治疗

可酌情试用下方进行治疗。

(1)自拟方：奶浆藤一把、过山龙一把

煎水，内服。

功能：补气下乳。

(2)牛奶子根一把、无花果或根一把、对叶草一把

煎水,内服。

功能:补气,活血,下乳。

本节小结

本节介绍了母畜产后缺乳的病因、病机、症状与辨证要点;产后缺乳的护理、预防和治疗手段。通过理论结合案例学习,掌握产后缺乳的诊断和辨证论治法则,熟悉适用于治疗产后缺乳的中药组方和针灸穴位,为临床上预防和治疗产后缺乳提供方案。

本节概念网络图

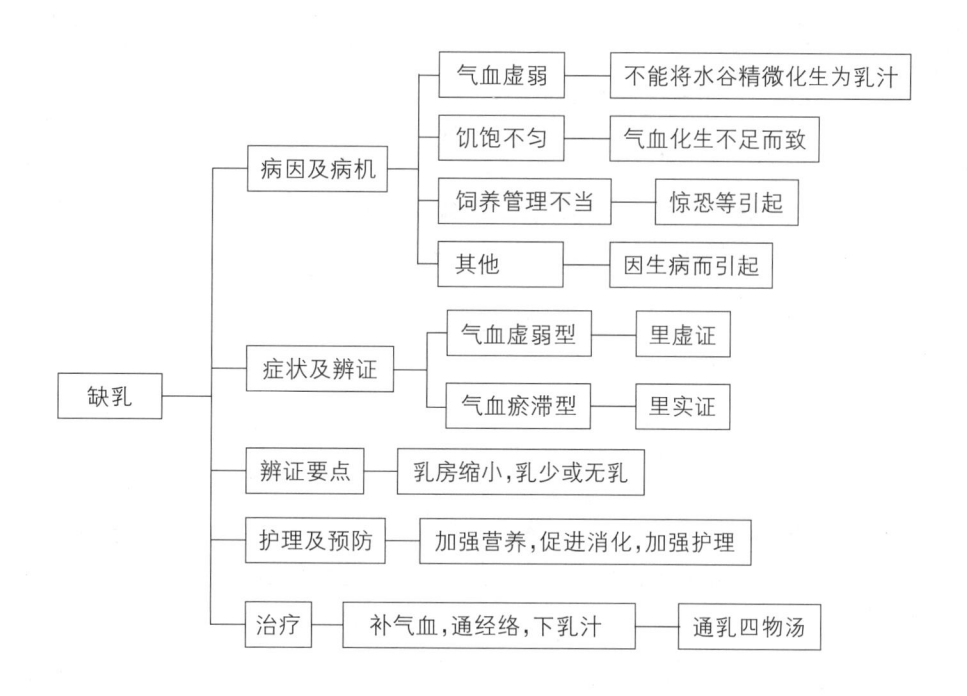

```
                ┌─ 气血虚弱 ─── 不能将水谷精微化生为乳汁
                ├─ 饥饱不匀 ─── 气血化生不足而致
       病因及病机 ┤
                ├─ 饲养管理不当 ─ 惊恐等引起
                └─ 其他 ─────── 因生病而引起

缺乳 ─┤  症状及辨证 ┬─ 气血虚弱型 ─── 里虚证
                  └─ 气血瘀滞型 ─── 里实证

       辨证要点 ── 乳房缩小,乳少或无乳

       护理及预防 ── 加强营养,促进消化,加强护理

       治疗 ── 补气血,通经络,下乳汁 ── 通乳四物汤
```

思考与练习题

(1)气血虚弱型和气血瘀滞型产后缺乳的症状有何异同?

(2)试述用"八珍汤"治疗气血虚弱型产后缺乳的原理。

(3)请对以下病例进行分析及辨证论治,思考处方用药的特点及护理要点。

农户王某饲养了1头体重150 kg的母猪,第2胎临产前10天,高烧不退,经村兽医治疗痊愈后分娩产出仔猪14头,但母猪几乎不分泌乳汁,并且仔猪毛尖开始焦枯失泽,畜主于6月5日请求用中药治疗。

拓展阅读

人工诱导泌乳技术：是指对奶牛注射雌激素、孕酮等激素后，奶牛体内此类激素的浓度升高，促进奶牛乳腺管、腺泡系统充分生长发育后，可以进行常规挤奶的技术。

促乳素，又称为促黄体分泌素LTH，来源于垂体前叶。生理作用包括：(1)刺激和维持黄体功能(即刺激维持黄体分泌孕酮)；(2)刺激雌性生殖道分泌黏液，并使子宫颈松弛，以排出子宫的分泌物；(3)与雌激素、孕酮协同促进乳腺发育，与类固醇皮质激素协同促进泌乳；(4)促进鸽子嗉囊发育，并分泌哺喂雏鸽的嗉囊乳；(5)维持睾酮分泌，并与雄激素协同刺激副性腺的分泌；(6)调节繁殖行为(增强母畜母性、禽类抱窝性、鸟类反哺等；抑制雄性性行为)。

病案拓展

案例一：某养殖场10头产后乳汁分泌不足的母猪，体重145～166 kg，均为初产。

临床检查：临产前5天，出现高烧、精神不好，不食或少食。经当地兽医治疗，痊愈之后产出仔猪。但母猪几乎不分泌乳汁，仔猪毛尖出现焦枯失泽。

中兽医辨证：为产后血瘀感寒并气血亏虚型缺乳。

治疗处方：党参50 g、炙黄芪50 g、炙甘草30 g、甲珠30 g、通草30 g、益母草30 g、桔梗30 g、生地黄30 g、白芍30 g、当归30 g、白术30 g、木通20 g、防风20 g、川芎20 g、白芷20 g、王不留行40 g。

上述药物煎水去渣后灌服，1日1付，连续服用5天。

在此同时，配合运动治疗，增加精细饲料，改喂多汁饲料。

使用上述方剂治疗后，母猪泌乳正常，食欲转归，食量增加，体温恢复，母猪以及仔猪身体健康。治疗有效率为100%。

案例二：一养殖小区存栏基础母猪600头，均在产后2～3天发病。

临床检查：60%以上的母猪产后出现精神萎靡、厌食，有些猪体温升高至39.5～40.5 ℃，阴道内流出黄、白色腥臭难闻的分泌物，乳房肿硬，疼痛或萎缩、干瘪，乳汁呈清水或无乳，不让仔猪吮乳，仔猪饥饿消瘦，被毛粗乱，皮肤苍白无光泽。

中兽医辨证：气血瘀滞型缺乳。

治疗措施：主要以抗菌消炎，活血化瘀，通乳为治疗原则。

西药：第一组用药为10%葡萄糖500 mL、林可霉素8 mg/kg、地塞米松2 mg/kg、维生素C 20 mg/kg，静脉注射；第二组用药为10%葡萄糖500 mL、催产素10万IU，静脉注射。发热者，肌肉注射氟尼辛葡甲胺2 mg/kg。

中药处方采用生化汤加减(《傅青主女科》)：全当归50 g、川芎30 g、桃仁30 g、炒赤芍25 g、漏芦25 g、甘草15 g，水煎灌服。

方中重用当归补血活血，祛瘀生新为君；川芎行血中之气，桃仁活血祛瘀为臣；赤芍炒后药性偏于缓和,活血止痛;漏芦清热解毒,消痈,下乳,舒筋通脉为佐;炙甘草调和诸药为使。诸药合用,可加速子宫复原,减轻腹痛和促进乳汁分泌。临床试验证明,其疗效独特,尤其能缩短恢复期。

治疗后,第1天猪精神状态明显好转并有食欲感,第3天基本恢复。

案例三:母水牛一头,13岁,营养中等,230 kg,于10月17日求诊。主诉:该牛未产犊前,犁田时役作力强,食欲旺盛,自9月20日产犊后,因饲料比往年差,母牛吃不饱,故体质瘦弱,精神不好,水草迟细,乳汁短少,有时不给犊牛吃奶,并用后肢踢犊。

临证检查:体温36.5 ℃,脉象沉迟而细弱,口色淡白,舌津多而滑,心跳47次/min,呼吸23次/min,瘤胃蠕动5次/min,蠕动有力,按压回复力强,反刍55次/口,瘤胃蠕动减少;食欲比产前差,精神不振,目光少神,眼球下陷,体质瘦弱,喜卧懒动,行走乏力,鼻汗均匀,皮温均正常;肠蠕动音好,被毛粗乱,乳房不显膨胀,犊牛吮奶时间长后,不愿哺乳,并用后肢踢犊。

中兽医辨证:此乃使役过度,气血亏虚所致的产后缺乳症,属里虚证。病位在脾胃和冲任。治宜补中养血,通经下乳。

治疗处方:黄芪50 g、党参50 g、当归100 g、川芎50 g、白芍50 g、白术50 g、山药50 g、续断50 g、炙甘草40 g、通草50 g、木通40 g、路路通50 g、穿山甲(炮)50 g、王不留行100 g、白酒100 mL。用法:煎水,候温,5次内服,1日3次,每次加酒灌服,连用两剂。

并嘱停止使役或减轻使役,补喂精料和多给青草。

10月20日,体温36.7 ℃,心跳47次/min,呼吸22次/min,精神稍好,食欲增加,口色淡白稍红,鼻汗均匀,皮温正常,已加喂米浆,哺乳时仍踢犊牛。

处方:黄芪100 g、党参100 g、当归100 g、白术100 g、通草100 g、川芎75 g、白芍100 g、山药100 g、续断100 g、木通40 g、穿山甲(炮)75 g、王不留行100 g、路路通50 g、苍术100 g、陈皮50 g、山楂150 g、炙甘草40 g。用法:煎水,候温,5次内服,1日3次。

10月24日,体温37 ℃,心跳45次/min,呼吸22次/min,精神很好,已能吃饱,皮温正常,鼻汗均匀,瘤胃蠕动4次/2 min,蠕动音强,口色淡红,脉象沉迟有力,哺乳时已不踢犊。

分析:病已除,基本恢复正常,为巩固疗效,再处方一剂。

处方:黄芪100 g、党参100 g、白术100 g、当归100 g、茯苓75 g、通草100 g、川芎100 g、白芍150 g、续断100 g、山药100 g、王不留行100 g、苍术100 g、厚朴50 g、陈皮50 g、山楂150 g、大枣100 g、炙甘草50 g。用法:煎水,候温,5次内服,1日3次。

案例四:唐某,因猪场3头2岁左右的母猪缺乳求诊。主诉:猪场现有繁殖母猪12头,一直使用玉米、麦麸、米糠加食盐喂猪,该3头猪前后5天相继产子,产子后母猪乳汁很少。

临床检查:证见母猪精神食欲良好,体质膘肥肉满,大小便正常,被毛稍粗乱,背部有多量皮屑,乳房肿满,用手挤捏仅有少量乳汁溢出,脉象弦数。

中兽医辨证:为饲料单一,母体过肥,气血瘀滞之缺乳证。

治疗措施：理气活血、通经下乳。处方选下乳涌泉汤加减：当归、川芎、白芍、生地黄、柴胡、天花粉各120 g，漏芦、桔梗、通草、白芷、青皮、木通各80 g，王不留行、山楂各200 g，炮穿山甲、甘草各60 g。将炮穿山甲打末，余药煎水，候温加入穿山甲，拌可口饲料喂服，3次/天，3天1剂，连服2剂。

嘱其加强饲养管理，饲料内添加复合氨基酸和电解多维，停喂麦麸，1周后随访，乳量已显著增多，仔猪长势良好。

案例五：2岁雌性拉布拉多犬，37 kg，12月17日生产，生产后5天乳腺都没有乳汁分泌。主诉：该犬为第一次生产，共产子11只，因生产时在夜间，加之天气寒冷缺乏细致照顾，导致3只幼犬受冻死亡，产后母犬出现鼻镜干燥、食量减少、精神沉郁、拒绝哺乳、无乳等现象。

临床外观体征检查：该犬精神沉郁，食欲不振，脉象细数，口津干涩，鼻镜不润，轻微流鼻涕，呼吸浅表，口色不红，耳廓及四肢不温，小便清长，乳房区域肿大发热伴随肿块，挤压乳头无乳汁流出。

基础生理指标及影像检查：患犬呼吸46次/min，体温39.1 ℃，心率115次/min，血常规检查见白细胞数为17.6×10^9/L［参考范围：$(6.0 \sim 17.0) \times 10^9$/L］、红细胞数为$5.3 \times 10^{12}$/L［参考范围：$(5.50 \sim 8.50) \times 10^{12}$/L］、血红蛋白浓度为105 g/L［参考范围：$(110 \sim 190)$ g/L］，C反应蛋白浓度为14 μg/L［参考范围：$(0 \sim 10)$ μg/L］，提示该犬存在轻度炎症及贫血等病理现象。治则为抗菌消炎、补血等。

中兽医辨证：一是产子数量过多，生产致使正气耗损，气虚不能行乳，造成产后无乳；二是其生产时因处夜间，加之天气寒冷缺乏照顾，易致外感寒邪，寒气入内凝滞经脉，造成产后无乳；三是因3只幼仔夭折，使母犬情志抑郁，郁怒伤肝，肝失条达，致使气机不畅，以致经脉滞涩，造成产后无乳。气血虚弱兼气血瘀滞之缺乳证。治则为温中益气，疏肝解郁等。

治疗措施：

(1)0.9%氯化钠注射液100 mL，头孢噻呋钠200 mg，静脉滴注，1天1次，连用3天。

(2)5%葡萄糖注射液100 mL，布他磷注射液2 mL，静脉滴注，1天1次，连用3天。

(3)炙黄芪20 g、益母草20 g、当归15 g、炮姜15 g、川芎10 g、桃仁10 g、炙甘草10 g，混合研磨成粉装于胶囊内口服，1天2次，分10天服完。

医嘱：加强营养，饮食上给予猪蹄汤或鲫鱼汤进行饲喂。

预后：该犬用药3天后其鼻镜表现润滑，食欲增强，挤压乳头可见少量乳汁流出，用药5天后表现脉象有力，耳廓及四肢温热，挤压乳头可见足量乳汁流出，母犬不再排斥哺乳，用药10天后该犬各项生理机能均恢复良好。

案例六：某李姓农户家母猪1头，体重约220 kg，于1月10日求诊。主诉：产前营养良好，产后食欲下降，无乳，不愿哺乳。临床检查：母猪精神不振，被毛光泽度良好，呼吸15次/min、心率70次/min、体温36.5 ℃；舌苔薄黄，脉弦数；触诊时母猪躲闪，乳房胀硬有肿块，仅挤出少量乳汁。

中兽医辨证：此乃母猪产前营养过剩，致使气血壅滞经脉，形成气血瘀滞型产后无乳症。治则为疏肝理气，消肿通经下乳，方用下乳通泉散。

治疗措施如下。

(1) 中药治疗处方：王不留行50 g、当归25 g、白芍20 g、生地黄20 g、柴胡25 g、炮山甲25 g、川芎25 g、漏芦20 g、桔梗25 g、通草15 g、白芷15 g、甘草10 g、青皮15 g、木通15 g。水煎，过滤药渣后候温，内服，1日1剂，连用4剂。

(2) 辅助治疗措施：10%葡萄糖1 L，青霉素800万IU，输液，每日1次，连输两天。

预后：1月14日电话回访，食欲恢复，状态良好，愿哺乳，奶水量充足。

第十节 乳痈

乳痈,亦称为奶肿、奶黄,现代称为乳腺炎,是由于瘀血毒气凝结于乳房而称为痈肿,乳房出现硬、肿、热、痛,并拒绝哺乳或挤奶的一种病证。多发于产后,偶见于妊娠后期。各种家畜均可罹患,多见于乳用家畜。

《司牧安骥集》及《元亨疗马集》中称奶黄。《元亨疗马集》认为奶黄为十二恶黄之一,若热毒壅盛而使乳房破溃流脓者,则为乳痈。

一、病因及病机

(一)胃脉热阻

由于暑热炎天,母畜使役负重太过,奔走太急,或采食草料过多,料毒内聚,致胃热壅盛,气血凝滞,胃脉受阻,乳房经气阻塞,遂成奶肿,又因三焦壅热,热毒随胃脉而流注乳房,瘀结而生肿胀,热毒郁久,则令肉腐而为乳痈。

(二)喂养太盛

由于饲养太盛,脾胃气虚,采食过多精料,致乳汁分泌过盛,幼畜吮乳量少;或挤乳员于挤乳时未将乳汁挤完;或产后幼畜死亡,没有及时减料,乳络阻塞,郁结而成本证。

(三)肝气郁结

多因幼畜死亡,惊恐内伤,突然改变环境或挤乳人员等刺激因素,致使肝气郁结,气机不舒,气滞血瘀,而乳头乃肝经所过,故肝气郁结,乳房经气阻塞,乳孔闭塞,乳汁蓄积,郁久化热而肿。

(四)损伤乳房

由于饲养管理粗放,乳房受到创伤、压伤、咬伤、踢伤、打伤等,邪毒乘虚而入,郁久化热,热积臃肿成乳痈。

(五)其他

多继发于结核、口蹄疫、胞宫疾病(如带下的热毒内蕴型)。

二、症状及辨证

临证上可分为热毒壅盛型和气血瘀滞型两种。

(一)热毒壅盛型

乳房肿大,红肿热痛,拒绝幼畜吮乳或人工挤乳,不愿卧地,亦不愿走动,两后肢张开站立,乳量减少,乳质变性,呈淡棕色或黄褐色,甚至乳中出现白色絮状物,并带血丝。如已成脓,触之有波动感,日久破溃流出,严重者,发热,水草迟细。口色赤红,舌苔黄,脉象洪大或洪数。

属里热证,病位在乳房及胃经。

(二)气血瘀滞型

乳房内有大小不等的硬块,皮色不变,触之无热或稍热,乳汁不畅,若拖延日久,肿块往往溃烂,病畜躁动不安,口色黄,舌苔薄黄,脉象弦数。

属里实证,病位在乳房及肝经。

三、辨证要点

(1)以乳房肿、硬,拒绝哺乳或挤奶为其特征。但宜注意分辨气郁和热毒的不同表现:气郁导致的气血瘀滞型,乳房只肿不痛,触摸局部无热或稍热,乳汁不畅,躁动不安,口色黄,苔薄黄,脉象弦数为临证辨证依据。

热毒所致的热毒壅盛型,乳房红肿热痛,乳汁变性,口色赤红,舌苔黄,脉象洪大;重者,发热,水草迟细,脉象洪大等主症为临证辨证依据。

(2)若病久,宜注意辨别是否成脓。凡成脓者,触之有波动感,体温渐降,食欲渐进。

(3)实验室以血、乳常规检查并结合病原微生物的检查为主。病初及成脓期,白细胞数增多,单核细胞及中性粒细胞数增多,吞噬指数增高,乳汁中可分离出病原微生物。

对潜在型(指无临证变化,乳汁无肉眼可见异常者)可用苛性钠凝乳试验。此种试验用4%苛性钠溶液,做全乳的平板试验。

取一块长5 cm,宽3 cm的玻璃板,在上面画成或刻成2.5 cm的小方格,玻璃背面涂成黑色或衬以黑色背景。取待检鲜奶5滴,滴在试验板的小方格中,加4%苛性钠溶液2滴(冷存奶用1滴),用小玻棒迅速将两种液体搅拌均匀,涂满整个方格,经10~15 s后观察凝乳结果。

阴性(-):不形成沉淀物。

可凝(±):形成微细的沉淀物。

弱阳性(+):稍形成凝块,微透明。

中阳性(++):形成大凝块,出现丝状物,全部剩余液体略似水样透明。

强阳性(+++):搅拌迅速形成丝状或胶冻状,液体完全透明。

(4)经积极治疗,或早期防治,预后大多良好;若拖延失治,邪毒攻心,则预后可疑。

四、护理及预防

对病畜应经常挤奶,以减轻乳房的压力,尽可能隔离幼畜,暂行人工哺乳或找其他母畜替代哺乳,畜舍宜保持清洁,防止污物再度侵入乳房。

病初,将饲料改为干饲,限制饮水,以丝瓜络煎汤代饮水,给以泻剂,常有助于消散痈肿。

平时,应加强饲养管理,注意乳房的清洁卫生,防止家畜相互角斗、踢咬和损伤乳房。挤乳应定时,每次应挤完;对泌乳过剩者,应限制饲料,特别是精饲料;役畜使役时,应有劳有逸,注意防暑,供给充分的饮水。

猪由于乳汁滞留于乳腺中而发病者,经治愈后往往无乳。

五、治疗

治疗原则:宜消清并用。热毒壅盛者,宜消肿止痛,散瘀解毒;气血瘀滞者,宜疏肝解郁,清热散结;脓成未溃者,宜托里透毒[①];脓出清稀,久不收口者,宜温补气血,助其收口生肌。

(一)外敷疗法

红肿热痛初发者,可用冷敷疗法,诸如泥疗法、蓝靛泥冷敷、饱和的硫苦(硫酸镁)液冷敷等。若不消散,可改用温敷疗法,以促其成脓。

1. 雄黄散

适用于未溃破之乳痈。

组成:

大黄30 g　　雄黄15 g　　白及30 g　　白蔹30 g　　龙骨30 g

用法:共研细末,醋调,敷肿处。

方解:雄黄入肝胃,治疮杀毒为主药;白及、白蔹、龙骨清热解毒,散结生肌,止痛为辅药;大黄泻血热,生新消肿为佐药;醋散瘀消肿为使药。

2. 金黄散

适用于热毒壅盛型乳痈。

组成:

天南星25 g　　陈皮25 g　　苍术25 g　　厚朴25 g　　甘草15 g
黄柏30 g　　姜黄30 g　　白芷30 g　　大黄30 g　　天花粉30 g

用法:共研末,醋调,涂于患部。

方解:黄柏、姜黄、大黄、天花粉清热泻火,散瘀消肿,泻血热为主药;天南星、白芷消肿止痛为辅药;苍术、厚朴、陈皮理气解郁,燥湿为佐药;甘草、醋清热解毒,消肿散瘀为使药。

[①] 托里透毒是中医的一种治疗方法,其核心思想在于通过特定的药物组合,达到托毒外出、透邪解毒、促进组织修复和再生的效果。

3.冲和膏

适用于气血瘀滞型乳痈。

组成：

炒紫荆皮150 g　　独活90 g　　炒赤芍60 g　　白芷120 g　　石菖蒲45 g

用法：共研末,用葱汤、酒调敷患处,或用8份凡士林加2份冲和膏调敷。

方解：炒紫荆皮、炒赤芍活血散瘀,消肿解毒为主药；独活、白芷祛风胜湿,散寒止痛,消肿为辅药；石菖蒲理气活血,散风止痛为佐药；葱汤、酒活血散瘀,消肿止病,调和诸药,以助药势为使药。

4.防腐生肌散

适用于乳痈溃脓而久不收口者。

组成：

枯矾500 g　　熟石膏400 g　　血竭250 g　　乳香250 g　　没药250 g

陈石灰500 g　　冰片50 g　　轻粉50 g　　黄丹(适量)

用法：共为极细末,混匀,装瓶备用。同时,撒布创面或填塞创腔。

方解：枯矾、陈石灰、熟石膏吸湿,生肌,敛疮为主药；乳香、没药、血竭散瘀消肿,生肌止痛为辅药；冰片、轻粉清热消肿,解毒止痛为佐药；黄丹拔毒生肌,且增加黏性,使各药附着创面为使药。诸药相合,防腐生肌,吸湿敛口。

(二)针灸疗法

可选阳明和阴俞穴为主穴,配以带脉、肝俞、尾根、肾堂等穴。

以0.5%普鲁卡因40万～80万IU注入阴俞穴(进针13 cm),1日1次,最多3次,对潜在型可获80%～100%疗效。乳牛30头,76个乳区,平均转阴率为71.1%。

对隐性乳腺炎氦氖激光照射阳明穴,1日1次,每次10 min,10次为一疗程,与抗生素组及对照组相对照,获极显著性差异。以通乳配肝俞,或肝俞配后三里,或后三里配通乳穴,对乳牛潜在性乳腺炎可获效。

对脓成者,应刺破放脓。排脓后,按外科常规操作处理脓腔。

(三)方药治疗

可酌情选用下方治疗。

1.栝蒌牛蒡汤加减

适用于热毒壅盛型乳痈。

组成：

栝蒌60 g　　牛蒡子30 g　　连翘30 g　　金银花30 g　　黄芩25 g

栀子25 g　　陈皮25 g　　柴胡25 g　　皂角刺25 g　　天花粉30 g

甘草15 g　　青皮15 g

用法：共研末,开水冲,候温,马1日1剂。

方解：栝蒌、牛蒡子、天花粉消肿散结,疏散风热以解毒而治乳痈为主药；金银花、连翘、黄芩、栀子清热泻火,解毒燥湿为辅药;青皮、陈皮、柴胡疏肝,理气,止痛为佐药;皂角刺、甘草清热解毒,散结消肿,透脓止痛为使药。

加减:乳汁壅滞者,加漏芦30 g、王不留行30 g、木通30 g、路路通30 g;断乳后及不哺乳者,加麦芽90 g;恶露未净者,加当归30 g、川芎30 g、益母草30 g;有肿块者,加当归30 g、赤芍40 g;溃后气血双亏,加熟地黄、当归、白术、川芎、白芍。

2.通草散

适用于热毒壅盛型乳痈(产后未怀孕母牛)。

组成:

通草15 g	青皮15 g	山甲珠24 g	芙蓉花20 g	当归30 g
黄柏30 g	牛蒡子30 g	皂角刺50 g	丹参30 g	连翘30 g
白花蛇舌草20 g	金银花30 g	酒200 mL		

用法:煎水,候温,加酒,牛3次内服。

方解:通草、山甲珠、当归、丹参活血散瘀,消痈肿,化积乳为主药;芙蓉花、黄柏、连翘、白花蛇舌草、金银花清热泻火,解毒燥湿以消痈肿为辅药;牛蒡子、皂角刺发散风热,消痈散结为佐药;青皮、酒疏肝理气,活血消肿,调和诸药为使药。

3.当归贝母汤

适用于乳痈破溃化脓者。

组成:

当归30 g	贝母30 g	炒山楂30 g	炒赤芍15 g	桃仁18 g
青皮18 g	瓜蒌仁18 g	蒲公英30 g	炒木通18 g	山甲珠12 g
重楼18 g	丝瓜络18 g			

用法:煎水,候温,1日2~3次,牛1日1剂。

方解:当归、贝母、蒲公英、重楼养血调血,消痈散肿,清热解毒为主药;山甲珠、瓜蒌仁、炒木通、炒山楂散瘀消肿,透脓通乳为辅药;炒赤芍、桃仁、丝瓜络散瘀消肿,通经活络为佐药;青皮疏肝理气,止疼痛为使药。

4.逍遥散加减

适用于产前气血瘀滞型乳痈而有热者。

组成:

| 柴胡45 g | 当归45 g | 白芍45 g | 青皮45 g | 陈皮40 g |
| 黄芩45 g | 连翘45 g | 金银花45 g | 蒲公英45 g | 甘草15 g |

用法:煎水,候温,牛2~3次内服。

方解:黄芩、连翘、银花、蒲公英清热泻火,解毒消肿为主药;陈皮、青皮理气化滞为辅药;当归、白芍、柴胡养血疏肝,开胃健脾为佐药;甘草清热解毒,调和诸药为使药。

5.加味逍遥散

适用于气血瘀滞型乳痈而无热者。

组成：

柴胡 30 g	当归 30 g	白芍 30 g	白术 30 g	茯苓 30 g
煨生姜 20 g	枳壳 30 g	香附 30 g	陈皮 25 g	炙甘草 20 g
薄荷 15 g				

用法：煎水，候温，牛 2~3 次内服。

方解：本方前八味为《和剂局方》的逍遥散，为疏肝解郁，健脾养血之剂。柴胡、当归、白芍养血柔肝，疏解肝郁，养阴和营为主药；枳壳、香附、陈皮疏肝理气，开胃健脾为辅药；白术、茯苓、炙甘草，煨生姜补益脾胃，温中散寒为佐药；薄荷疏肝消风，散肿止痛以调和诸药为使药。

6.术鳖散

适用于乳牛隐性（潜在型）乳腺炎（乳痈）。

组成：

生木鳖子 25 g	蒲公英 100 g	陈皮 75 g	郁金 50 g	山楂 50 g
党参 75 g	白术 75 g			

用法：共为细末，混于饲料中自食。

方解：由于乳房属阳明经，乳头属厥阴经，故治疗本病宜以化瘀解毒，调理厥阴和阳明为要，而生木鳖子苦温微甘，入肝和大肠经，散瘀消肿，善治乳痈为主药；蒲公英甘苦性寒，入肝和胃经，清热解毒，消肿利湿，郁金、山楂活血散瘀止痛为辅药；陈皮理气化滞为佐药；党参、白术补气益中，扶正祛邪为使药。

7.复方蒲公英煎剂

适用于乳牛临床型乳腺炎（热毒壅盛型乳痈）。

组成：

蒲公英 150 g	板蓝根 100 g	黄芩 100 g	当归 100 g	金银花 100 g

用法：加水浸过药面，浸泡数小时，于蒸气夹层锅内煎煮 3 次，前两次每次煮沸 1 h，第 3 次 0.5 h，合并 3 次滤液，浓缩至每剂 500 mL，灌封，流通蒸气灭菌 30 min。每天内服 1 剂，3 天为一疗程，连服 1~2 个疗程。

方解：蒲公英、金银花清热解毒，消肿散结为主药；黄芩清热燥湿，泻火毒为辅药；板蓝根清热凉血，解毒以助主药之药势为佐药；当归养血调血，散瘀消肿为使药。

（四）草药治疗

可试用下方。

（1）自拟方：新鲜蒲公英 500 g、木芙蓉 125 g，煎水，加热酒 250 mL，牛连服 3 剂，产前产后均可服用。

功能：清热散结，消痈止痛。

(2)方:漏芦 150~180 g,煎水,乳汁不通而奶肿有热者内服。

功能:清热下乳以消肿。

本节小结

本节介绍了母畜乳痈的病因、病机、症状与辨证要点;乳痈的护理、预防和治疗手段。通过理论结合案例学习,掌握乳痈的诊断和辨证论治法则,熟悉适用于治疗乳痈的中药组方和针灸穴位,为临床上预防和治疗乳痈提供方案。

本节概念网络图

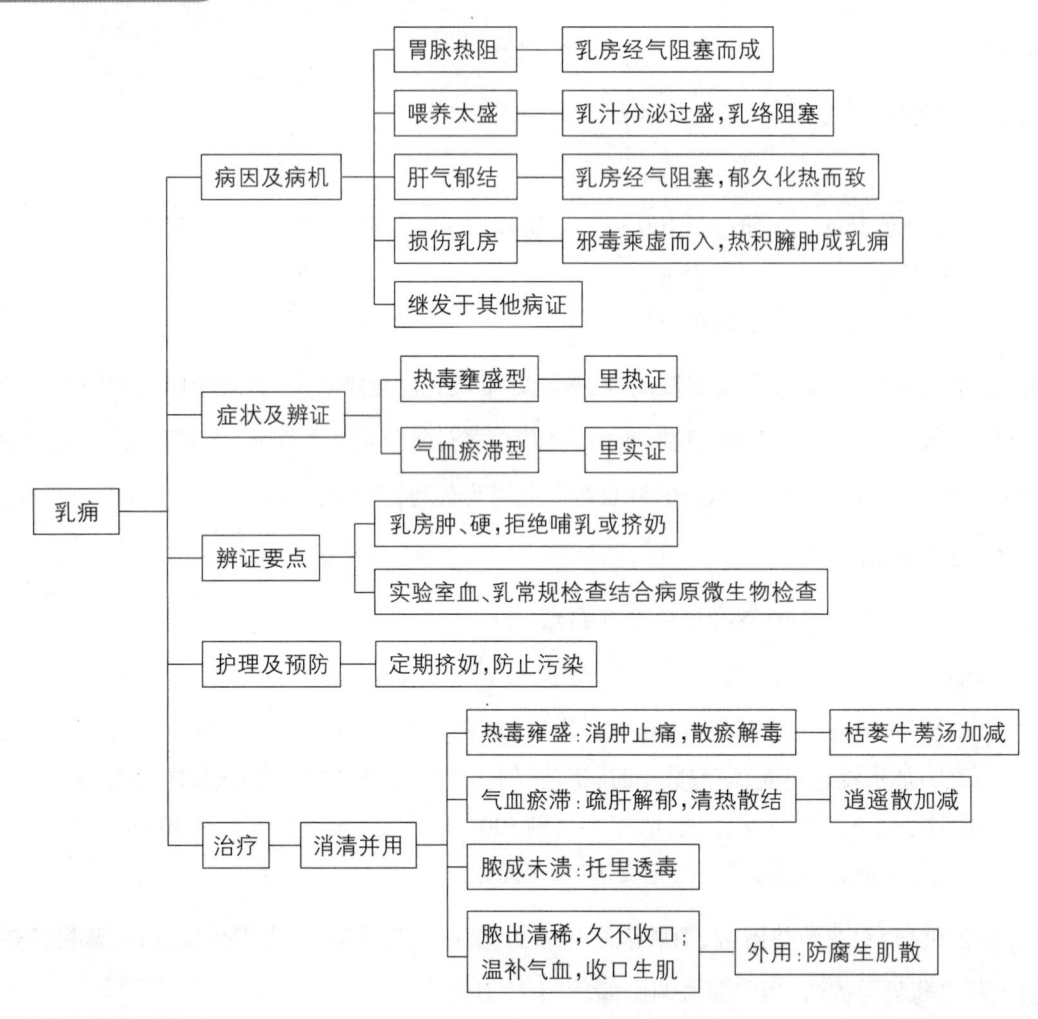

```
        ┌─ 病因及病机 ─┬─ 胃脉热阻 ──── 乳房经气阻塞而成
        │              ├─ 喂养太盛 ──── 乳汁分泌过盛,乳络阻塞
        │              ├─ 肝气郁结 ──── 乳房经气阻塞,郁久化热而致
        │              ├─ 损伤乳房 ──── 邪毒乘虚而入,热积臃肿成乳痈
        │              └─ 继发于其他病证
        │
        ├─ 症状及辨证 ─┬─ 热毒壅盛型 ── 里热证
        │              └─ 气血瘀滞型 ── 里实证
  乳痈 ─┤
        ├─ 辨证要点 ─┬─ 乳房肿、硬,拒绝哺乳或挤奶
        │            └─ 实验室血、乳常规检查结合病原微生物检查
        │
        ├─ 护理及预防 ── 定期挤奶,防止污染
        │
        └─ 治疗 ─ 消清并用 ─┬─ 热毒壅盛:消肿止痛,散瘀解毒 ── 栝蒌牛蒡汤加减
                            ├─ 气血瘀滞:疏肝解郁,清热散结 ── 逍遥散加减
                            ├─ 脓成未溃:托里透毒
                            └─ 脓出清稀,久不收口;
                               温补气血,收口生肌 ── 外用:防腐生肌散
```

思考与练习题

(1)比较热毒壅盛型和气血瘀滞型乳痈证候的异同。

(2)分析用复方蒲公英煎剂治疗乳痈的原理。

(3)请对以下病例进行分析及辨证论治,思考处方用药的特点及护理要点。

某奶牛场黑白花奶牛一头,于3月就诊。据畜主称:挤奶时,患牛表现不安,奶量减少,乳房摸见一硬块,吃草也不好。检查时体温40℃,脉搏70次/min、呼吸16次/min,鼻镜如故,结膜微潮红,听诊肺部呼吸音粗粝,当接近乳部时,牛显躲闪,右侧乳头旁摸有一硬块,形似鸡蛋,触摸温热疼痛。

拓展阅读

乳腺炎是由各种病原菌感染而引起的乳腺炎症,其特征是乳汁的理化性质发生变化。表现为乳汁清稀、乳中有块状、絮状物质和大量的白细胞。乳腺肿大、疼痛、硬结等。

乳腺炎病因:(1)主要由各种链球菌和金黄色葡萄球菌引起,其次,各种杆菌、支原体以及真菌等都可以引起乳腺炎症。(2)非传染性引起,如损伤、挤奶、中毒或全身性疾病均可引起乳房发炎。症状:根据临床表现可分为特急性、急性、慢性、隐性乳腺炎4种。(1)特急性乳腺炎:也叫坏疽性乳腺炎,发于母牛分娩后数日,乳房组织大面积坏疽导致败血症而引起全身症状,常死亡。(2)急性乳腺炎:乳房患部不同程度充血、肿胀、温热和疼痛,乳房上淋巴结肿大,乳汁排出不畅,泌乳减少或消失。(3)慢性乳腺炎:乳腺患部组织弹性下降、硬结,泌乳量下降,乳汁黄色、稠密或有乳凝块。(4)隐性乳腺炎:视诊无明显变化,产奶量下降,乳中白细胞、病原菌增多。

乳腺炎诊断如下。临床型乳腺炎:视、触、观察乳汁;隐性乳腺炎:乳汁理化检测,常用方法为LMT、BTB、SCC(计数)等。

乳腺炎治疗(局部处理):(1)急性冷敷;(2)慢性热敷后用热性刺激药涂抹;(3)局部封闭:0.25%普鲁卡因青霉素乳房局部注射;(4)乳头灌注氨苄西林加生理盐水稀释,每日2~3次;(5)用樟脑软膏、鱼石脂软膏加甘油、5%碘酒外用。乳腺炎治疗(全身治疗):(1)输液用5%糖盐水加抗生素加维生素C,静脉注射,连用3~5天;(2)皮质激素,如地塞米松或氢化可的松加抗生素。

乳腺炎预防:挤奶前要消毒;定期检测隐性乳腺炎;产奶期应预防用药。注意事项:出血性乳腺炎应减少或禁止按摩,并冷敷;化脓性乳腺炎禁止按摩和热敷。

病案拓展

案例一:实验牧场奶牛舍303号荷兰乳牛,母,乳用,体重350 kg,白花,于11月26日发病,27日就诊。主诉:11月26日挤乳时发现乳汁呈粉红色,前胎产后亦曾发生血乳。

临床检查:体温38.9℃,口色淡白,舌津多而滑利,脉象沉迟无力,皮温均匀一致,眼黏膜淡白微黄,精神稍差,食欲减退,瘤胃蠕动2次/min,乳房肿大,乳头及乳房皮肤发红,尤以乳头为最,乳汁色红,色如玫瑰红色。

中兽医辨证:产后血虚,兼有阳气虚陷,冲任不固,阳明胃气不能将气血化为乳汁,致入乳中而成血乳,气血虚弱致气虚血滞之乳痛。病位在阳明胃经。宜补气,养血,助阳。方用十全大补汤。

治疗处方:当归75 g、川芎50 g、熟地黄50 g、白芍50 g、党参100 g、茯苓50 g、白术100 g、甘草25 g、肉桂50 g、黄芪100 g。用法:煎水,候温,6次内服,1日2~3次。

并嘱适当加喂一些精料。随后,血乳色泽变淡,挤奶2.5 kg。

11月28日,食欲增进,精神较好,血乳色泽变淡,早挤奶6.5 kg,中午挤奶4.5 kg,晚挤奶4.5 kg。

11月29日,阴道中流出鲜红色的黏液。

12月1日,血乳及诸证消失而愈。

案例二:兰州市红母马一匹,1月27日发现乳房肿胀,食欲减退,尿稍黄带红,粪便较稀,曾打针,灌中药,乳房继续胀大,1月28日晚来诊。

临床检查:体温38 ℃,脉搏60次,呼吸12次,精神尚可,舌质偏暗而稍干,口腔黏膜和眼黏膜轻度黄染。乳房有两个掌面大肿胀,高出约2 cm,局部增温而敏感,按压留指痕,听诊肠音偏弱,心肺音无明显变化。

中兽医辨证:气血瘀滞之乳痈。

治疗措施:先以荆防败毒散等方药投服三剂,并结合青霉素和链霉素肌肉注射,连治4天。虽然体温、脉搏恢复正常,但乳房肿胀仍未减轻,而肿胀向腹下延伸,乳头导管检查,流出少量水样脓汁。21日改用瓜蒌散加味,瓜蒌45 g、当归45 g、乳香30 g、没药30 g、甘草30 g、花粉30 g、贝母20 g、金银花30 g、连翘60 g,共为细末,引酒120 mL,开水冲调灌服。每天1剂,连服4剂,同时结合肌肉注射青链霉素100~200万IU溶于40 mL注射用水中注入乳房内。次日,乳房肿胀开始减轻,治疗两次肿胀显著减轻,治疗3次肿胀基本消失,治疗4次痊愈。

案例三:吉林省某居民家养一母猪,2岁,产崽20头。

临床检查:乳头化脓,体温正常,食欲减退,从后数第二至第三对乳及其周围炎肿,流黄白色脓汁,创口5×6 cm,创口破溃,深约2 cm。

中兽医辨证:热毒壅盛型乳痈。

治疗措施:应用5%皮炎灵溶液冲洗创腔,创口周围涂膏剂,每日2次,3天痊愈。

处方:黄芩、黄柏、青黛、栀子各50 g,胆粉、冰片各10 g。

用法:粉碎,混匀,过筛(120目),为粉剂,按0.2 g/kg,内服;加凡士林250 g,混匀为膏剂,再以5%浓度煎水冲洗后,再涂膏剂。

案例四:一母水牛,8岁。主诉:产仔已有月余,5日前发现母牛食草减少,不肯让仔牛吃奶,奶房发热,皮色红,当地兽医开两付草药,未见好转。

临床检查:乳房后列两个乳腺区皮肤明显红肿,发热,疼痛,坚硬无波动,口干燥,鼻镜无汗,口色赤红。

中兽医辨证:证属热毒壅盛型之乳痈。

治疗处方:治以清热解毒,消肿通乳。自拟清热消痈汤:生地黄45 g、赤芍45 g、归尾45 g、地丁草45 g、皂刺30 g、山甲30 g、花粉60 g、瓜蒌30 g、甘草21 g、大黄60 g、枳实45 g,每日一剂,外用棉花纱布垫浸芒硝液(芒硝250 g,水20 L,尽溶)温敷患部(不断加芒硝液,勿令干燥),经治3日,病部红肿已退,乳腺变软获愈。

案例五:一黑母驴,老口,6月9日患奶黄。

临床检查:乳汁不通,以致乳房结肿坚硬,化脓成疮。肿胀面积,前自脐前五寸,后至阴门,布满肚底,浮肿,食量减少,已有月余。

中兽医辨证:气血瘀滞之乳痈。

治疗处方:用加味知柏汤一付。处方如下:盐知母50 g、盐黄柏200 g、盐栀子25 g、木香25 g、生蒲黄50 g、五灵脂40 g、乳香40 g、没药40 g、香附50 g,童子尿一盅为引灌之。

6月11日复诊,体温37.8 ℃,其他无甚变化,又服第二付,处方如下。

处方:盐知母200 g、盐黄柏200 g、盐栀子50 g、木香25 g、生蒲黄50 g、五灵脂40 g、乳香30 g、炮甲珠25 g、皂刺(熬水)50 g、当归尾30 g、金银花40 g、赤芍25 g、香附40 g。共研末,童子尿一盅为引灌之。

6月13日复诊,已好六成,脓汁减少,浮肿开始消退。又服第三付,处方如下。

处方:盐知母200 g、盐黄柏200 g、木香25 g、生蒲黄50 g、五灵脂50 g、土贝母50 g、香附40 g、海藻50 g、金银花40 g、乳香25 g、没药25 g、川楝子50 g。共研末,童子尿一盅为引灌之。

6月16日复诊,已好七成,又服第四付,处方如下。

处方:酒知母150 g、酒黄柏150 g、酒栀子40 g、瓜蒌50 g、炮甲珠25 g、皂刺(熬水)50 g、当归尾25 g、海藻50 g、昆布50 g、甘草25 g、木香25 g、黄芪50 g、生蒲黄50 g、五灵脂40 g。共研末,男子尿一盅为引灌之。

又外涂碘酒于患处。

6月18日复诊,已好八成,食量增加,精神活泼,又服第五付,处方如下。

处方:盐知母200 g、盐黄柏200 g、木香25 g、瓜蒌50 g、海藻50 g、甘草25 g、南红花15 g、赤芍25 g、香附50 g、生蒲黄50 g、五灵脂25 g、小茴25 g。共研末,童子尿一盅为引灌之。

6月19日复诊,已好九成,又服第六付,处方如下。

处方:酒知母150 g、酒黄柏150 g、木香25 g、生蒲黄50 g、五灵脂25 g、小茴25 g、神曲100 g、麦芽100 g、川楝子50 g、瓜蒌50 g、黄芪50 g、木通25 g。共研末,童子尿一盅为引灌之。

此方加神曲、麦芽,是因幼驹已死,所以阻绝生奶源头,不致再化脓为害。即日出站,令其轻使慢用,以活动其运动器官,就可全部恢复正常。

案例六:一母马乳房肿大。

临床检查:母马乳房肿大。红热疼痛,拒绝幼驹吃乳,不愿卧下亦不愿走动,两后肢张开站立,严重时水草迟细,精神烦躁。日久溃破出脓。

中兽医辨证：证属热毒痈盛型乳痈。

治疗措施：药以清热、解毒、消肿、散瘀为主，同时以内服外敷兼施为治疗原则，还应按病的初起、未溃、已溃三个阶段辨证施治。

病在初期，宜以消肿止痛、通经解毒为主，方用加味瓜蒌散（方1），同时轻揉乳房，挤出奶汁，再外敷雄黄散（方2）。若乳孔闭塞，乳汁不易流出，可用新鲜大蓟根四两捣碎，手掌托敷乳头，乳汁即可渐流。若肿胀未消，内虽成脓而不溃，则宜用针刺破数孔，排出脓液，服方3，再用艾叶、二花、葱、防风、荆芥、白矾适量共合一处，煎汤洗患处。若溃破日久，脓出清稀，不能收口生肌，可用内补黄芪散（方4），温补气血，助其收口生肌。

方1：加味瓜蒌散

瓜蒌1个、当归25 g、甘草20 g、乳香15 g、没药15 g、贝母20 g、黄芩15 g、蒲公英25 g、忍冬叶25 g、穿山甲25 g。共研为细末用，开水冲稀之，候温后灌服。注：已溃加花粉，减去穿山甲。

方2：雄黄散

雄黄25 g、白及50 g、白蔹50 g、龙骨50 g、大黄50 g。共研细面，醋调涂肿处（溃后勿用）。

方3：当归40 g、黄芪40 g、山甲35 g。皂刺25 g、香附35 g、乳香35 g、元胡35 g、连翘50 g。共为末，开水冲，候温灌服。

方4：内补黄芩散

黄芩35 g、党参35 g、茯苓35 g、川芎35 g、当归35 g、白芍35 g、熟地黄35 g、肉桂35 g、寸冬35 g、远志35 g、甘草15 g，引生姜、大枣。共研末，开水冲，候温，草前灌服。

案例七：一母犬拒哺乳。

临床检查：母犬精神较好，体温正常，产后2～3日仍少乳和无乳，乳房干瘪，仔犬干吸不出奶，或乳房松软，乳汁逐渐减少。

中兽医辨证：气血瘀滞型乳痈。

治疗措施：用下乳涌泉散方剂（当归、穿山甲、王不留行、川芎）进行加减。对肥壮少乳，肝气郁结，乳络不通而致乳房胀痛者可添加通草、柴胡、枳壳、郁金、赤芍，以疏肝解郁，行气通络；若体质虚弱，采食减少，乳房无胀痛感，血虚气弱，化乳无源而致的少乳和无乳者，可加黄芪、党参、白芍、熟地黄，以补气养血，通络下乳。

本方剂煎2次合在一起为1剂，每次煎0.5 h，分上、下午各半剂灌服，每天1剂，连用3～6天。

用药同时加强饲养管理，喂以富含营养的食物，让母犬在安静、熟悉的环境中生活；对乳房进行按摩，每日2～3次。

1剂灌服后，奶水开始增多，2剂后仔犬可吃饱，5剂后奶水大增，母犬泌乳转为正常。初产母犬12例用药3天后泌乳即正常，1例6天后奶水已能满足仔犬需要。对经产母犬及老龄母犬一般需要5～6天。18例中共治愈16例，总有效率达89%。

案例八：2007年7月12日，毓秀乡葛某，1头年龄2.5岁的荣昌母猪求诊。主诉：该母猪25天前产子14头，母猪奶水不够，在7天前就已开始买牛奶补充喂养，仔猪白痢严重，5天前曾请当地兽医给母猪、仔猪分别打过两针，未见好转，现母猪拒绝哺乳，强行吸吮则母猪避让呻吟。

临床检查：患猪圈舍潮湿闷热，地面污浊，体温40℃，精神不振，食欲下降，避于一隅；驱赶走动时，两后肢不愿迈步，站立时后肢张开，不愿卧地；乳房肿胀发红，触摸发热疼痛，能挤出少量黄色带血丝的乳汁，气味腥臭，眼黏膜充血发红，小便短赤，脉象洪数。

中兽医辨证：为热毒壅盛型乳痈（乳腺炎）。

治疗措施：药以清热解毒、消肿散瘀为主。方选银翘散加减：金银花、连翘、蒲公英各40 g，黄芩、天花粉、黄柏、栀子、当归、川芎、牛蒡子、赤芍各35 g，丝瓜络、通草、木通、生甘草各25 g，山楂50 g。煎水，候温灌服，3次/天，3天1剂。嘱其搞好圈舍卫生，隔离治疗仔猪，圈舍消毒。

7月16日复诊，体温38.5℃，精神、食欲明显好转，乳房热度降低，但乳房肿胀疼痛仍未缓解，继用上方去丝瓜络、通草、木通，加红花、桃仁各25 g，忍冬藤、鱼腥草、麦芽各50 g。煎水，候温加白糖拌饲料喂服，3次/天，3天1剂，连服2剂，7月25日回访，已痊愈。

主要参考文献

[1]张克家.中兽医内科学[M].北京:北京农业大学出版社,1991.

[2]中国兽药典委员会.中华人民共和国兽药典(二部,2020年版)[M].北京:中国农业出版社,2020.

[3]刘敏如,谭万信.中医妇产科学[M].北京:人民卫生出版社,2001.

[4]刘钟杰,许剑琴.中兽医学[M].北京:中国农业出版社,2011.

[5]张庆祥.中医基础理论[M].济南:山东科学技术出版社,2020.

[6]成勇.家畜外产科学[M].南京:东南大学出版社,2000.

[7]中国农业科学院中兽医研究所.中兽医治疗学[M].北京:中国农业出版社,1962.

[8]钟秀会.新编中兽医学[M].北京:中国农业科学技术出版社,2012.

[9]安徽农学院.中兽医诊疗[M].合肥:安徽人民出版社,1972.

[10]江苏省农业科学研究所.中兽医学初编[M].南京:江苏人民出版社,1975.

[11]裴耀卿.马牛病例汇集[M].北京:中国农业出版社,1959.